JavaScript数据可视化编程

DATA VISUALIZATION WITH JAVASCRIPT

[美] Stephen A.Thomas 著　　翟东方 张超 刘畅 译

人 民 邮 电 出 版 社

北 京

图书在版编目（CIP）数据

JavaScript数据可视化编程 / （美）托马斯
(Stephen A.Thomas) 著 ; 翟东方, 张超, 刘畅译. --
北京 : 人民邮电出版社, 2017.4(2022.1重印)
ISBN 978-7-115-44435-6

Ⅰ. ①J… Ⅱ. ①托… ②翟… ③张… ④刘… Ⅲ. ①
JAVA语言－程序设计 Ⅳ. ①TP312.8

中国版本图书馆CIP数据核字(2017)第031869号

版权声明

◆ 著　　[美] Stephen A.Thomas
译　　翟东方　张　超　刘　畅
责任编辑　陈冀康
责任印制　焦志炜

◆ 人民邮电出版社出版发行　　北京市丰台区成寿寺路 11 号
邮编　100164　　电子邮件　315@ptpress.com.cn
网址　http://www.ptpress.com.cn
固安县铭成印刷有限公司印刷

◆ 开本：720×960　1/16
印张：24.5　　　2017 年 4 月第 1 版
字数：440 千字　　　2022 年 1 月河北第 8 次印刷

著作权合同登记号　图字：01-2015-2966 号

定价：99.00 元

读者服务热线：(010)81055410　印装质量热线：(010)81055316
反盗版热线：(010)81055315

内容提要

数据可视化是实现数据价值的重要工具。数据可视化可以将抽象的数字累积转变成为图形、表单等，让普通人可以快速理解数据所代表的情况或趋势。

本书是学习如何用JavaScript实现数据可视化的一本实践指南。全书共10章，首先从一些基础的可视化方法开始，讲解了如何使用Flotr2库创建基本的图表；如何使用jQuery的Flot库、sparkline库；用JavaScript库实现不同于传统图表的特殊可视化；实现基于时间、地理位置的可视化效果；如何使用D3.js库和Underscore.js库；以及如何使用Yeoman和Backbone.js库构建数据驱动的Web应用。

本书重视数据可视化的设计和实现，重视基础知识，书中所列举的示例，兼顾易学性、复杂性、理论性和实用性。本书适合从事前端设计、数据可视化设计和实现的专业人士阅读，可以供有一定JavaScript基础并想要从事相关工作的程序员学习参考。

作者简介

Stephen A. Thomas是美国乔治亚理工学院教育技术系的前端开发技术专家。他曾为医疗保健和安全行业开发了大量复杂的基于JavaScript的数据可视化的解决方案。除此以外，他撰写了大量关于数据可视化的文章，并在全球范围内围绕数据可视化的主题进行演讲和分享。

技术审阅者简介

Chris Keen居住在乔治亚州的亚特兰大。他从2004年开始使用JavaScript编写程序。Chris的数据可视化开发经验非常丰富，从Weather.com的SVG tweet地图到为Endgame系统开发的基于Leaflet.js的交互式地图，其所涉猎的数据可视化类型非常多样。Chris最近正致力于使用Backbone、Epoxy和D3构建数据仪表盘的工作，并于最近建立了Keen Concepts站点（http://keenconcepts.io/）。另外，Chris还提供基于JavaScript的Web富应用咨询服务。

致谢

尽管已经讲过很多次，但我依然要在这里表示，一本书从零开始到展现到读者面前，是离不开众多支持作者的旁人的帮助的。如果没有Seph和No Starch出版社中众多朋友们的鼎力帮助，这本书就不可能付梓面市。对于一本技术书来说，能得到这些专业而可爱的朋友的指点实属幸运。Kudos和Chris负责了技术的审查工作，感谢他们帮我找到了我在撰写过程中留下的一些技术纰漏并予以修正。特别感谢慷慨的NickC同学。感谢Web开发社区中那些未曾谋面的秉持社区分享精神的可爱的伙伴们。最后，向Open Academic Environment的开发团队以及我在乔治亚理工学院的同学们表示感谢，和你们在一起干活真的特别开心。

推荐序

自从《大数据时代》一书火爆后，似乎一瞬间所有的互联网人都进入了大数据时代。而今，数据化生活几乎主导了现代人的每一天，得益于互联网+的大趋势，我们的吃穿住行没有一样不是数据化的，无论出门打车时根据你的位置、喜好、要求自动匹配的车辆，还是根据你的浏览轨迹和阅读兴趣，为你推荐的新闻资讯，总之，我们现在就生活在“数据海洋”之中。而如此海量的数据，如何有效地分析和应用，如何能直观地提取和展示给用户呢？这就是本书想传递给读者的内容。

我们知道，目前大数据挖掘、推荐技术日新月异，也十分火热，而相对应的，Web技术在平台碎片化的今天，越来越充当了黏合剂和多平台应用的角色，数据可视化也不例外，相信很多前端工程师朋友，已经在实际业务中碰到了这样的案例：某系统中需要展示各种数据情况，微信里需要查看转化率，要做一个页面以地图形式展示数据情况，等等。

在腾讯网前端研发中，也比较早地遇到过数据可视化的需求，比如我们在好几年前就尝试将春运数据和地图结合，以期给用户一个直观的春运观感；而腾讯网的第一个大型H5《马航MH370客机失事时间轴》，更是通过时间轴的方式，细致展示了这一新闻事件的发展脉络，体现了腾讯媒体高度的创新精神和人文关怀。

那么，作为一名前端工程师，或者是对Web侧的数据可视化感兴趣的同学，该如何上手呢？我想，通过阅读这本书籍，你一定可以找到答案。本书为大家详细地演示了不同类型的数据，该如何使用JavaScript技术进行可视化展示，行文结构上非常具备可操作性，特别适合新手或者是对数据可视化不熟悉的读者学习参考。

根据2016年最新的统计，JavaScript语言已经成为了开源社区GitHub上最受欢迎的语言，而且还在快速发展中。相信在数据处理和展示领域，它也将会展示无以伦比的魅力和威力。很感谢本书的作者Stephen A. Thomas，能够深入浅出地为大家写出这样一本好书。感谢本书的译者——我的朋友翟东方、张超、刘畅，能够非常及时地把这样一本书介绍给国内的读者，尤其是在当前的数据可视化领域，急需这样一本工具书，去指导相关的前端工程师们。

“独学而无友，则孤陋而寡闻”，这一直是我非常认同的一句话。读书如同择友，相信选择了这本书的你，一定会增长见识和知识，在技术领域又触摸到一个新的领域，也衷心期望本书可以为你的工作带去帮助。

腾讯网前端研发中心负责人　张耀辉(tomiezhang)

2016年9月19日 夜

专家好评

随着大数据时代的来临，如何让单调的、不直观的数据，友好而直观地呈现，这是大数据产品化和商业化要解决的痛点。在信息和数据以几何级数式爆炸的今天，要将这些碎片化的信息分类、汇总，则需要一套简单易操作的技术，以便让人从复杂的信息中抓住趋势和重点。对数据进行可视化是大数据挖掘中一个直观、重要的步骤。本书所介绍的内容，值得互联网及相关行业的开发人员一读。

——邢宏宇　五八赶集集团CTO

数据化时代，有两项专业技能非常重要：数据的分析能力和数据的表达能力。让数据提供信息，用信息进行最有效的沟通，这对从业人员有非常高的要求。在信息爆炸、时间碎片化的现实情况下，数据可视化成为最为有效的沟通手段。本书没有纠结于晦涩难懂的理论，而是用生动的实例系统介绍了不同图像展示和交互方法。译者具有良好的技术功底，真实地反映原著的精髓。

—— 李婷，云锋金融集团CEO

数据可视化是大数据分析过程中必不可少的环节，它可以将抽象的数字转换成直观的图形，帮助我们更加快速地发现数据的规律和含义。本书系统地介绍了如何实现数据可视化，全面讲述了各种不同的可视化手段、技术和工具，并大量列举了简单直接的可视化实现的例子，能很好的帮助读者理解数据可视化。本书译者具备专业的技术功底，译文表达清晰，通俗易懂，非常适合从业人员以及有兴趣进入数据可视化产业的同学学习。

——詹坤林，五八赶集集团技术工程事业群智能推荐部负责人随着现代浏览器的市场份额不断增加，数据图形化近几年在Web领域应用的越来越多，正在逐步地由之前静态的图片展示转变为可以交互并且更有语义性的编码方式去实现，比如SVG。在腾讯云中，我们就大量的使用了SVG技术，当然，这一定离不开JavaScript的使用。本书介绍了如何利用不同的JavaScript框架绑定和绘制常见可视化数据视图，通过一个一个实例去帮助读者更加快速全面地实现属于自己的数据可视化视图。

——温和，腾讯云官网用户体验负责人、中国信息无障碍产品联盟发起者、理事

在大家都在谈论大数据、海量信息的互联网时代，如何把看似繁杂的信息清晰地展现给读者，是一件很有挑战的事情。做加法容易，做减法难。如果把各种大数据处理技术比做加法，那么数据可视化就像是教你如何优雅地做减法。工欲善其事必先利其器，希望本书能够帮助读者掌握数据可视化的十八般武艺，将纷纷扰扰的大千世界，清新脱俗地展现在世人面前。

——武磊，京东广告程序化购买组研发负责人

随着大数据在企业中应用越来越广泛，数据可视化要解决的是如何让数据变得有意义，让人们更容易理解和分析数据。当前，Web产品方向甚至也由业务驱动转变为数据驱动。三位译者是我多年的同事，同时都有着丰富的前端开发经验。很感谢他们翻译本书，这给中国的前端开发者在数据可视化方面提供了宝贵的参考和学习资料。

——董英姿，京东广告部前端负责人

前言

在我们的日常生活中，数据的重要性与日俱增。尤其对于一些庞大的组织机构（诸如Facebook和Google这种体量的公司）来说，数据几乎是一切决策的核心。在地缘政治领域，正在前所未有地收集数据，以致爆出诸如美国国家安全局监控丑闻这样的事件，这从另一个侧面反映了我们正在经历一个宏观数据时代。但是，从微观角度来说，数据作为一个个独立的个体，本身却并不显得那么重要。有调查称,99.5%的数据其实是被忽视和浪费的。

数据可视化是解决数据被浪费的重要工具。有效的可视化可以浪里淘沙，去伪存真，去粗存精，在庞大的数据仓库里挖掘出我们所需要的核心信息。数据可视化可以将抽象的数字累积转变成为图形、表单等，让普通人可以快速理解数据所代表的情况或趋势。所以好的可视化追求的目标就是让数据一目了然，让关注数据的人可以因此快速抓住数据的核心——这些数据讲了一个什么样的故事？它们揭示了一个什么样的情况？或是它们预示了一个什么样的趋势？抓住核心之后，才能更准确地做出决策。

如果你是一个网站或Web应用程序的开发者，相信你在平时工作中一定会接触或多或少的数据，并且可能已经做了一些数据可视化实践。但是针对某种数据类型的信息究竟使用哪种可视化手段去处理，也许你并不是特别有把握。而在具体实践中，也许你会碰到种种问题。在本书接下来的所有章节中，我们将全面讲述各种不同的可视化手段、技术和工具。每个具体的例子都会围绕着数据可视化的实现方法来展开，如果有不同的实现方案，你也会看到拓展阅读中的替换实现方案。本书将每一个例子拆解成为一个个独立的步骤，从基础开始，直到在页面中得到我们最终的实现方案。

本书的核心思想

在本书的写作中，我试图遵循如下四个主要原则，以保证书中的例子是有意义且可操作的。

“实现”和“设计”

本书的核心并不在于教你如何进行数据可视化的设计。坦率地说，有很多大牛在数据可视化的设计方面比我讲的好得多（比如Edward Tufte）。这本书的内容主要是想告诉大家如何实现数据可视化，举的例子都是比较通用且在各种场合的适应性都比较强的（我承认有时候老板们坚持只想看到一张饼状图）。

“代码”和“样式”

本书的主要内容是通过JavaScript代码去创建数据可视化，但是所举的例子并不使用特别复杂的JavaScript代码，所以如果你只具备一点点JavaScript基础，也可以放心地阅读下去。本书行文的时候如果遇到稍难的代码，都会一步一步详细讲解。但是本书并不会对可视化的样式做过多解释。所幸，在Web内容中，构建可视化视图所需具备的样式知识都是大同小异的。如果你具备基础的HTML和CSS知识，这些内容对你来说就不会有什么难度。

“简单”和“复杂”

书中大多数例子都是简单直接的可视化实现。也许那些复杂的可视化视图更加吸引人，但是通过分析一个复杂的可视化视图，去学习大量高难度的技术，并不是理解数据可视化实现的最好途径。我希望在分析一个个简单例子的过程中，带领读者使用各种不同类型的工具和技术，打开读者的知识面。简单并不意味着无聊，其实从数据可视化的本质上来说，最简单的可视化是最容易被理解的，也是最具启发性的。

“现实”和“理想”

当你开始创建一个可视化视图的时候，你会发现实际情况并非和你想的完全一致。开源代码中经常会有bug，第三方服务有时候会存在安全风险，每个用户也未必都更新了能够支持可视化视图的最新版浏览器。对于这些现实中存在的情况，我在例子中都会告知读者注意。我会告诉你如果你在生产环境中使用我推荐的例子，你应该如何去兼容老旧的浏览器，或者如何遵守如跨域资源共享

（CORS）这样的安全规则，或者如何安全地使用带bug的第三方开源代码。

本书内容

下面我将罗列一些在对应章节中用到的不同的可视化技术和JavaScript类库。

- 第1章：我们从一些基础的可视化方法开始，使用Flotr2库创建基本的图表。
- 第2章：为视图添加交互效果，允许用户选择、缩放内容等。这一章还讲述了如何从Web中直接取回数据并呈现在视图中。例子中使用了基于jQuery的Flot库。
- 第3章：着眼于整合多个可视化视图，使用了基于jQuery的sparklines库。
- 第4章：我们会讲到一些不同于传统图表的特殊可视化，包括树状图、热力图、网络图、文字云等。每个例子都会介绍一个专用的特殊的JavaScript库。
- 第5章：介绍基于时间的可视化效果。通过集中不同的方法显示时间轴，包括使用传统类库的方法，纯粹通过原生HTML、CSS和JavaScript实现的方法，以及通过全功能的Web组件实现的方法。
- 第6章：基于地理位置的视图，我们将会看到几种将地图整合到可视化视图中的方法。
- 第7章：介绍强大的D3.js库。这是一个全功能的适应性强的工具，你可以使用它构建完全自定义的数据可视化图表。
- 第8章：我们将开始介绍一些其他类型的基于Web的数据可视化。这一章介绍了Underscore.js库的使用方法。
- 第9–10章：我们将会逐步讲解一个完整的依赖数据可视化的单页面Web应用程序的开发。我们将会了解一些流行的开发工具的使用方法，如Yeoman和Backbone.js库等。

例子中的源代码

为了让正文部分层次清晰和易于理解，书中往往只截取全部实现代码中的重要段落进行讲解。所有例子的完整源代码可以通过访问Github获得，地址在http://jsdatav.is/source/或www.epubit.com.cn。

目录

第1章 图像数据

在很多人的印象中，数据可视化图形是一些非常酷炫复杂、充满科幻设计感的图形。这种看法其实存在误区。实际上，建立一个有效的数据可视化模型并不需要特别深厚的设计功底和复杂的编程技巧，如果你一直牢记着数据可视化的目的是帮助人们更好地理解数据，那么你就会认同，在进行数据可视化的过程中最需要注意的，恰恰是“简单”二字。那些看似简单基础、随处可见的图表及其所传达的信息，往往最容易为人们所理解和消化。

因为用户已经熟悉了各式各样的常规图表，如柱状图、折线图、坐标图等。用户很容易理解这类图表的形式和数据代表什么意思，所以他们可以毫不费力地从图表中提炼出有用的信息。如果想让用户迅速明白你的数据，我建议最好还是采用一个简单、静态的图表。这样，你可以省下大量的时间，用户也可以花更少的精力来理解你的意图。

有许多高质量的工具和JS库可以帮助你，下面从制作一个简单的例子开始，让你踏上数据可视化设计之路。使用这些工具，你可以避免重复造轮子，还能找到很多资料。本书随后会介绍几个类似的工具，但就这一章而言，我们将会使用Flotr2（http://www.humblesoftware.com/flotr2）这个库。使用Flotr2，可以很容易在任意网页上添加标准柱状图、线图和饼图，并且还支持一些不是那么常见的普通图表类型。随后，我们会结合实例了解Flotr2到底能做些什么。你将学到以下内容。

- 如何创建一个基本的柱状图。
- 如何用折线图绘制连续数据。
- 如何用饼图强调百分比。
- 如何用散列图绘制二维数据。
- 如何用气泡图展示二维数据的量的对比。
- 如何用雷达图显示多维数据。

1.1 创建基础的柱状图

如果你不确定什么类型的图表能体现你的数据，那你首先应该考虑是否可以做柱状图。柱状图这种形式，我们已经司空见惯了，但是它真的是一种非常有效的图表形式。柱状图通常可以表现数据的变化过程，或者表示多个数据之间的差异。下面我们从建立柱状图入手来开始我们的练习。

1.1.1 第1步 引入所需的JavaScript代码

我们使用Flotr2这个JavaScript库来创建图表。首先，我们需要把Flotr2这个JavaScript库引入到我们的网页中。因为Flotr2现在还没有特别好的cdn源，所以你需要下载一份拷贝，并放到自己的服务器上。我们这里使用这个库的压缩版本，即flotr2.min.js来做我们的代码依赖。

使用Flotr2之前，我们不需要引入其他的JavaScript库（比如jQuery），但是Flotr2必须依赖于HTML5的canvas元素的支持。当然，主流的现代浏览器（Safari、Chrome和Firefox）以及IE9以上都已经支持canvas属性了，但是，现在我们仍然有数百万的用户在使用IE8（甚至更早的浏览器）。为了支持这些用户，我们可以在页面中引入一个额外的库（excanvas.min.js），这样，这些老浏览器也能支持canvas元素了。Excanvas.min.js可以从Google上获取到（https://code.google.com/p/explorercanvas/）。

现在，我们先写下下面的一段HTML文档结构。

```
<!DOCTYPE html>
<html lang="en">
  <head>
    <meta charset="utf-8">
    <title></title>
  </head>
```

```
  <body>
    <!-- Page Content Here -->
❶   <!--[if lt IE 9]><script src="js/excanvas.min.js"></script><![endif]-->
    <script src="js/flotr2.min.js"></script>
  </body>
</html>
```

因为现代浏览器不需要引入excanvas.min.js，所以我们需要在代码❶处将引入的script代码做一个HTML注释处理，以保证只有IE8及IE8更早的浏览器版本会加载它。此外需要注意的是，我们的库文件需要在HTML文档的最后引入，以保证浏览器在加载JavaScript文件之前可以优先渲染DOM树。

1.1.2 第2步 创建一个用来包含图表的<div>元素

在引入Flotr2的JavaScript文件之后，我们需要在HTML文档中创建<div>元素来包裹住这个图表。Flotr2要求这个<div>元素必须指定它的宽高，图表才能够被建立起来。我们可以在CSS样式表中设置元素的width和height属性，或者在<div>标签上通过内联样式来定义，只要保证CSS代码能够生效即可。下面的例子采用内联方法指定了<div>的CSS样式。

```
<!DOCTYPE html>
<html lang="en">
  <head>
    <meta charset="utf-8">
    <title></title>
  </head>
  <body>
    <div id="chart" style="width:600px;height:300px;"></div>
    <!--[if lt IE 9]><script src="js/excanvas.min.js"></script><![endif]-->
    <script src="js/flotr2.min.js"></script>
  </body>
</html>
```

也许你发现了，我们给这个<div>指定了一个明确的ID："chart"，以便之后我们可以通过这个ID来引用此元素。

这样，我们就拥有了一个简单的代码框架。在本书的第1章中，你即将学到的其他图表的制作方法，也都是基于这个简单的代码框架来制作的。

1.1.3 第3步 定义数据

有了代码框架，我们就可以研究怎么显示数据了。在本例中，我会试图去统计在过去7年的英超联赛中曼城队的获胜场次。当然，你想把数据换成其他的也是可以的。你可以把数据直接写在JavaScript中（像下面的例子一样），或者用其他方法（比如向服务器发AJAX请求获取），这两种方法都行。

```
<script>
var wins = [[[2006,13],[2007,11],[2008,15],[2009,15],[2010,18],[2011,21],
            [2012,28]]];
</script>
```

现在，我们建立了三维数组，然后，我们来研究它。

在使用Flotr2建立的图表中，每一个独立的数据都是通过数组中x和y这2个值来唯一确定的。在我们的例子中，我们用x表示年,y表示获胜场次。接下来，我们把若干个这样的x、y的组合使用一个外层数组进行嵌套，这个用来嵌套的数组，我们称为序列。接着，我们在这个序列的外面又嵌套了一个外层数组，以便将来我们可以在其中存储多个序列。但是现在我们仅仅需要一个序列就够了。

关于数组每一层的定义，记住下面3条即可：

- 数组第一层：每个独立的数据自身是一个数组，包含x和y两个值；
- 数组第二层：若干个独立数据在一起构成数组，称为序列；
- 数组第三层：若干个序列构成供Flotr2渲染图表使用的完整数据，形式也是数组。

1.1.4 第4步 绘制图表

以上我们就把我们需要的数据准备好了。如下所示，通过简单调用Flotr2库，我们的第一个图表就要建立好了。

```
window.onload = function () {
    Flotr.draw(
        document.getElementById("chart"),
        wins,
        {
            bars: {
                show: true
            }
        }
    );
};
```

上面代码的关键点在于window.onload，因为我们需要在文档加载完成后调用函数。window.onload事件触发后，我们执行Flotr.draw这个函数，并传3个参数给它。这3个参数包括：包含图表的HTML元素本身，刚才定义的图表数据和一些可配置的图表选项。在本例中，我们设置的选项的意思是告诉Flotr2创建一个柱状图。

因为Flotr2不需要依赖jQuery，我们在这个例子中没有用jQuery的$等操作符来进行操作。如果你的页面已经包含了jQuery，也可以使用jQuery方法来改写上面的代码。

图1–1所示就是你在网页中看到的图表。

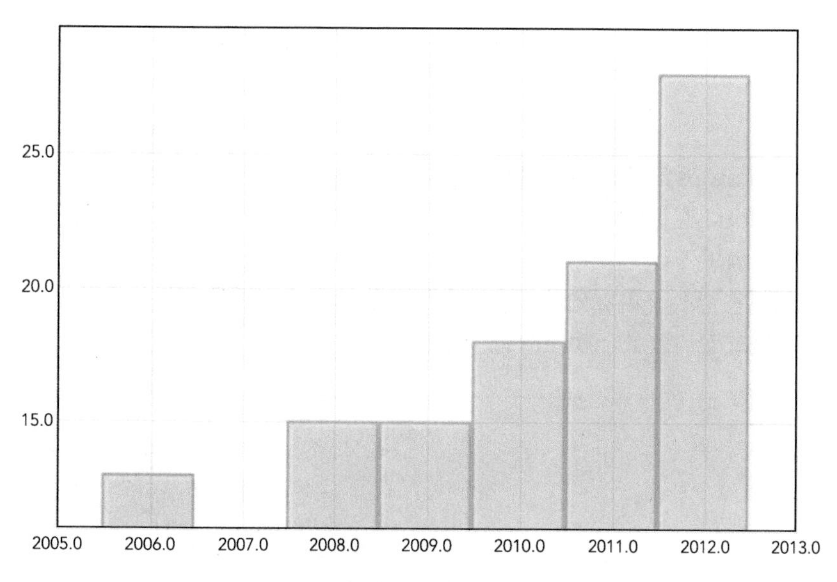

图1–1　Flotr2把数据转换成一个基础的柱状图

现在你有了一个柱状图，但是这个图表还有很多改善空间。让我们逐渐添加一些选项让这个图表看起来更好。

1.1.5　第5步　改进纵轴

图1–1中，最明显的问题是纵轴的刻度。Flotr2默认将数据中最大值和最小值自动设为坐标轴的取值范围。在曼城的年获胜场次的统计中，最小值出现在2007年，其只获得了11场胜利，所以，Flotr2非常忠实地将纵轴的最小值设置成了11。可是通常在柱状图中，最好是将纵轴的最小值设置为0。如果不是0的话，用户会在对图表的理解上产生迷惑。比方说有一个人只是扫了一眼图1–1的图表，就得出结论说曼城在2007年一场比赛都没有赢。这种情况显然是需要避免的。

图1-1中，纵轴的格式也是一个问题。因为Flotr2会默认精确到小数点后一位，所以会在所有标注上带一个多余的“.0”。我们可以通过设置一些纵轴的选项来修复这两个问题。

```
Flotr.draw(document.getElementById("chart"), wins, {
    bars: {
        show: true
    },
    yaxis: {
        min: 0,
        tickDecimals: 0
    }
});
```

Flotr.draw函数通过min属性来设置纵轴的最小值，并且通过tickDecimals属性告诉Flotr2在标注中要展示的小数精度。在我们例子中我们不想要小数位，所以将这个值设为0。

正如你在图1-2中看到的，在配置了这些选项后，纵轴的起始值被设置为0，所有数字格式变为整数，明显改善了纵轴的效果。

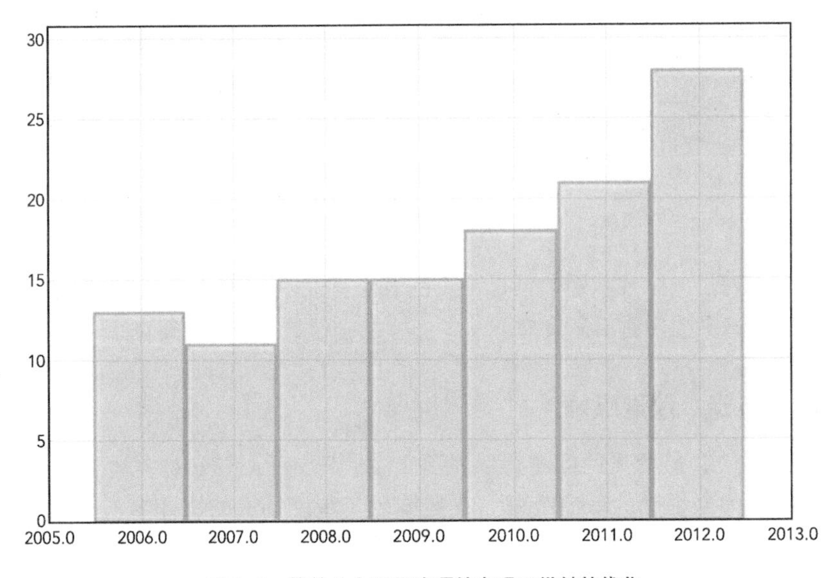

图1-2　简单几个配置选项就实现了纵轴的优化

1.1.6　第6步　改进横轴

和纵轴类似，在Flotr2中，横轴的标注也被默认为拥有1位小数的数字。因为我们图表中，横轴数据的单位是“年”，我们此处可以像设置纵轴一样，也通过tickDecimals属性将横轴的小数精度设置为0。但是这种做法并不通用。如果当x的值不是数字类型（比如队名）时，这种解决方案就行不通了。为了能适应更普遍的情况，我们首先需要改变下数据结构，建立一个新的数组years，在这个数组中，每一个年份有一个索引数字配对。同时，我们修改之前的wins数组，将原来的年份使用对应的索引数字替代，这样在两个数组之间就建立起了查询关系。

```
var wins = [[[0,13],[1,11],[2,15],[3,15],[4,18],[5,21],[6,28]]];
var years = [
    [0, "2006"],
    [1, "2007"],
    [2, "2008"],
    [3, "2009"],
    [4, "2010"],
    [5, "2011"],
    [6, "2012"]
];
```

正如你看到的，我们在wins数组中，使用简单的0、1、2等数字替换了x值的实际年份。然后，我们在新定义的years数组中将这些整数映射到对应的字符串上。我们这里的字符串映射为年份数字，如果需要，也可以以任何字符串代替。

另外一个问题是两个柱体之间缺乏间距。在默认情况下，每一个柱体是平均分配整个横轴的的长度的，但是会显得过于拥挤。我们可以用barWidth属性进行调整。把这个属性的值设置到0.5，这样每个柱体就只占据原空间的一半了。

解决上面两个问题的具体配置见下面的代码。

```
Flotr.draw(document.getElementById("chart"), wins, {
    bars: {
        show: true,
        barWidth: 0.5
    },
    yaxis: {
        min: 0,
        tickDecimals: 0
    },
    xaxis: {
❶       ticks: years
    }
});
```

注意，在代码❶处，我们对x轴使用了ticks属性，这是用来告诉Flotr2把x轴的标注通过years数组和x值进行匹配。现在我们可以在页面上看到如图1-3展示的图表。x轴标注的是对应的年份，柱体之间有间距，这些都改善了图表的易读性。

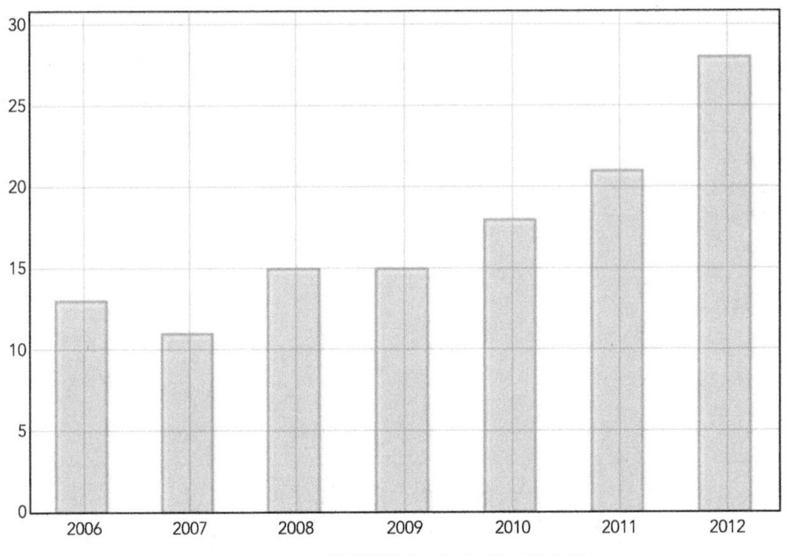

图1-3　我们可以自定义x轴上的标注

1.1.7　第7步　调整样式

现在，图表的功能性和可读性的调整已经完成，接下来，我们可以花一些精力把图表做得更炫一些。我们打算为图表添加标题，去掉不需要的网格线，再调整一下柱体的颜色。

```
Flotr.draw(document.getElementById("chart"), wins, {
    title: "Manchester City Wins",
    colors: ["#89AFD2"],
    bars: {
        show: true,
        barWidth: 0.5,
        shadowSize: 0,
        fillOpacity: 1,
        lineWidth: 0
    },
    yaxis: {
```

```
        min: 0,
        tickDecimals: 0
    },
    xaxis: {
        ticks: years
    },
    grid: {
        horizontalLines: false,
        verticalLines: false
    }
});
```

如图1-4中所见，我们现在有了一个曼城粉丝可以引以为豪的柱状图了。

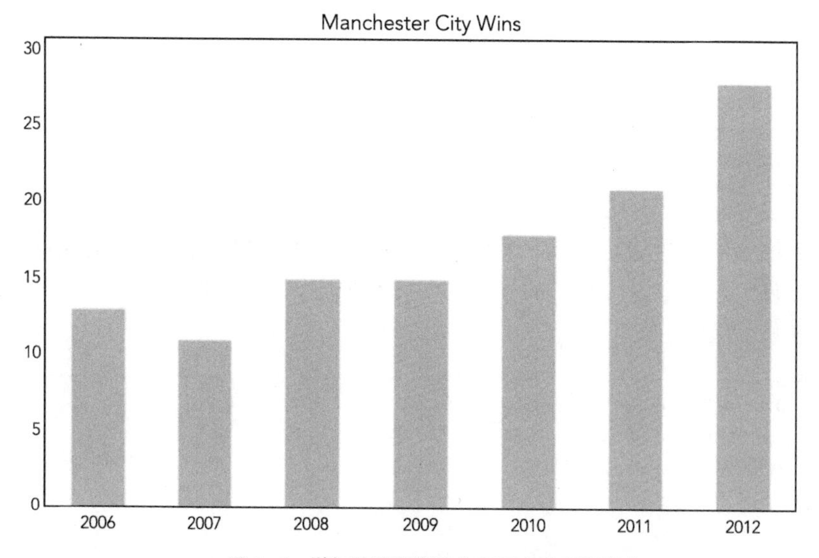

图1-4　增加的配置项改变了图表的视觉样式

对于任何中等大小的数据集，标准的柱状图常常是最有效的可视化图表。用户对这种形式已经熟悉了，所以他们不必花费额外的努力去理解形式。这些柱体在视觉上和背景对比强烈，并且通过高度不同来体现数值之间的差异，所以用户很容易抓住突出的数据。

1.1.8　第8步　多彩的柱体色彩

到目前为止，尽管我们图表的颜色单一，但是，我们正是利用了单一颜色，展示了同一类型的值（曼城胜利场次）在不同时间的变化，所以表义是很清晰的。

柱状图除了可以表示连续的数据发展趋势外，也能有效地进行多个数据之间的对比。举个例子，假设我们想要展示一年中多个球队的总胜利场次。这种情况下，每个球队的柱体就需要用不同颜色来代表。让我们再去把图表加工一下。

首先我们需要稍微调整一下数据结构。

之前我们只在图表中展示了一组数据，即一个球队逐年的获胜场次统计，数组名称为wins。现在，我们想让图表显示多个球队同一年的数据，并且为每个球队提供一个独立的颜色，所以，我们需要定义一个新数组wins2。下面的例子中可以看到wins和wins2两个数组之间的对比。注意这里的数组结构变化。同样，我们把每个柱体原来的标注从“年份”替换成了球队名称的缩写。

```
var wins = [[[0,13],[1,11],[2,15],[3,15],[4,18],[5,21],[6,28]]];
var wins2 = [[[0,28]],[[1,28]],[[2,21]],[[3,20]],[[4,19]]];
var teams = [
    [0, "MCI"],
    [1, "MUN"],
    [2, "ARS"],
    [3, "TOT"],
    [4, "NEW"]
];
```

组织好我们的数据后，接下来我们就可以让Flotr2绘制图表了。图表绘制完成之后，我们可以看到，除了每个球队的颜色不同以外，其他的一切都和之前的图表在形式上保持一致。

```
Flotr.draw(document.getElementById("chart"), wins2, {
    title: "Premier League Wins (2011-2012)",
    colors: ["#89AFD2", "#1D1D1D", "#DF021D", "#0E204B", "#E67840"],
    bars: {
        show: true,
        barWidth: 0.5,
        shadowSize: 0,
        fillOpacity: 1,
        lineWidth: 0
    },
    yaxis: {
        min: 0,
        tickDecimals: 0
    },
    xaxis: {
        ticks: teams
    },
    grid: {
```

```
        horizontalLines: false,
        verticalLines: false
    }
});
```

在图1-5中可以看到，通过一些小的调整，我们的柱状图就转而表现了另外一种不同类型的数据。我们之前使用这个图表表现了一支球队在不同时间的数据趋势，现在，我们同样可以用柱状图表示多支球队在同一时间的数据对比。由此可见柱状图虽然形式简单，但是数据表现力极强。

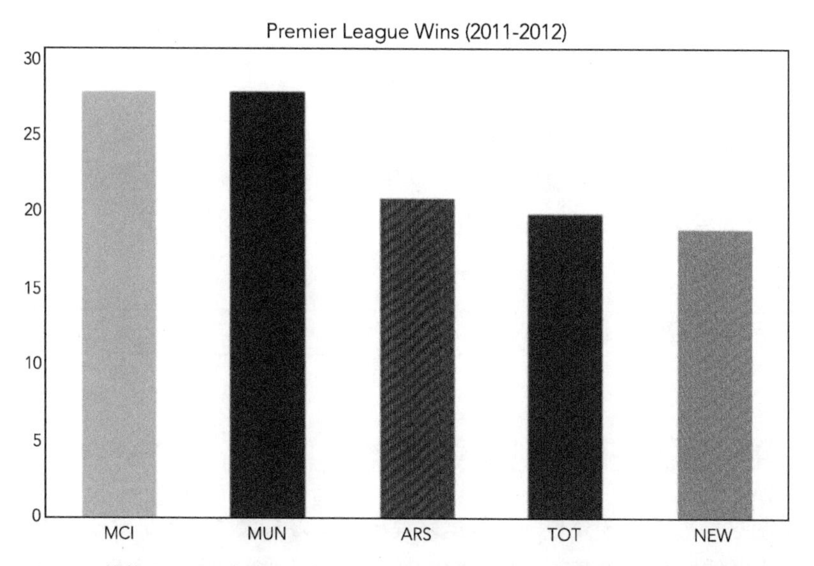

图1-5　柱状图既可以表现同一指标在历时上的变化，也可以表现不同指标在共时上的对比

为了方便说明，本书在讲解时，给大家看的都是代码片段。如果你想要在一个单独文件中看完整的示例，你可以从http://jsDataV.js/source/这个网站检出书中的源码。

1.1.9　第9步　Flotr2可能会出现的一些“bug”及处理方案

如果你正在使用Flotr2为一个大型网站创建复杂的内容，你可能会遇到一些讨厌的“bug”。我这里在“bug”上加了一个引号，是因为Flotr2处理的方式虽然是正确的，但是显示效果却未必总是正确的。在构建图表的过程中，Flotr2会创建一个虚拟的HTML元素，以便用来计算尺寸大小。Flotr2为了让这些元素在页面中不可见，会通过调整这些元素的CSS定位，来让它们从屏幕的可视范围内消失。但是，有时Flotr2的处理方式会出现一些问题。在flotr2.js的2281行中，有下面一段CSS定义：

```
D.setStyles(div, { "position" : "absolute", "top" : "-10000px" });
```

Flotr2打算把这些虚拟的HTML元素放置到距离浏览器顶部10 000像素的位置。然而，CSS的绝对定位是基于父层的相对定位基础上的，所以如果你的文档超过了10 000像素，这些HTML元素所包含的文本和数据就会让你的页面乱掉。在Flotr2的代码官方改进这个问题之前，有2种方法可以解决这个bug。

一种方式是你自己修改代码。Flotr2是开源的，所以你可以免费下载完整的源码来进行适当的修改。这样只要简单地修改虚拟HTML元素的定位，将它改到除上方之外其他很远的位置（左边或右边）就可以了。

如果你是个有强迫症的处女座，觉得改变库的源码让你不舒服，另一种方式是你自己找到并隐藏这些虚拟元素。这里需要注意的是，在你最后一次调用Flotr.draw()之后再去做这些。在最新版本的jQuery中，可以用下面的代码来消除这些无关紧要的元素。

```
$(".flotr-dummy-div").parent().hide();
```

1.2 用折线图来绘制连续数据

柱状图这种形式对于处理一般数据来说已经游刃有余了，但是对于更大的数据量，使用折线图也许更有效。折线图尤其擅长于展现数据整体趋势，避免让用户过于关注个别的数据点而忽略了整体。

在下面的例子中，我们会看到两组数据——二氧化碳在大气中的浓度和全球气温。我们怀疑这两组数据之间存在着一定的相关性。我们想要同时展示这两个测量值在过去一段时间里的变化，并且试图找到它们之间可能存在的内在联系。对于呈现这些趋势来说，折线图是完美的可视化工具。

和柱状图一样，你需要先在你的网页中引入Flotr2库，然后创建一个<div>元素来包裹住这个图表。接下来，就是数据的准备工作了。

1.2.1 第1步 定义数据

首先我们来处理一下二氧化碳浓度的测量数据。我们使用的是美国国家海洋和大气管理局（NOAA）从1959年至今发布的夏威夷的莫纳罗亚活火山的测量数据（http://www.esrl.noaa.gov/gmd/ccgg/trends/co2_data_mlo.html）。下面展示的只是从中节选的一些值。

```
var co2 = [
    [ 1959, 315.97 ],
    [ 1960, 316.91 ],
    [ 1961, 317.64 ],
    [ 1962, 318.45 ],
    // Data set continues...
```

NOAA还发布了全球地表平均温度的测量值（http://www.ncdc.noaa.gov/cmb-faq/anomalies.php）。这些数据代表的是某一年的平均温度和整个20世纪的平均温度之间的差异。因为我们的二氧化碳测量值是从1959年开始统计的，所以我们也同样把温度数据的起点设为1959年。

```
var temp = [
    [ 1959, 0.0776 ],
    [ 1960, 0.0280 ],
    [ 1961, 0.1028 ],
    [ 1962, 0.1289 ],
    // Data set continues...
```

1.2.2 第2步 绘制二氧化碳数据的图像

用Flotr2绘制一个数据集是非常容易的。我们只要简单地调用Flotr对象的draw()方法就可以了。这个方法只有两个必需参数：一个容纳图表的HTML元素，以及数据本身。

数据对象的lines属性表明了我们想要的是一个折线图。

```
Flotr.draw(
    document.getElementById("chart"),
    [{ data: co2, lines: {show:true} }]
);
```

因为Flotr2不需要依赖jQuery，我们在这个例子中没有用jQuery的$等操作符来进行操作。如果你的页面已经包含了jQuery，也可以使用jQuery方法来改写上面的代码。无论用哪种方式，图表的展示结果应该和图1-6是一样的。

这个图表清晰地展示了过去50年二氧化碳浓度变化的趋势。

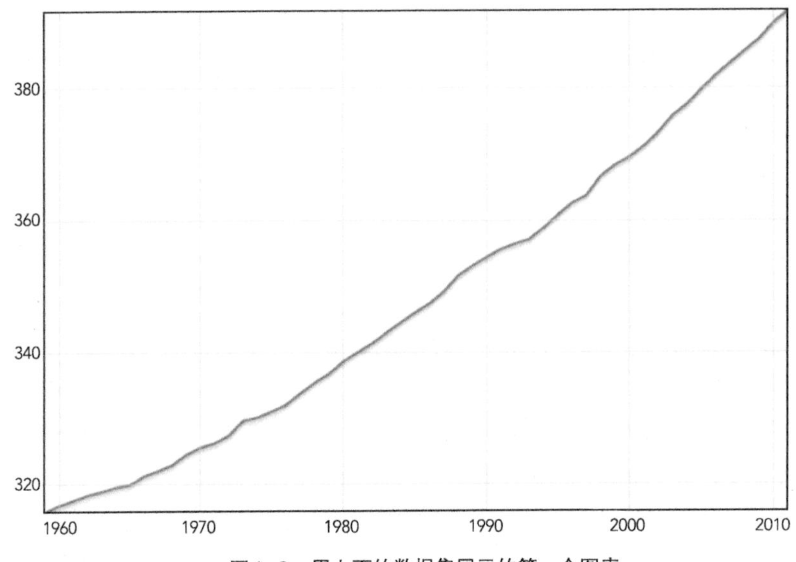

图1-6　用上面的数据集展示的第一个图表

1.2.3　第3步　添加温度数据

现在，我们只要在代码中把气温的测量数据添加进来就可以了。

```
Flotr.draw(
    document.getElementById("chart"),
    [
        { data: co2, lines: {show:true} },
        { data: temp, lines: {show:true}, yaxis: 2 }
    ]
);
```

需要注意的是，我们的温度数据还包含了一个yaxis参数，并且将值设为了2。这就告诉了Flotr2，对温度数据使用第2条纵轴的刻度。

图1-7中同时显示了两种测量数据。但还存在一些可能会带来困扰的地方。比如当有多个纵轴时，你很难向用户解释网格线和纵轴数字的对应关系。

1.2.4　第4步　改进图表的可读性

通过配置更多的Flotr2属性和参数，我们可以把折线图的可读性进一步提升。首先我们可以消除网格线，因为它们和温度测量值没有关系。

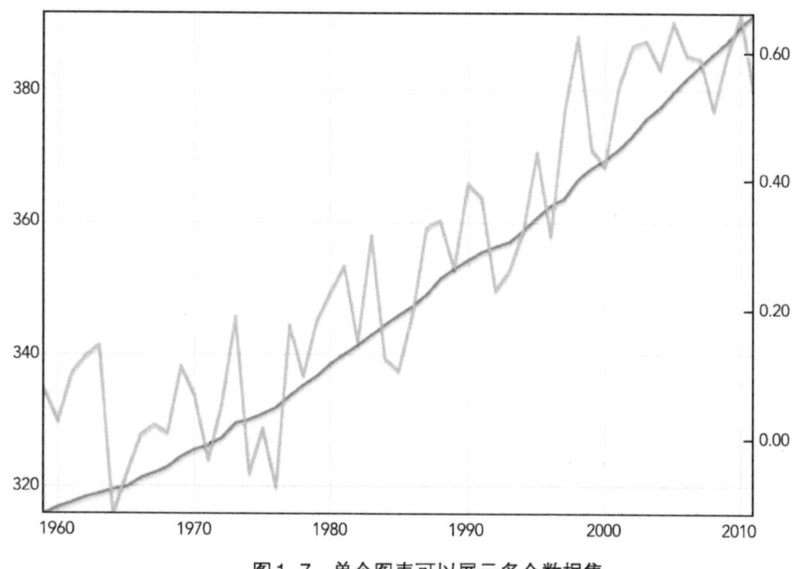

图1–7　单个图表可以展示多个数据集

我们也可以为draw()方法添加一些属性，来优化图表两边纵轴的数字范围。

```
Flotr.draw(
    document.getElementById("chart"),
    [
        { data: co2, lines: {show:true} },
        { data: temp, lines: {show:true}, yaxis: 2 }
    ],{
❶       grid: {horizontalLines: false, verticalLines: false},
❷       yaxis: {min: 300, max: 400},
❸       y2axis: {min: -0.15, max: 0.69}
    }
);
```

上面的代码中，首先，我们在标记为❶的地方添加了grid属性，并把horizontallines和verticallines两个二级属性的属性值设为false，这样就关闭了网格线。然后，我们在标注❷的地方设置了yaxis属性的minimum和maximum两个值（代表二氧化碳浓度范围）。最后，我们在标注❸的地方设置了y2axis属性，即温度的值的纵轴取值范围。

结果如图1–8所示，图表变得更加清晰和易读。

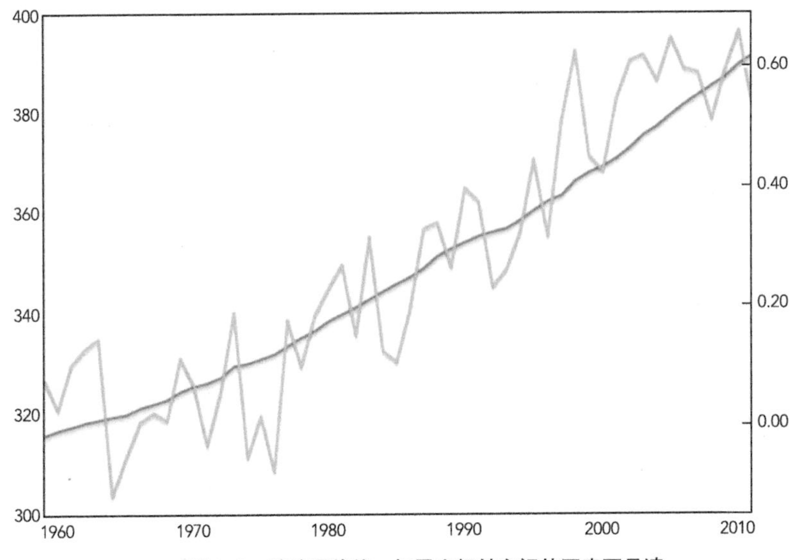

图1-8　移除网格线，拓展坐标轴空间使图表更易读

1.2.5　第5步　让用户理解右侧的温度标记

右侧纵轴上的温度标记可能会对用户造成困扰，因为这些数字并不是实际的温度，其代表的是和20世纪平均温度之间的温度差异。我们最好能添加一根代表20世纪平均温度的水平线来作为参考，这样就能有效消除用户的疑虑。

我们使用的方法是创建一个虚拟的数据集，并添加到图表中。这个数据集中只包含一个值：0。

```
var zero = [];
for (var yr=1959; yr<2012; yr++) { zero.push([yr, 0]); };
```

当我们添加数据集到图表中时，我们要声明这个数据集要对应右侧的纵轴。另外，因为我们想让这条线当做图表框架的一部分出现，而不是另外一个数据集出现。所以我们可以通过把它设置成宽1像素，深灰色，没有阴影来降低它的重要程度。

```
Flotr.draw(
    document.getElementById("chart"),
    [
        { data: zero, lines: {show:true, lineWidth: 1}, yaxis: 2,
          shadowSize: 0, color: "#545454" },
        { data: co2, lines: {show:true} },
```

```
        { data: temp, lines: {show:true}, yaxis: 2 }
    ],{
        grid: {horizontalLines: false, verticalLines: false},
        yaxis: {min: 300, max: 400},
        y2axis: {min: -0.15, max: 0.69}
    }
);
```

正如你看到的，我们首先在数据集中放置了一个数值为0的刻度线。由此执行代码后，Flotr2就会在0刻度线上面一层绘制实际的数据，就和图1-9展示的一样，Flotr2会将0刻度线强调为图表框架中的角色而不是把它当作数据来显示。

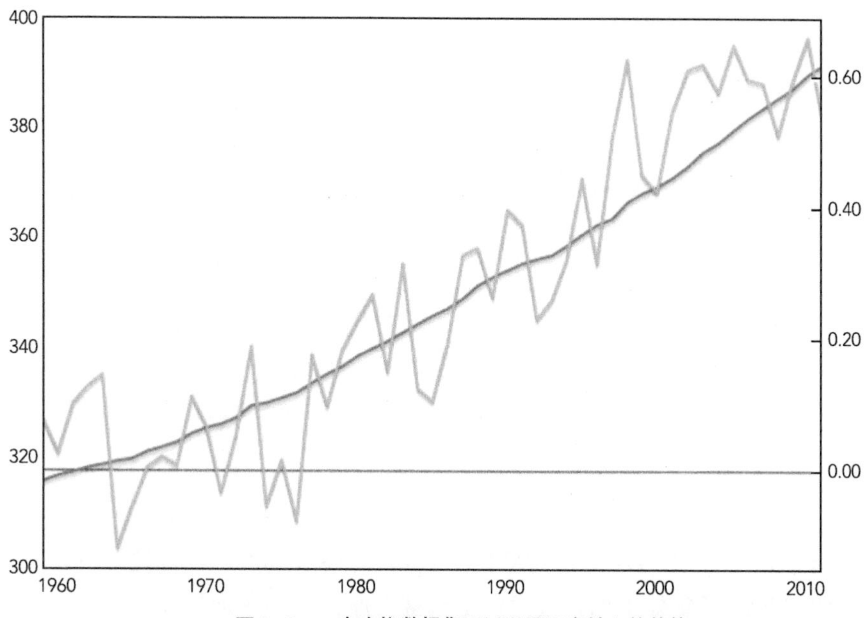

图1-9　一个虚拟数据集可以强调图表轴上的趋势

1.2.6　第6步　给图表添加标注

在这个例子的最后一步，我们将会给图表添加适当的标注。标注不仅包含所有的标题，也包含每个独立的数据集。同时为了使温度轴上的数字标记易于理解，我们还会给温度的刻度添加一个“℃”（摄氏度）的后缀。

为每组数据添加标注，使用的是label属性。图表的标题我们用title属性来标注，然后，我们使用tickFormatter()函数来添加“℃”后缀。

```
Flotr.draw(
    document.getElementById("chart"),
    [ {
        data: zero,
        label: "20<sup>th</sup>-Century Baseline Temperature",
        lines: {show:true, lineWidth: 1},
        shadowSize: 0,
        color: "#545454"
      },
      {
        data: temp,
        label: "Yearly Temperature Difference (° C)",
        lines: {show:true}
      },
      {
        data: co2,
        yaxis: 2,
        label: "CO<sub>2</sub> Concentration (ppm)",
        lines: {show:true}
      }
    ],
    {
        title: "Global Temperature and CO<sub>2</sub> Concentration (NOAA Data)",
        grid: {horizontalLines: false, verticalLines: false},
        yaxis: {min: -0.15, max: 0.69,
❶               tickFormatter: function(val) {return val+" ° C";}}
        y2axis: {min: 300, max: 400},
    }
);
```

tickFormatter属性会遍历对应轴上的每一个标记值，并对其进行格式化处理。如你在代码❶处所见，我们很轻松就在原标记的后面添加了一个“℃”字符。

另外，不知道你注意到没有，我们在上面的代码中交换了二氧化碳和温度这两个图像之间的位置。我们在新代码中先传递了温度数据temp，之后传递二氧化碳数据CO_2。这样做的好处是让两个温度标记——20世纪平均温度和每年的平均温度——在图例里能挨在一起，让用户更容易明白它们之间的联系。

且因为温度首先出现在图例中，我们也可以替换坐标轴，将左侧改为温度的坐标。最终，我们基于相同理由调整图表的标题。图1–10展现了最终结果。

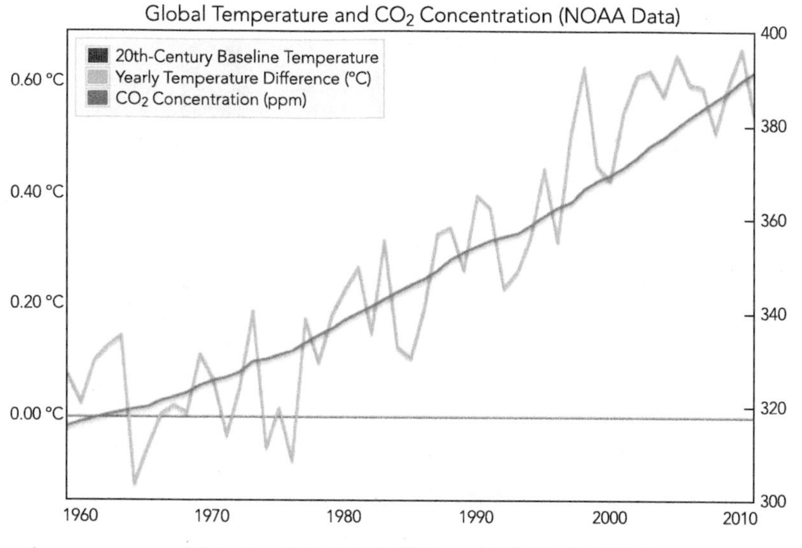

图1–10　标注坐标轴并添加一个图例完成图表绘制

图1–10所示的是线形图，它最擅长于表现这种数据类型的可视化图表。每个数据集包含了超过50个点，很难将每一个点呈现出来。实际上，单个数据点不是可视化要关注的。我们其实是想要展现趋势——每一个数据集的趋势以及数据集之间的相关性。把这些点用线串连起来以引导用户获取正确的趋势，这才是可视化的核心价值。

1.2.7　第7步 Flotr2“bugs”的应急方案

可以参考本书1.1.9小节，了解如何解决Flotr2类库的一些“bug”的。

1.3　使用饼图强调部分数据

由于饼图并不能很有效地表达数据，所以在可视化大家庭中它并不是很受欢迎。我们将在这个章节通过下面的步骤来创建饼图，但首先我们要花一些时间来弄明白饼图存在的问题是什么。例如下面的图1–11，它展示了一个简单的饼图。你能从这个图表中说出哪个颜色所占的比例最大，哪个最小吗?

这个问题很难回答。因为人类非常不擅于判断区域中的相对大小，尤其是这些图形不是长方形。如果我们真想要对比这五个值，用柱状图会更好。图1–12在柱状图中显示了同样的值。

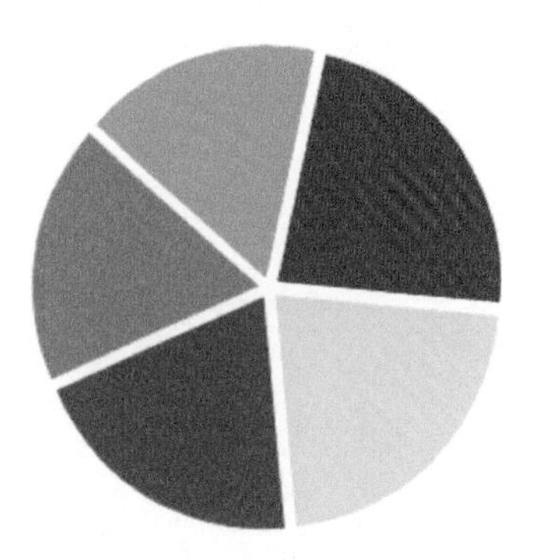

图1-11　饼图很难对比数据

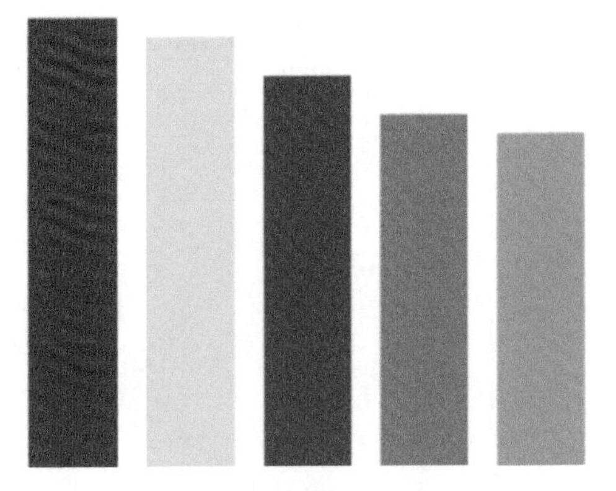

图1-12　柱状图通常使得对比更容易

很显然，现在很容易就能排出每个颜色所占比例的大小了。用柱状图我们只能在一维空间进行高度对比。这也就产生了一个简单的规则：如果你要和其他值进行对比，那么首选柱状图。它基本上都能提供最好的可视化效果。

但有一种情况例外，当我们想要把单个值和总体进行比较时，饼图是非常有效的。举个例子来说，我们要看世界贫困人口的百分比。在这种情况下，饼图就能很好的胜任这个工作。接下来我们就要用Flotr2来构建一个这样的图表。

就像1.1.1节介绍的一样，我们需要在网站中引入Flotr2类库，并且设置一个div元素来包含我们接下来构建的图表。

1.3.1　第1步　定义数据

这里的数据是非常直接的。根据世界银行在2008年底的报告（http://www.newgeography.com/content/003325-alleviating-world-poverty-a-progress-report），有22.4%的世界人口的人均生活费少于1.25美元/天。这是我们图表想要强调的部分。

```
var data = [[[0,22.4]],[[1,77.6]]];
```

这里我们有一个包含两个数据集的数组：一个是贫困人口的百分比（22.4）另一个是剩下的部分（77.6）。每一个数组本身还包含了一个数组。在这个例子中，饼图一般情况下在每个集合中只有一个点用x和y值来表示（在数组中把每一个这样的x,y值存成一个数组）。对于饼图来说，x值是不相干的，所以我们只是用简单的0,1来占位。

1.3.2 第2步 绘制图表

我们需要调用Flotr对象的draw()方法来绘制图表。这个方法需要3个参数：我们HTML文档中放置图表的元素，图表需要的数据，还有一些选项。我们先用最少的选项开始绘制图表。

```
window.onload = function () {
    Flotr.draw(document.getElementById("chart"), data, {
        pie: {
            show: true
        },
        yaxis: {
❶           showLabels: false
        },
        xaxis: {
❷           showLabels: false
        },
        grid: {
❸           horizontalLines: false,
❹           verticalLines: false
        }
    });
}
```

正如你看见的，Flotr2只请求了几个选项就绘制出了一个简单的饼图，比其他一般的图表类型要请求的少。我们需要让x和y轴的标注不可用，只需要在代码中❶和❷的位置设置showLabels属性为false。我们还需要关闭网格线，因为网格对于饼图并没有什么作用。我们只需要在代码中❸和❹的位置设置grid选项的verticalLines和HorizontalLines两个属性就可以完成。

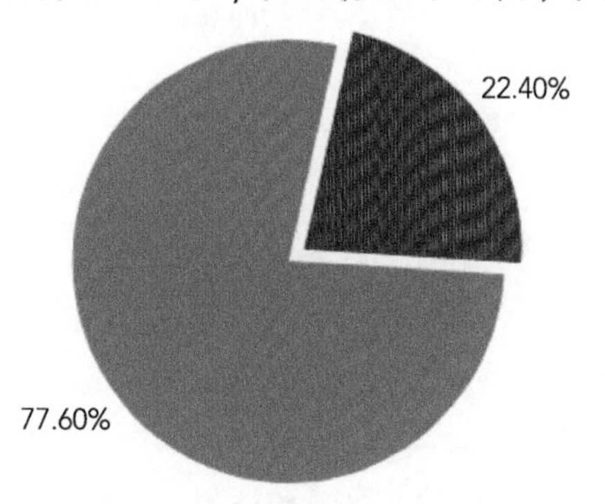

图1-13 没有标注效果，饼图很难解释的清楚要表达什么

因为Flotr2不需要请求jQuery，在例子中我们没有使用任何jQuery封装的语法。如果你在页面中引用了jQuery，那么你可以将代码精简一下。

图1-13只是一个开始，然而这样很难准确地展现图像要表明的意图。

1.3.3 第3步 标注数值

接下来在图表中添加一些文本标注和图例说明。为了区分每一个标注，我们不得不改变我们数据的结构。不用数组来存储，而是创建一个个对象来存储每一个集合。每一个对象的data属性将包含对应的数据点，我们还会创建一个label属性来放置文本标注内容。

```
var data = [
    {data: [[0,22.4]], label: "Extreme Poverty"},
    {data: [[1,77.6]]}
];
```

用这种方法构建我们的数据，Flotr2将会自动识别标注对应的数据集。现在，当我们调用draw()方法，我们只需要添加一个title的选项，Flotr2就会在图像上添加一个标题，并且根据我们的label属性来对饼图中的一部分做一个简单的图例说明。我们会在标题中提出一个问题，这使得图表更加吸引人。这也解释了我们为什么只标注了其中的一个区域：这个标注区域回答了标题中的问题。

```
Flotr.draw(document.getElementById("chart"),data, {
    title: "How Much of the World Lives on $1.25/Day?",
    pie: {
        show: true
    },
    yaxis: {
        showLabels: false
    },
    xaxis: {
        showLabels: false
    },
    grid: {
        horizontalLines: false,
        verticalLines: false
    }
});
```

图1–14以非常简洁的方式展示了我们的数据。

尽管饼图在数据可视化大家庭中没什么好名声，但在一些情况下还是非常有效的。他们并不很擅长于让用户进行多数值的比较，但正如这个例子中所展现的，饼图可以提供一个友好且容易理解的图像来展示单个值在整体中的比例。

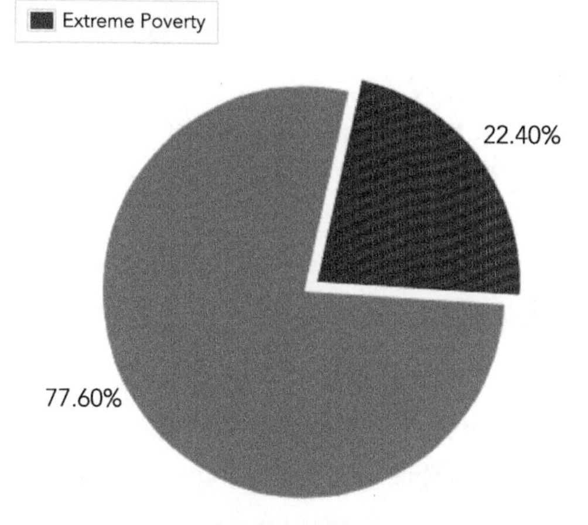

图1-14　标注和标题可以提升表格的吸引力

1.3.4　第4步　Flotr2“bugs”的应急方案

请参考本书1.1.9小节中关于创建基本柱状图表中是如何解决Flotr2类库的一些“bug”的。

1.4　用离散图表绘制x/y值

柱状图对于单一数据维度的可视化展现通常是非常有效的（就像我们之前创建的展现胜利场次的柱状图）。但如果我们想要探索两种不同类型数据之间的关系，离散型图表会更有效。假设我们想要展示一个城市健康体检的花费（一个维度）和平均寿命（另一个维度）之间的关系。让我们通过一个例子一步步的看看用数据是如何创建离散型图表的。

就像在本书1.1节介绍的一样，我们需要在我们的网页中加载Flotr2类库，并设置一个div元素来放置我们将构建的图表。

1.4.1　第1步　定义数据

在这个例子中，我们将使用经济合作与发展组织，简称经合组织(OECD）在2012年的报告（http://www.oecd-ilibrary.org/social-issues-migration-health/data/oecd-health-statistics_health-data-en)。这个报告包含了健康体检花费价格占全国生产总值的比例，还有平均寿命（尽管这个报告是2012年年底发布的，但它也包含了2010年的数据）。在下面你会看到一小段摘录的数据，存放在了JavaScript数组里。

```
var health_data = [
    {  country: "Australia",    spending: 9.1,     life: 81.8  },
    {  country: "Austria",      spending: 11.0,    life: 80.7  },
    {  country: "Belgium",      spending: 10.5,    life: 80.3  },
    // Data set continues...
```

1.4.2 第2步　格式化数据

像之前的例子一样，我们需要重构原始数据来匹配Flotr2对数据格式的需要。如下面这段JavaScript代码展现的。我们一开始先定义一个空数组，然后循环源数据health_data，将源数据health_data中我们图表中需要的元素提取出来，push到data数组中。

```
var data = [];
for (var i = 0; i < health_data.length; i++) {
    data.push([
        health_data[i].spending,
        health_data[i].life
    ]);
};
```

因为Flotr2不需要依赖jQuery，我们在例子中就没有用jQuery封装的函数。但如果你有其他原因在页面中使用了jQuery，你可以使用一些封装函数，例如，使用.map()函数可以简化重构数据的代码。（在2.1.7小节中，有讲解jQuery的.map()函数的详细例子。）

1.4.3 第3步　绘制数据

现在我们需要调用Flotr对象的draw()方法来创建我们的图表。我们首先尝试使用默认选项来创建。

```
Flotr.draw(
    document.getElementById("chart"),
    [{ data: data, points: {show:true} }]
);
```

如你所见，Flotr2至少需要两个参数。首先一个是我们HTML文档中放置我们图表的元素，第二个是一个数组，里面存着图表的数据。通常，Flotr2可以在同一个图表中绘制多个数据集的内容，所以数组可能会有多个对象。因为在我们的例子中只绘制一个数据集，所以数组中只有一个对象。这个对象会识别data属性，并且告诉Flotr2用点来替代线展示（用points属性替换lines属性）。

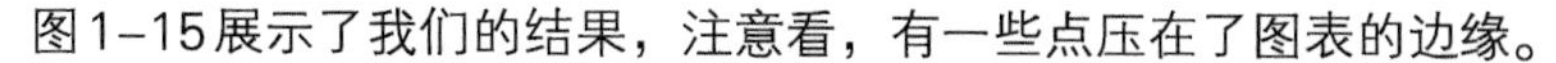

图1-15展示了我们的结果，注意看，有一些点压在了图表的边缘。

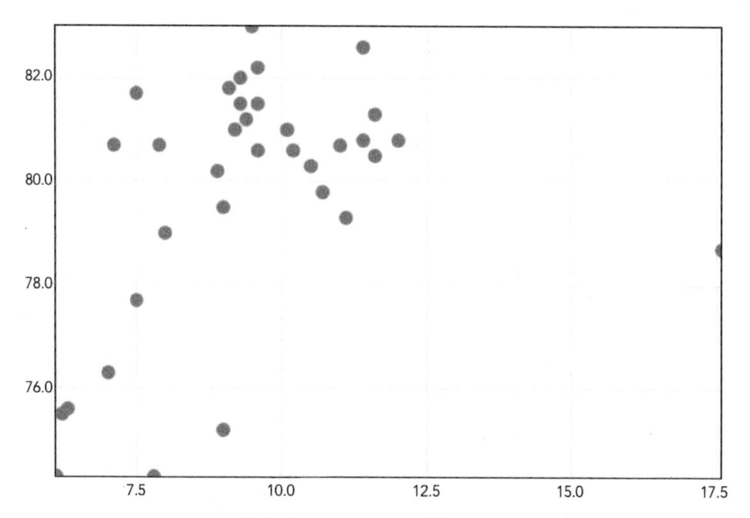

图1-15　默认的离散型图表选择不提供任何的外边距

1.4.4　第4步　调整图表的轴

前面做的图表还不错，但是Flotr2会自动计算每个轴的范围，且默认的算法结果通常间距都很小。Flotr2有一个autoscale的选项，如果你设置了，类库会尝试找到合适的范围自动关联x、y轴。不幸的是，在我以往的经验中，Flotr2提供的默认选项对范围的选取很少有显著的改善，所以大多数情况我们最好不去明确设置它们。下面会展示我们对图表怎么做。

```
Flotr.draw(
    document.getElementById("chart"),
    [{
        data: data,
        points: {show:true}
    }],
    {
        xaxis: {min: 5, max: 20},
        yaxis: {min: 70, max: 85}
    }
);
```

我们在draw()方法中添加了第三个参数，包含我们想要的选项，在这个例子中是x和y轴属性。在每个例子中，我们都可以明确的设置一个最小值一个最大值。通过给数据指定范围，留出空间，使得我们的图表在图1-16中更易读。图1-17看法更好一些。

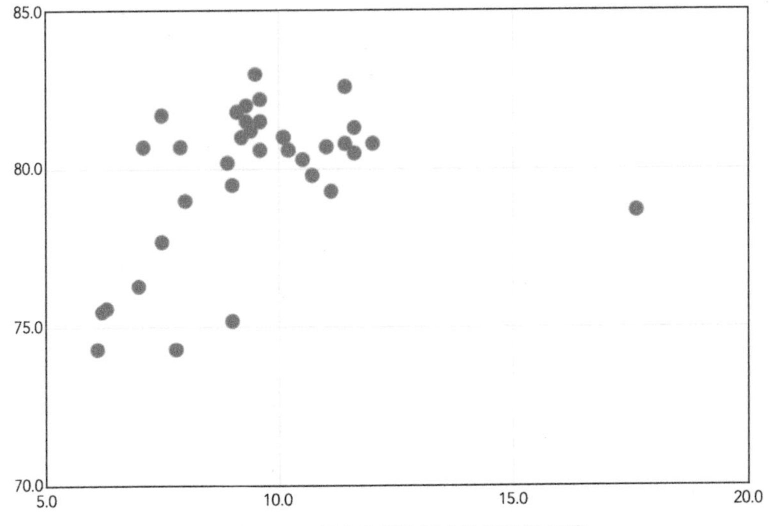

图1-16 指定我们的轴会让图表更易读

1.4.5 第5步 标注数据

我们的图表目前看来很合理，但它并没有明确用户想看到的东西。我们需要添加一些标注来识别数据。再多加一些选项就可以阐明图表了。

```
Flotr.draw(
    document.getElementById("chart"),
    [{
        data: data, points: {show:true}
    }],
    {
        title: "Life Expectancy vs. Health-Care Spending",
        subtitle: "(by country, 2010 OECD data)",
        xaxis: {min: 5, max: 20, ❶tickDecimals: 0,
                title: "Spending as Percentage of GDP"},
        yaxis: {min: 70, max: 85, ❷tickDecimals: 0, title: "Years"}
    }
);
```

图表中的所有标题和次级标题都可以用title和subtile选项表示，当title属性在xaxis和yaxis选项中时，是用来命名这些轴的。除了添加标注，我们还要在❶和❷的位置修改tickDecimals属性告诉Flotr2对于x和y轴的值不需要小数点。图1–17看上去更好一些。

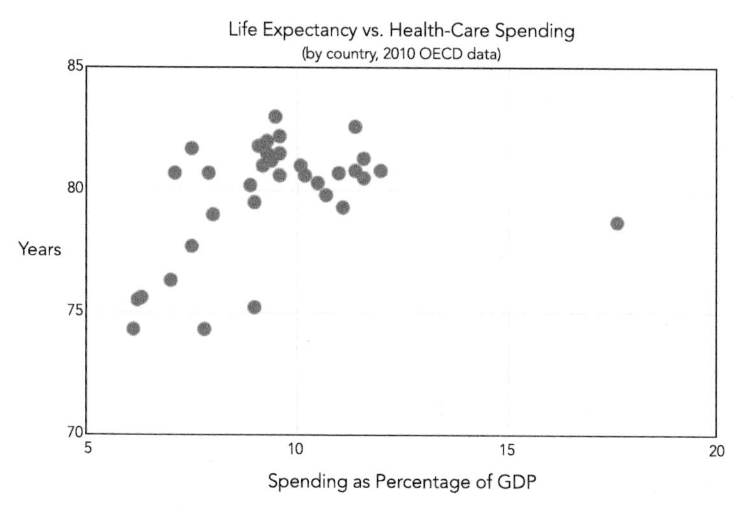

图1–17　标注和标题阐明了图表的内容

1.4.6　第6步　阐明x轴

尽管通过我们前面的修改，图表已经有了明显的改进，但仍有一些数据描述上的烦人问题。x轴代表了百分比，但标注却显示的是一个整数。这个差别可能会导致我们的用户一开始有一些困惑，所以让我们开始修正这个问题。Flotr2允许我们按照我们的想法来格式化轴的标注。在这个例子中，我们仅仅希望给值添加一个百分号，足够简单。

```
Flotr.draw(
   document.getElementById("chart"),
   [{
      data: data, points: {show:true}
   }],
   {
      title: "Life Expectancy vs. Health-Care Spending",
      subtitle: "(by country, 2010 OECD data)",
      xaxis: {min: 5, max: 20, tickDecimals: 0,
              title: "Spending as Percentage of GDP",
❶             tickFormatter: function(val) {return val+"%"}},
      yaxis: {min: 70, max: 85, tickDecimals: 0, title: "Years"}
   }
);
```

上面代码的关键是xaxis项下的tickFormatter属性（代码❶处）。这个属性指定了一个函数。当tickFormatter被指定，Flotr2就不会自动绘制标注，而是调用我们定义的函数。将标注中数字的值当参数传给函数。Flotr2会从函数中获取返回的字符串，然后显示到标注上。在这个例子中，我们仅仅在值后面添加了一个百分号。

在图1–18中，用了添加百分比值标注的水平轴后，我们的图表数据显得清晰了。

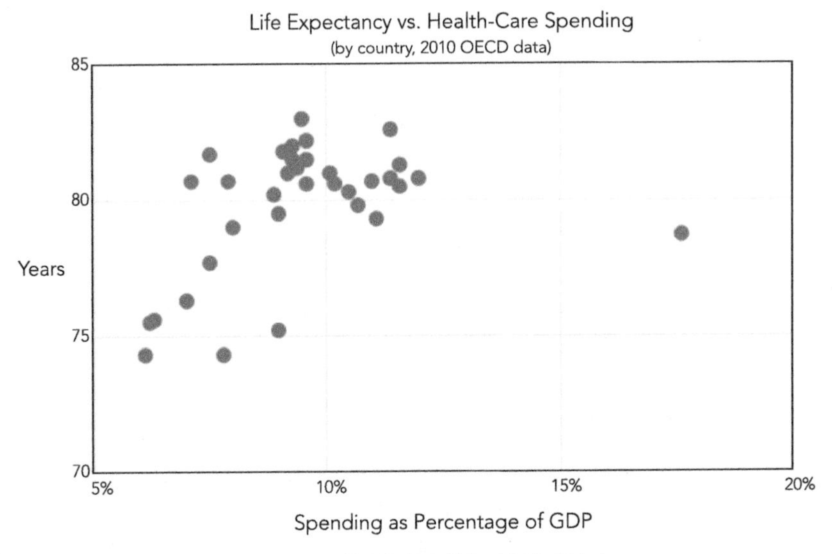

图1–18　格式化轴上的标注以阐明内容

1.4.7　第7步　回答用户的问题

现在我们的图表已经成功的把数据展现出来了，我们可以开始从用户的角度来更细致地改进可视化。我们尤其想要抢先回答用户可能提出的问题，并且试着在图表中直接给出答案。在图表中至少暴露了三个问题：

1. 都展示了哪些国家？
2. 地区之间有哪些不同？
3. 在右边远离其他数据的那个点是什么？

可以用给每个数据点添加鼠标的mouseover事件（或者加提示工具）的方法来回答这些问题。有两个原因使我们不会在这个例子中使用前面说的方法。首先（也是最明显的），可视化交互是第2章的主题，这一章只考虑静态图表和图像。其次，mouseover和提示工具在用户使用触摸设备（例如：智能手机或者平板电脑）访问我们的网站时是没有效果的。如果我们要求用户只有使用鼠标才能完全理解我们可视化的内容，我们可能忽略了很大一部分用户（并且是快速正增长的用户数）。

我们解决这个问题的方法是将数据分成多个集合，并且用不同的颜色和标注表明。首先我们要把数据拆分到各个地区。

```
var pacific_data = [
    { country: "Australia",      spending: 9.1,  life: 81.8 },
    { country: "New Zealand",    spending: 10.1, life: 81.0 },
];
var europe_data = [
    { country: "Austria",        spending: 11.0, life: 80.7 },
    { country: "Belgium",        spending: 10.5, life: 80.3 },
    { country: "Czech Republic", spending: 7.5,  life: 77.7 },
// Data set continues...

var us_data = [
    { country: "United States",  spending: 17.6, life: 78.7 }
];
```

因为用户可能想知道图表中右侧远离其他数据单独的那个点表示的是哪个国家，而不仅仅想知道它属于哪个大洲，所以，我们就将美国的数据从美洲的数据集合中提取出来了。对于其他国家，用各大洲就足够识别了。正因如此，我们需要重新构建这些数组变成Flotr2的格式。这段代码和第4步一样，我们只是把数据集重复一次。

```
var pacific=[], europe=[], americas=[], mideast=[], asia=[], us=[];
for (i = 0; i < pacific_data.length; i++) {
    pacific.push([ pacific_data[i].spending, pacific_data[i].life ]);
}
for (i = 0; i < europe_data.length; i++) {
     europe.push([ europe_data[i].spending, europe_data[i].life ]);
}
// Code continues...
```

一旦我们完成了国家的划分，我们就可以把它们传给Flotr2了。这里我们可以看到为什么Flotr2期望数据格式是数组了，每一个分隔的数据集在数组中是一个对象。

```
Flotr.draw(
    document.getElementById("chart"),
    [
        { data: pacific,    points: {show:true} },
        { data: europe,     points: {show:true} },
        { data: americas,   points: {show:true} },
        { data: mideast,    points: {show:true} },
        { data: asia,       points: {show:true} },
        { data: us,         points: {show:true} }
    ],{
        title: "Life Expectancy vs. Health-Care Spending",
        subtitle: "(by country, 2010 OECD data)",
        xaxis: {min: 5, max: 20, tickDecimals: 0,
                title: "Spending as Percentage of GDP",
                tickFormatter: function(val) {return val+"%"}},
        yaxis: {min: 70, max: 85, tickDecimals: 0, title: "Years"}
    }
);
```

如图1–19所示，Flotr2用不同颜色表明不同的区域，每个区域里是每个国家的数据。

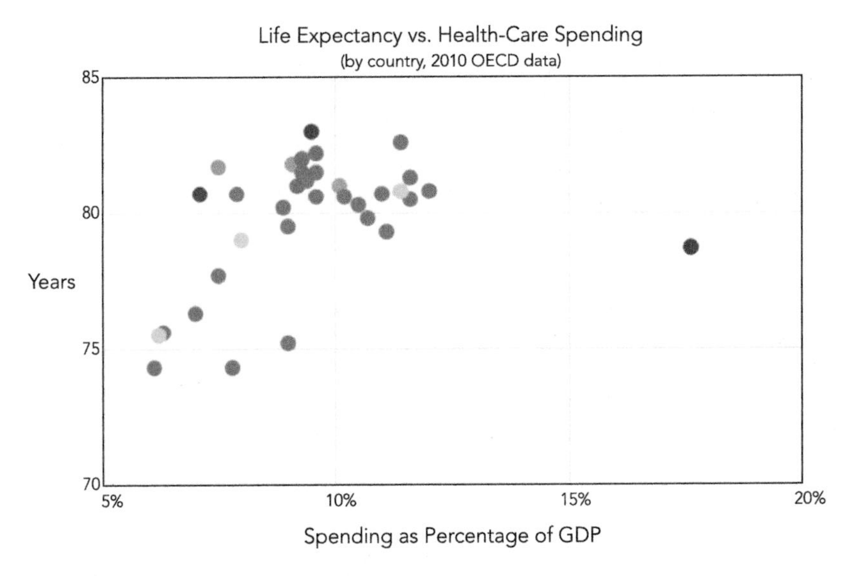

图1–19　把数据分离成不同的数据集，用不同的颜色标明

我们最后再提升一下表格的可读性，我们添加一个图例来标明图表中颜色代表的地区。

```
Flotr.draw(
    document.getElementById("chart"),
    [
        { data: pacific,   label: "Pacific", points: {show:true} },
        { data: europe,    label: "Europe", points: {show:true} },
        { data: americas, label: "Americas", points: {show:true} },
        { data: mideast,   label: "Middle East", points: {show:true} },
        { data: asia,      label: "Asia", points: {show:true} },
        { data: us,        label: "United States", points: {show:true} }
     ],{
        title: "Life Expectancy vs. Health-Care Spending (2010 OECD data)",
❶       xaxis: {min: 5, max: 25, tickDecimals: 0,
               title: "Spending as Percentage of GDP",
               tickFormatter: function(val) {return val+"%"}},
        yaxis: {min: 70, max: 85, tickDecimals: 0, title: "Years"},
❷       legend: {position: "ne"}
     }
);
```

为了给图例腾出空间，我们在代码❶处增加了X轴的范围，并在代码❷处将图例定位在图表的右上角。

图1–20就是添加完后图表的最终效果。

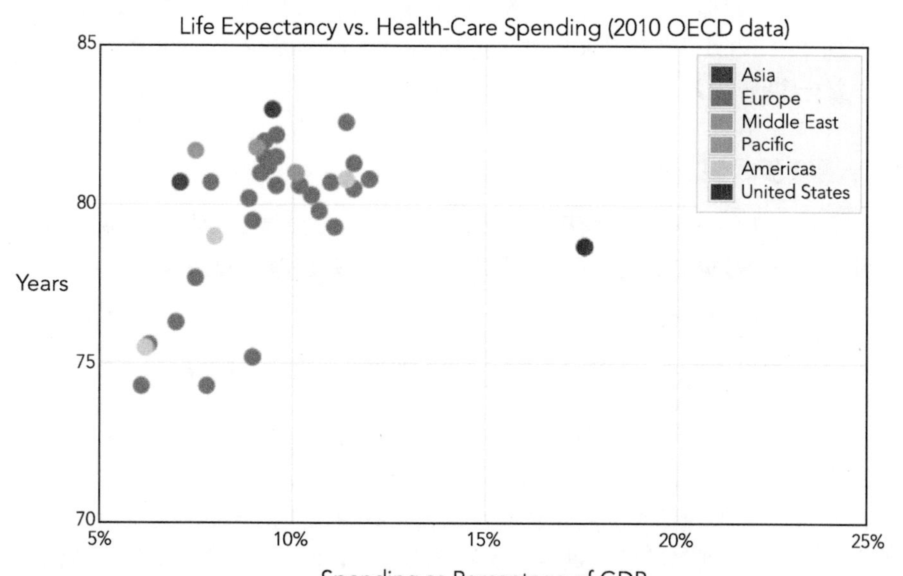

图1–20　添加一个图例完成图表

1.4.8 第8步 解决Flotr2的“bugs”

请参考本节1.1.9小节中关于创建基本柱状图表中是如何解决Flotr2类库的一些“bug”的。

1.5 用气泡图表示数量扩展x/y数据

像前面例子描述的传统离散型图表，只能展现x和y轴两个值之间的关系。有时两个值并不能恰当的展现出我们想要展现的数据。如果我们需要3个变量，我们可以使用一个离散型图表的框架来展现两个值，然后根据第三个值来改变图表中点的大小。那么使用气泡图就是最好的选择。

然而在使用气泡图时有一些需要注意的。像我们早先看到的饼图一样，人们非常不善于准确判断一个不是长方形形状的相对区域，所以气泡图不能让人们准确对比气泡的大小。但是，如果你只想展现一个大概的量而不是准确的量，那么使用气泡图是适合的。

在这次的例子中我们使用气泡图展现2005年卡特里娜飓风的路径。我们的x和y轴将会代表位置（纬度和经度），并且我们要确保我们的用户能准确地理解这些值。对于第3个值－气泡的大小－我们将使用风暴的持续风力，因为风速永远只是一个普通数值(并且风有时候大有时候小)，所以使用持续风力是合适的。

就像本书1.1.1小节中一样，我们需要在我们的网站中包含Flotr2的类库，并且设置一个div元素来包含我们将要创建的图表。

1.5.1 第1步 定义数据

我们使用美国国家海洋和天气管理局（NOAA）的卡特里娜飓风的观察报告来做我们例子的数据。数据包括了飓风行进时的经纬度和每小时的风速。

```
var katrina = [
    { north: 23.2, west: 75.5, wind:  35 },
    { north: 24.0, west: 76.4, wind:  35 },
    { north: 25.2, west: 77.0, wind:  45 },
    // Data set continues...
```

对于气泡图,Flotr2需要每个数据点是一个数组而不是一个对象，所以我们要建立一个简单的函数将源数据转换成需要的格式。为了使函数更通用，我们可以传参指定一个过滤函数。当我们提取数据点时，我们可以反转经线符号从左到右显示由西向东。

```
function get_points(source_array, filter_function) {
❶    var result = [];
    for (var i=0; i<source_array.length; i++) {
        if ( (typeof filter_function === "undefined")
          || (typeof filter_function !== "function")
          || filter_function(source_array[i]) ) {
            result.push([
                source_array[i].west * -1,
                source_array[i].north,
                source_array[i].wind
            ]);
        }
    }
    return result;
}
```

我们这段代码一开始在❶的位置设置了一个返回值（result），是一个空数组。然后循环source_array，每次输入一个元素。如果filter_function参数是可用的，并且如果它是有效的函数，我们的代码会把源数组中当前元素作为参数在这个函数中进行调用。如果函数返回true，或者如果在get_points函数一开始的时候没有传filter_function函数参数，我们的代码会从源数组中的各个元素提取数据点然后push到result数组中。

正如你所看到的，filter_function参数是可选的。如果调用方省略它（或者不是一个有效的函数），那么在result中就是源的每个数据点。虽然我们现在并不马上使用过滤函数，但在这个例子后面的步骤中，我们就可以拿来就用了。

1.5.2 第2步 给图表创建背景图

因为我们图表中x和y轴的值表示的是坐标，用地图当作背景是再合适不过的了。为了避免涉及到版权的问题，我们使用stamen设计网站（http://stamen.com）上的地图图片，使用OpenStreetMap网站（http://openstreetmap.org／）的数据。这两者分别在Creative Commons CC 3.0(http://creativecommons.org/licenses/by/3.0)和CC SA(http://creativecommons.org/licenses/by-sa/3.0/)授权下可用。

当你使用地图时投影就成了棘手的问题，除了映射的地区更小以外，缺少有效的映射也是个问题，映射的地区都在图表中心的边缘。对于这个例子，我们将采取墨卡托投影来展示地图，在相对小的区域聚焦。假设我们已经将x、y轴和经纬度进行了转换。

图1-21展示了将被我们用来覆盖飓风路径的地图。

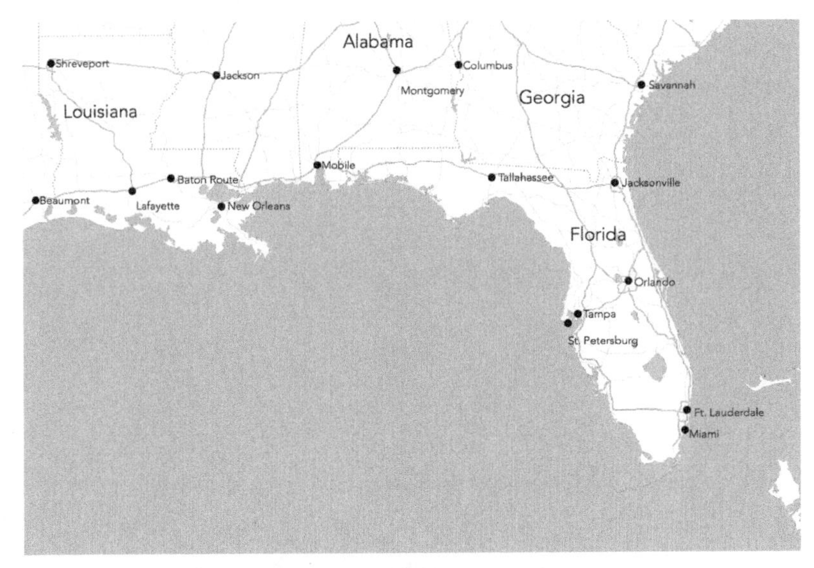

图1-21 作为图表背景的地图

1.5.3 第3步 绘制数据

一开始我们还是先从使用最少选项开始写代码，尽管这样我们需要迭代几次才能得到想要的图表。我们需要一个参数来指定气泡的半径。对于像这个例子中的静态图表，最简单的方法就是用几个值尝试找出最合适的尺寸。在我们的例子中使用了0.3这个值。除了前面的选项以外，draw方法还需要一个包含图表的HTML元素和数据本身。

```
Flotr.draw(
    document.getElementById("chart"),
    [{
        data: get_points(katrina),
        bubbles: {show:true, baseRadius: 0.3}
    }]
);
```

正如你所看到的，我们使用了前面写的转换函数来从源数据中提取需要的数据。这个函数的返回值直接被传递到draw方法的第二个参数中。

目前，我们还不用操心背景图片的问题。我们只需要把调整过的数据添加到图表中就可以了。图1-22中就是目前为止显示的效果，尽管还需要改进，但我们已经迈出了第1步。

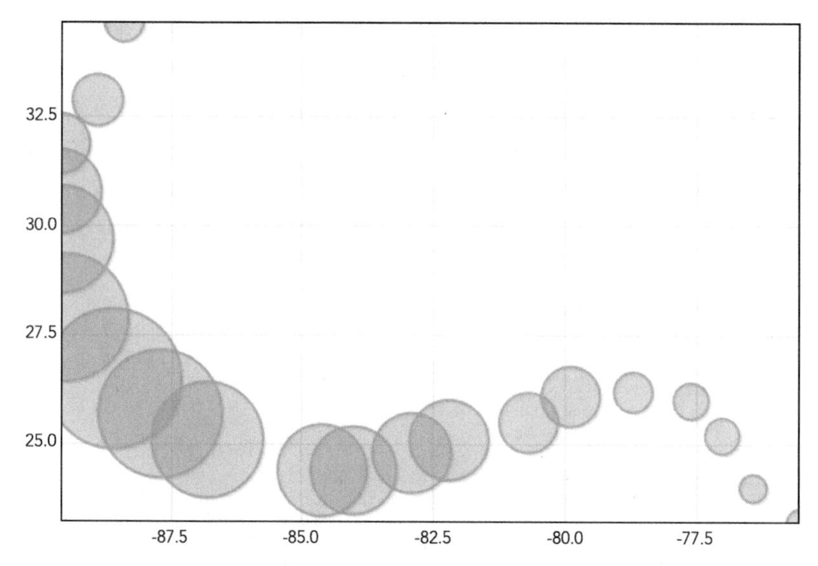

图1-22　一个有着多种尺寸数据点的基本气泡图

1.5.4　第4步　添加背景

现在我们来看一下Flotr2是如何在背景图上绘制数据的。同时我们还想要做一些别的事情。首先我们添加一个背景图，移除掉网格线。其次，不显示轴线的标注;经纬线对于普通用户来说没有什么意义，地图对于用户来说也不是必需的。最后，也是最重要的，我们需要调整缩放图表来匹配地图图片。

```
Flotr.draw(
    document.getElementById("chart"),
    [{
      data: get_points(katrina),
      bubbles: {show:true, baseRadius: 0.3}
    }],
    {
❶       grid: {
            backgroundImage: "img/gulf.png",
            horizontalLines: false,
            verticalLines: false
        },
❷       yaxis: {showLabels: false, min: 23.607, max: 33.657},
❸       xaxis: {showLabels: false, min: -94.298, max: -77.586}
    }
);
```

我们在❶的位置添加了一个grid的选项来告诉Flotr2不展示横纵网格线，并且指派一个用背景图片代替。我们想要图片展示的纬度值从23.607° N到33.657° N，经度值从77.568° W到94.298° W。所以在❷和❸的位置我们将这些值提供给xaxis和yaxis选项来当作的范围值，并且将两个轴的标注设置为不显示。需要注意的是因为我们涉及到的经度是西经，所以需要使用负值。

在图1-23中看图表这些点效果还不错。我们不仅可以清楚的看到飓风的路径还能看到飓风的强弱变化。

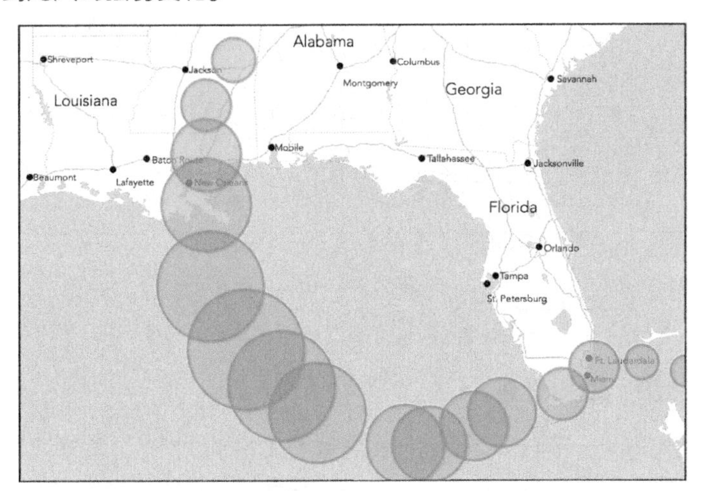

图1-23　使用地图作为背景，让图表的内容变得有意义

1.5.5　第5步　给气泡上色

在这个例子中，我们通过选项来修改气泡的颜色，可以让用户不用过于耗费精力就能获取到更多的信息。让我们在每个观察点上加上能表明萨菲尔–辛普森飓风等级的数字。

这里我们可以利用我们前面做的数据格式化函数来过滤一下要展现的数字。因为萨菲尔–辛普森飓风等级是基于风速的，所以我们要基于风的属性来过滤。例如下面的代码展现了只将风速74英里/小时到95英里/小时的值提取出来作为1级飓风等级。我们传给get_points函数的是返回为true的风速。

```
cat1 = get_points(katrina, function(obs) {
    return (obs.wind >= 74) && (obs.wind < 95);
});
```

我们用下面的代码来将数据划分到多个集合中，让Flotr2来分配不同的颜色给每个集合。除了5级飓风以外，我们已经解析出了热带风暴和热带气压的强度。

```
Flotr.draw(
    document.getElementById("chart"),
    [
      {
          data: get_points(katrina, function(obs) {
                    return (obs.wind < 39);
                }),
          color: "#74add1",
          bubbles: {show:true, baseRadius: 0.3, lineWidth: 1}
       },{
       // Options continue...
       },{
         data: get_points(katrina, function(obs) {
                   return (obs.wind >= 157);
               }),
         color: "#d73027",
         label: "Category 5",
         bubbles: {show:true, baseRadius: 0.3, lineWidth: 1}
       }
     ],{
       grid: {
           backgroundImage: "img/gulf.png",
           horizontalLines: false,
           verticalLines: false
       },
       yaxis: {showLabels: false, min: 23.607, max: 33.657},
       xaxis: {showLabels: false, min: -94.298, max: -77.586},
       legend: {position: "sw"}
     }
);
```

如你在图1-24中看到的，我们在左下角已经给飓风等级添加了标注和图例。

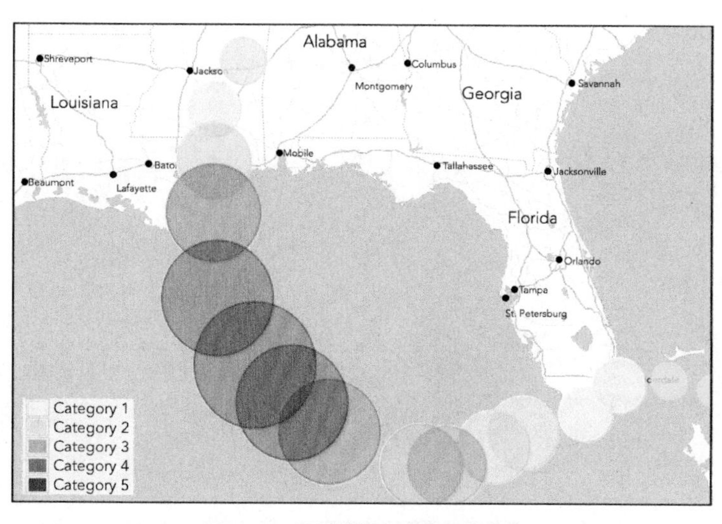

图1-24　不同的颜色表明风的强度

1.5.6 第6步 调整图例的样式

默认情况下，Flotr2会让所有元素看起来都尽可能的大。在图1-24中的图例就是一个好例子：它看起来很局促且不够吸引人。幸运的是，修改这个很简单：我们简单添加一些CSS的padding样式就可以了，我们也可以设置图例的背景颜色来和Flotr2的背景形成反差来突出。

```
.flotr-legend {
    padding: 5px;
    background-color: #ececec;
}
```

为了防止Flotr2给图例创建背景色，我们将透明度设置为0。

```
Flotr.draw(
    document.getElementById("chart")
        // Additional options...
        legend: {position: "sw", backgroundOpacity: 0,},
        // Additional options...
```

经过最后的调整，图1-25就是我们最终完成的样子。我们不想使用Flotr2的选项来指定标题，因为Flotr2将标题等也算在图表内容区内，所以当字数较多时，会将图表空间压缩收窄（并且我们也不能预知用户浏览器的字体大小）。这会导致纬度的变形。所以简单的用HTML标签来盛放标题就可以了。

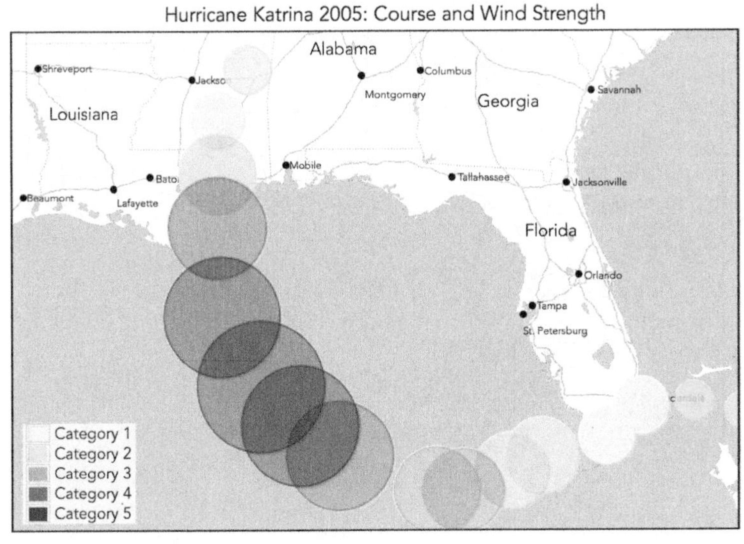

图1-25 气泡图不但展示了移动的位置，还展示了第3个维度（风速）

气泡图相比二维的离散图表增加了其他维度。事实上，和我们的例子一样，它也可以进一步添加两个维度。在例子中使用气泡尺寸来代表风速，颜色表明飓风的分类。这两个值都需要关注。人们既不善于对比两个维度的区域，也不能轻松的对比相对的形状和颜色。气泡图从来都不应该用来表达一个临界数据或精确的数量。在例子中气泡图表现的很好，既不用准确的表示风速，也不用精确的指定飓风的位置。几乎没有人能区分出100/小时和110米/小时的差别，但他们能知道达拉斯和奥尔良的区别。

1.5.7 第7步 Flotr2“bugs”的应急预案

请参考本书1.1.9小节中关于创建基本柱状图表中是如何解决Flotr2类库的一些“bug”的。

1.6 使用雷达图显示多维数据

如果你有多维的数据要展示，那么选择雷达图是最有效的可视化方法。然而雷达图和其他图表不一样，由于它们不常用，比较陌生，所以向用户解释的时候有一些难度。所以如果你想要使用雷达图，要小心不要给用户增加认知负担。

当你的数据具备以下几个特性的时候，那么雷达图是有效的表现形式：

没有过多的数据点要显示。6个数据点是雷达图能容纳的最大限度了。

数据点有多个维度。如果你的数据只有2、3个维度，那么使用更传统的图表类型会更合适。雷达图更适合展现4个或更多的维度。

每个数据维度都是一个至少可以排名的量化标准（换句话说就是从好到坏）。雷达图不能仅仅表示某一个任意分类（例如政党或国籍）。

雷达图的一个典型用法是在一个球队中分析队员的竞技状态。在例子中我们使用NBA迈阿密热火队在2012年的先发阵容。只有5个数据点（5个队员）。有多个维度—得分、助攻、篮板和抢断等，每一个维度都是一个自然数值。

表1–1显示了2011–2012赛季球员的场均数据和球队的数据总和（包括替补队员的数据）。

表1–1 迈阿密热火2011–2012赛季数据

player	points	Rebounds	Assists	Steals	Blocks
Chris Bosh	17.2	7.9	1.6	0.8	0.8
Shane Battier	5.4	2.6	1.2	1.0	0.5
LeBron James	28.0	8.4	6.1	1.9	0.8

续表

player	points	Rebounds	Assists	Steals	Blocks
Dwyane Wade	22.3	5.0	4.5	1.7	1.3
Mario Chalmers	10.2	2.9	3.6	1.4	0.2
Team total	98.2	41.3	19.3	8.5	5.3

和1.1.1小节中一样，我们需要在网页中添加Flotr2类库，然后放置一个包含我们将要创建图表的div元素。

1.6.1　第1步　定义数据

我们用一个JavaScript表达式来表示球队的统计。在这个例子中，我们用一个数组对象来对应每一个先发队员，然后另外设置一个变量来表示整个球队。

```
var players = [
    { player: "Chris Bosh", points: 17.2, rebounds: 7.9, assists: 1.6,
      steals: 0.8, blocks: 0.8 },
    { player: "Shane Battier", points: 5.4, rebounds: 2.6, assists: 1.2,
      steals: 1.0, blocks: 0.5 },
    { player: "LeBron James", points: 28.0, rebounds: 8.4, assists: 6.1,
      steals: 1.9, blocks: 0.8 },
    { player: "Dwyane Wade", points: 22.3, rebounds: 5.0, assists: 4.5,
      steals: 1.7, blocks: 1.3 },
    { player: "Mario Chalmers", points: 10.2, rebounds: 2.9, assists: 3.6,
      steals: 1.4, blocks: 0.2 }
];
var team = {
    points: 98.2,
    rebounds: 41.3,
    assists: 19.3,
    steals: 8.5,
    blocks: 5.3
};
```

对于一个有效的雷达图，我们需要按比例将所有的值标准化。在这个例子中，我们将这些未加工的统计转换成球队的百分比。比如，勒布朗·詹姆斯的得分是28.0分，我们显示为29%(28.0/98.2)。

下面有两个函数，我们使用这两个函数转换未加工的统计数据到图表的对象中。第一个函数返回单个队员的统计对象。这个函数通过在的players数组中寻找队员的姓名来进行简单的搜索。第2个函数逐个的从team对象中获取对应姓名队员的各个统计，并标准化这些值。这个返回对象除了有一个等于队员姓名的label的属性外，还有一个相应队员标准化统计数据的数组。

```
var get_player = function(name) {
   for (var i=0; i<players.length; i++) {
       if (players[i].player === name) return players[i];
   }
}
var player_data = function(name) {
    var obj = {}, i = 0;
    obj.label = name;
    obj.data = [];
    for (var key in team) {
        obj.data.push([i, 100*get_player(name)[key]/team[key]]);
        i++;
    };
    return obj;
};
```

在这个统计中，我们使用了一个从0到4的计数器。接下来我们来看如何将这些数值和有意义的文字匹配起来。

例如，这个叫player_data("LeBron James")的函数，返回下面这个对象。

```
{
   label: "LeBron James",
   data: [
             [0,28.513238289205702],
             [1,20.33898305084746],
             [2,31.60621761658031],
             [3,22.352941176470587],
             [4,15.09433962264151]
        ]
}
```

因为Flotr2不依赖于jQuery，所以在前面的代码中我们也没有使用jQuery封装好的简便函数。我们也没有充分利用JavaScript标准的函数（包括像.each()方法），因为IE9以前的浏览器不支持这些方法。如果因为其他原因，你在页面中使用了jQuery，或者你不需要支持老旧版本的IE浏览器，那么你的代码会简单一些。

在代码的最后，我们使用一个简单数组来匹配我们图表中的标注。这个顺序必须和player_data()的返回相对应。

```
var labels = [
    [0, "Points"],
    [1, "Rebounds"],
    [2, "Assists"],
    [3, "Steals"],
    [4, "Blocks"]
];
```

1.6.2 第2步 创建图表

单独调用Flotr2的draw()方法来创建我们的图表，我们需要指明将图表放到哪个HTML元素中，还需要传递图表用到的数据。数据就通过我们前面展现的get_player()函数获取。

```
Flotr.draw(document.getElementById("chart"),
    [
        player_data("Chris Bosh"),
        player_data("Shane Battier"),
        player_data("LeBron James"),
        player_data("Dwyane Wade"),
        player_data("Mario Chalmers")
    ],{
❶       title:
            "2011/12 Miami Heat Starting Lineup - Contribution to Team Total",
❷       radar: { show: true },
❸       grid:  { circular: true, },
        xaxis: { ticks: labels, },
        yaxis: { showLabels: false, min:0, max: 33, }
    }
);
```

这段代码还包含了一些选项。在代码❶处的title选项提供了一个图表的完整标题，在代码❷处的radar选项告诉Flotr2我们先要什么样的图表类型。使用雷达图，我们需要明确指定一个圆形网格（和矩形相反），所以，我们要在代码❸处设置grid选项。最后两个选项是x轴和y轴的详情。对于x轴，我们使用labels变量数组来给每个统计点命名，对于y轴，我们完全放弃标注，明确指出最大和最小值。

我们需要保证包含图表的HTML容器足够大，能够显示下图表和图例，因为FLotr2并不擅于计算合适的大小。对于像这样的静态图表，反复试验是最简单的方法，就像在图1-26中呈现给我们的图表一样。

2011/12赛季 迈阿密热火先发阵容对全队的贡献。

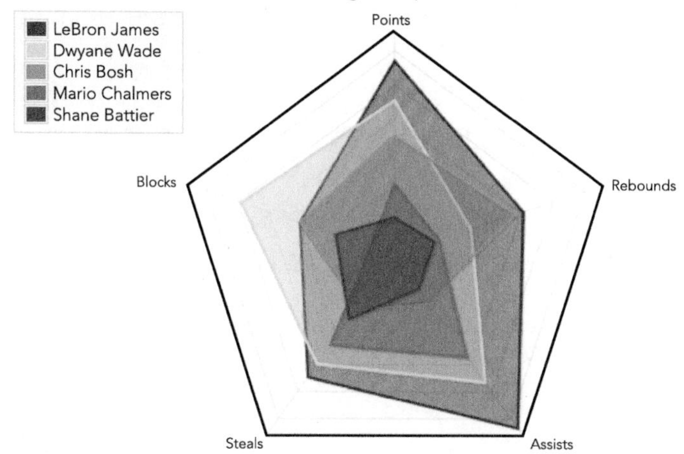

图1–26 雷达图让用户一次对比多个数据变量

这个图表清楚地证明了勒布朗·詹姆斯对于球队的价值，他在5个统计分类中，4项领先，尽管这对于NBA的粉丝来说并不是什么新鲜事。

虽然雷达图只能在一些专门的情境下应用，但当有适当数量的变量，且每个都很容易量化时，那么使用雷达图就很有效果。在图1–26中，每个队员在图表中通过所有变量链接起来的区域大致对应他总的贡献。红色区域和其他颜色区域对比，一下就显示出了詹姆斯对全队的总贡献非常突出。

1.6.3 第3步 Flotr2 "bugs" 的应急预案

请参考本书1.1.9小节中关于创建基本柱状图表中是如何解决Flotr2类库的一些 "bug" 的。

1.7 小结

这一章的例子提供了一些标准数据图表类型，最简单和最直接的可视化数据工具的快速指南。如果某一类可视化数据选对了使用哪种图表，那么可视化的效果将会非常好。

柱状图：主要的基本的图表。对于展现一小段相同间隔时间内的数量变化或者自己本身的数量对比是很有效的。

线形图：当有大量的数据需要展示或数量有不规则变化时，会比柱状图更有效。

饼图：经常被过度使用，但是对于凸显单个值在整个数据中的占比是很有效的。

离散型图表：显示两个值之间的关系是很有效的。

气泡图：在离散型图表的基础上增加了第3个值，但使用的时候要当心，因为很难准确评估圆形的相对区域。

雷达图：被设计用来在一个图表中显示一个主题的几个方面。虽然对于大多数用户来说并不常见，但对于一些特殊的情况却很有效。

第2章 和图表进行交互

在第1章中我们学习了如何创建各种类型的简单的、静态的图表。尽管在多数情况下这种图表就已经可以胜任工作了，但它们却并没有利用到Web最重要的特性——交互。有时，你想要做的不仅仅是给你的用户展现数据。当用户对某一个点非常感兴趣，你又想给他们一个探索数据的机会时，那么你可以考虑为图表加上交互效果。

在以上情况中，我们可以利用Web作为媒介，添加交互效果到我们的可视化当中。

因为这些图表是被设计在Web上出现的，所以事实上在这本书里看到的所有类库和工具都支持进行交互。当然也包括第1章中的Flotr2类库。在这一章中，我们将用另外一个类库来代替Flotr2，这就是Flot类库（http://www.flotcharts.org/），这个库基于jQuery，并且它的特点就是支持绘制实时和可进行交互的图表。

在这一章中，我们同样坚持使用单一数据源：世界范围内的各国家国内生产总值（GDP）。这个数据在世界银行网站（http://data.worldbank.org/）上是公开的。尽管和数据打交道看起来有些枯燥，但有效的可视化会将最平凡的数据变得鲜活起来。接下来你会学到：

➢ 如何让用户选择图表里的内容；
➢ 如何让用户放大图表来查看更多的详细内容；
➢ 如何使图表响应用户鼠标的移动；
➢ 如何使用AJAX服务动态为图表获取数据。

2.1 选择图表内容

如果你想在网站上给大量用户展现数据，但每个用户对于数据关心的方面各不相同，例如使用全球GDP数据，我们可以预料到的是，每个用户最关心的是自己国家的数据。如果我们能提前知道用户是来自哪里的，那么我们就可以构建出这个用户所关心的可视化图表。

在这个例子中，我们的目标用户是全世界的用户，我们想要展示所有地区的数据。但为了适应个别用户的需求，我们将地区设为可选的，这样，用户就可以显示和隐藏每个地区的数据了。如果有用户对于详细地区的数据不关心，那么他们也可以不显示这些数据。

可视化交互往往需要有比简单的、静态的图表更多的思考。不仅仅是要在展现原始数据时让人印象深刻，在用户控制展现和响应展现时同样要让人印象深刻。下面这些明确的需求可以帮助你思考怎么做。

1. 确保最初的、静态的数据展现是有效的。
2. 在页面上添加一些用户可用的控件并确保这些控件对于可视化是有意义的。
3. 添加代码使这些控件可以工作。

在下面的例子中我们将逐步实行这些步骤。

2.1.1 第1步 包含需要的JavaScript类库

因为我们要使用Flot库来创建图表，所以我们需要在我们的网页中把它加载进来。因为Flot依赖jQuery，所以我们还需要在页面中将jQuery也加载进来。幸运的是，jQuery和Flot都是很流行的类库，并且他们都可以使用CDN来加载。你可以使用CDN来加载这两个类库，而不用将这两个类库放在你自己的网站上。使用CDN有以下几个好处。

更好的性能：如果用户之前访问过使用了同一个CDN的其他网站，那么这个类库就已经缓存在了浏览器里。这种情况下，浏览器只用从缓存里取出这个类库，避免了额外再去发送请求（对于性能的不同看法见下面缺点列表的第二项）。

更低的花费：不论怎样，你网站的花费都是基于你使用了多少带宽。如果你的用户可以从CDN上拉取到类库文件，那么这些请求的带宽就不会计算到你的网站上。

当然使用CDN也有一些缺点。

失去控制：如果CDN挂掉了，你页面中的类库也就不能使用了。你的网站的功能性受CDN的支配。也有方法可以缓解这种失败带来的损失。你可以试着先从CDN拉取，如果失败了再从你自己的网站上拉取拷贝。尽管可以使用类似这种的小技巧，但在你的代码中还是会报错的。

缺乏灵活性：使用CDN上的类库，一般你都要被迫接受一些限制。例如我们要加载jQuery和Flot两个类库。CDN直接提供这些类库文件，所以我们要得到这两个文件就需要发送两个请求。另一方面，如果我们自己的网站上有这两个类库，就可以将这两个合并成一个文件，并且将请求数减少一半。对于延迟高的网络（像移动网络），请求的数量是决定你网页性能的最大因素。

事事都不是绝对的，所以你要根据自己的情况分析，权衡使用哪种方法。对于这个例子（以及这一章中的其他例子）我们都使用CloudFlare CDN。

除了jQuery库以外，Flot还依赖HTML的canvas特性。为了支持IE8及更早的浏览器，我们还要在页面里加载excanvas.min.js库，并且确保只有IE8及IE8以下的浏览器才会加载这个js，就像我们在第1章中绘制柱状图时做的一样。同样，因为excanvas没有一个可用的公共CDN，所以我们要把它放在我们自己的服务器上。从下面的HTML结构开始我们的例子。

```
<!DOCTYPE html>
<html lang="en">
  <head>
    <meta charset="utf-8">
    <title></title>
  </head>
  <body>
    <!-- Content goes here -->
    <!--[if lt IE 9]><script src="js/excanvas.min.js"></script><![endif]-->
    <script src="//cdnjs.cloudflare.com/ajax/libs/jquery/1.8.3/jquery.min.js">
    </script>
    <script src="//cdnjs.cloudflare.com/ajax/libs/flot/0.7/jquery.flot.min.js">
    </script>
  </body>
</html>
```

正如你看到的，我们在文档的最后加载了那几个JavaScript类库。这个方法可以让浏览器在等待服务器提供JavaScript类库时，就把整个HTML标签加载完，并且开始布局页面。

2.1.2 第2步 设置一个div元素来盛放图表

在我们的页面中，我们需要创建一个div元素来包含我们将要构建的图表。这个元素必须有明确的高和宽，否则Flot将不能构建图表。我们可以在CSS样式表中指明元素的尺寸，或者我们可以直接在元素上写内联样式。下面的例子看起来使用了后一种方法。

```
<!DOCTYPE html>
<html lang="en">
  <head>
    <meta charset="utf-8">
    <title></title>
  </head>
  <body>
❶    <div id="chart" style="width:600px;height:400px;"></div>
    <!--[if lt IE 9]><script src="js/excanvas.min.js"></script><![endif]-->
    <script src="//cdnjs.cloudflare.com/ajax/libs/jquery/1.8.3/jquery.min.js">
    </script>
    <script src="//cdnjs.cloudflare.com/ajax/libs/flot/0.7/jquery.flot.min.js">
    </script>
  </body>
</html>
```

注意，在代码❶处我们给这个div一个明确的id，一会儿我们会用到它。

2.1.3 第3步 准备数据

在往后的例子中，我们将会看到如何从世界银行的Web服务中直接获取数据，但是就目前这个例子来说，还是让我们先从简单的做起，并且假设我们的数据已经下载好了并且转成JavaScript需要的格式（为了简洁，下面展示的只是节选，这本书的源码中包含了完整的数据集）。

```
var eas = [[1960,0.1558],[1961,0.1547],[1962,0.1574], // Data continues...
var ecs = [[1960,0.4421],[1961,0.4706],[1962,0.5145], // Data continues...
var lcn = [[1960,0.0811],[1961,0.0860],[1962,0.0990], // Data continues...
var mea = [[1968,0.0383],[1969,0.0426],[1970,0.0471], // Data continues...
var sas = [[1960,0.0478],[1961,0.0383],[1962,0.0389], // Data continues...
var ssf = [[1960,0.0297],[1961,0.0308],[1962,0.0334], // Data continues...
```

这个数据包含了世界主要地区从1960年到2011年每年的GDP(以当前美元计)。变量的名字就是世界银行地区的代码。

＊注意：在写这本书的时候，世界银行北美的数据暂时不可用了。

2.1.4 第4步 绘制图表

在我们添加任何交互以前，让我们先把图表绘制出来。Flot类库提供了一个简单的函数调用来创建静态的图像。我们调用jQuery扩展的plot函数然后传两个参数。第一个参数表明要包含图表的HTML元素，第二个参数提供一个数组，数组的内容就是先前我们定义的各地区GDP数据集合。

```
$(function () {
    $.plot($("#chart"), [ eas, ecs, lcn, mea, sas, ssf ]);
});
```

图2-1展示了绘制好的图表。

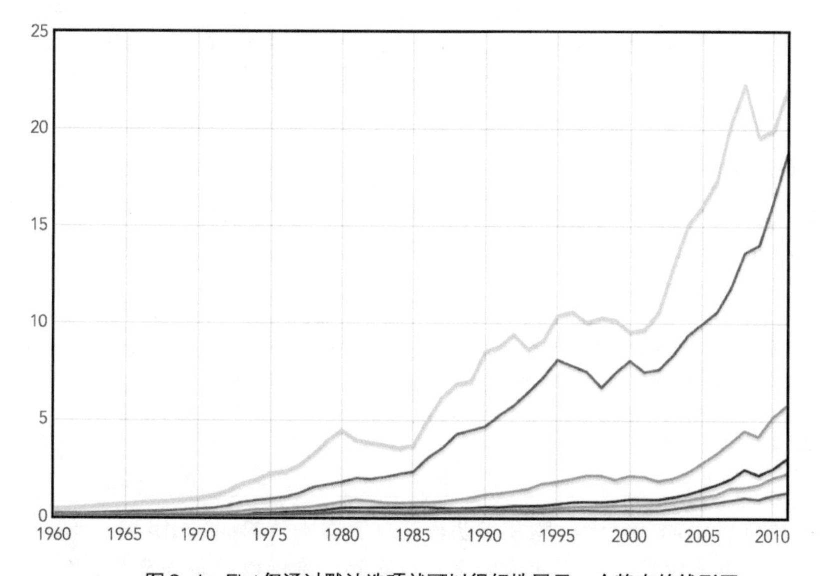

图2-1 Flot仅通过默认选项就可以很好地展示一个静态的线形图

现在看起来我们已经可以把静态数据的获取和展现完成得很好了，所以让我们进行下一步吧。

2.1.5 第5步 添加控件

很高兴现在我们有了一个图表，我们可以向这个图标中添加控件了。在这个例子中，我们的目标相当简单：我们的用户应该可以选择在图像中出现的地区。我们将会给他们一些复选框集合的选项，每个复选框对应一个地区。下面的代码是包含了复选框组件的标签。

```
<label><input type="checkbox"> East Asia & Pacific</label>
<label><input type="checkbox"> Europe & Central Asia</label>
<label><input type="checkbox"> Latin America & Caribbean</label>
<label><input type="checkbox"> Middle East & North Africa</label>
<label><input type="checkbox"> South Asia</label>
<label><input type="checkbox"> Sub-Saharan Africa</label>
```

你可能惊奇地发现我们在<label>元素中放置了一个<input>控件。尽管看起来有一些不寻常，但通常这确是最好的做法。当我们这么做以后，浏览器就会将label上的单击理解为单击了<input>控件，反之，如果我们将<label>和控件分开，那么用户只有单击到复选框控件这么一个小小的地方才能有反应，用户体验上就会差一些。

在我们的网页上，我们希望将控件放置在图表的右侧。那么我们可以这样做：先创建一个div，将图表放置在里面，然后添加一个内联样式，设置float为left。在生产环境中，你可能想要在外链样式表中去书写这些样式。

```
<div id="visualization">
    <div id="chart" type="width:500px;height:333px;float:left"></div>
    <div id="controls" type="float:left;">
        <label><input type="checkbox"> East Asia & Pacific</label>
        <label><input type="checkbox"> Europe & Central Asia</label>
        <label><input type="checkbox"> Latin America & Caribbean</label>
        <label><input type="checkbox"> Middle East & North Africa</label>
        <label><input type="checkbox"> South Asia</label>
        <label><input type="checkbox"> Sub-Saharan Africa</label>
    </div>
</div>
```

我们同样应该添加一个标题和说明，并且要使所有的<input>复选框默认都是勾选状态。做完这些之后再让我们来看看图表，确保格式看起来是OK的就可以了（图2-2）。

现在我们在图2-2中可以看到控件和图表的关系，然后我们可以以此去验证他们对于数据和交互模型都是有意义的。现在我们还缺乏一个关键的信息：我们还不能分辨出哪条线代表哪个地区。对于静态可视化，我们可以简单地使用Flot库来给图表添加一个图例，但在这里这个方法不是很理想。你可以在图2-3中看到问题，因为图例看起来像交互控件，让用户不知道应该单击交互控件还是图例，使人感到困惑。

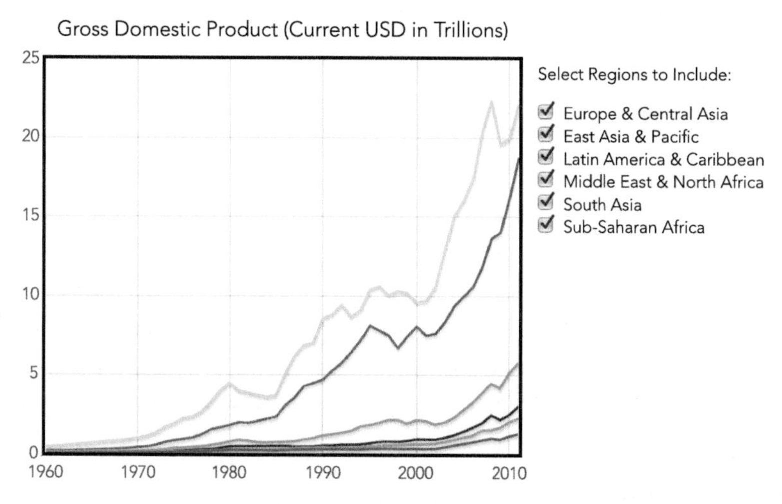

图2-2　使用标准的HTML控件就可以和图表进行交互

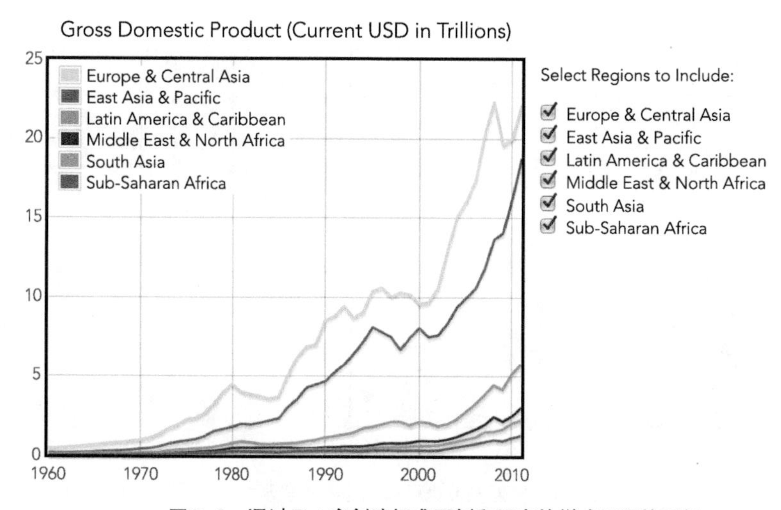

图2-3　通过Flot库创建标准图例和图表的样式匹配的不好

我们可以通过合并图例和交互控件来从视觉上消除困惑。如果我们在复选框后添加一个方块，然后填充和图表中线段对应的颜色，那么就可以用复选框控件充当图例了。

我们可以使用HTML的<span>标签来当表示颜色的容器，给这个标签添加一些样式。下面的代码用了内联样式给类似这样的复选框增加样式。(在整站应用这种样式，更好的方法是外链一个样式表，将样式写在样式表中)

```
<label class="checkbox">
    <input type="checkbox" checked>
    <span style="background-color:rgb(237,194,64);height:0.9em;
            width:0.9em;margin-right:0.25em;display:inline-block;"/>
    East Asia & Pacific
</label>
```

<span>标签除了背景色，还需要有明确的尺寸，我们通过设置display属性的值为inline-block，这样无论<span>标签里有没有内容，浏览器都会强制将它显示为设置好的大小。如你所见，在代码中我们用em单位(译者注：建议如果要做响应式，最好用rem,rem只根据根节点的字号计算，而em会产生嵌套计算字号的问题)替代了原来的px来表示<span>标签的大小。因为em可以随着文本字号的大小自动放大缩小，当用户放大缩小页面的时候，这个色块会跟着<lable>文本的大小变化。

快速在浏览器里验证将多个元素合并之后的效果(见图2-4)。

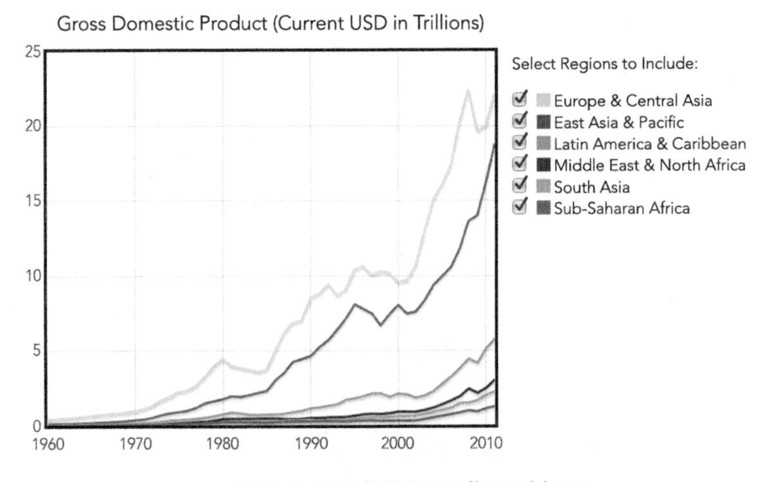

图2-4　交互控件也可以作为图例显示

现在看起来已经非常好了，我们接下来要关注交互本身了。

2.1.6　第6步　定义适合交互的数据结构

现在整体布局看起来已经很好了，我们可以将精力转到JavaScript上了。首先我们需要扩展我们的数据来追踪交互的状态。简单地在数组里写入值来代替存储的数据。数组中的每一个对象都包含了和数据对应的其他属性。

```
var source = [
    { data: eas, show: true, color: "#FE4C4C", name: "East Asia & Pacific" },
    { data: ecs, show: true, color: "#B6ED47", name: "Europe & Central Asia" },
    { data: lcn, show: true, color: "#2D9999",
      name: "Latin America & Caribbean" },
    { data: mea, show: true, color: "#A50000",
      name: "Middle East & North Africa" },
    { data: sas, show: true, color: "#679A00", name: "South Asia" },
    { data: ssf, show: true, color: "#006363", name: "Sub-Saharan Africa" }
];
```

每个对象包含的数据是一个地区，并且里面还给我们放置了一个默认的附加属性，包括标注的名称和其他状态信息。只用一个属性我们就可以追踪到在图表中是否要显示这个数据（使用键值show）。我们也需要给每条线指定一个颜色，否则,Flot将会根据有多少各个地区自动分配颜色，这样我们就不能和控制器图例中的颜色匹配起来了。

2.1.7 第7步 基于交互状态确定图表数据

当我们调用plot()方法绘制图表时，我们需要传一个对象给plot()，这个对象包含了数据集合和各个地区颜色的。上面的数组source已经有了我们需要的信息，但它同样也包含了一些其他信息，这些可能会导致Flot表现不正常。我们只想给plot函数传一个简单的对象。例如：东亚和太平洋的数据可以用下面这种方式定义：

```
{
    data: eas,
    color: "#E41A1C"
}
```

我们也只想显示用户选择了的地区的数据。应该是一个完整集合里面的子集。这需要分两步来做：转化数组元素（在例子中是那个更简单的对象）和将过滤数组放到一个子集当中–在可视化当中是非常普通的需求。幸运的是,jQuery有两个封装好的函数来简化上面的操作：$.map()和$.grep()。

.grep()和.map()都接受两个参数，第一个参数是一个数组，或者更准确地说，是一个无论是JavaScript数组还是另外一些看起来像数组的JavaScript对象，我们把这种叫做类数组的对象（在技术层面上是有区别的，但这不是我们现在关注的点）。第二个参数是每次对数组中一个元素进行操作的函数。对于.grep()函数来说，根据返回的

true和false的值来过滤掉对应的元素。.map()函数返回一个转化后的对象来替换原始数组中的元素。图2–5显示了这两个函数将初始数据转化成最终的数据数组的过程。

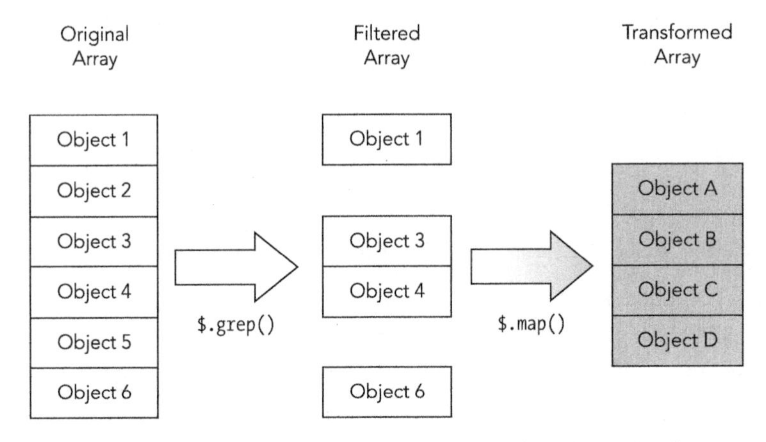

图2–5 jQuery库包含了帮助我们转化和过滤数据的封装好的函数

下面的代码展示了每次从source中取数据，然后从返回中过滤掉不符合要求的数据这一过程。我们使用.grep()来检查我们源数据中show属性，最终返回一个show属性都为true的数组。

```
$.grep(
    source,
    function (obj) { return obj.show; }
)
```

下面展示了如何将数据的其他相关属性传递给source元素。

```
$.map(
    source,
    function (obj) { return { data: obj.data, color: obj.color }; }
)
```

其实不需要分这么多步做，我们可以将它们合并成像下面这样的简洁表达式：

```
$.map(
    $.grep(
        source,
        function (obj) { return obj.show; }
    ),
    function (obj) { return { data: obj.data, color: obj.color }; }
)
```

这个表达式会将返回值提供给Flot的plot()函数，作为输入的数据。

2.1.8 第8步 使用JavaScript添加控件

现在我们可以把新的数据结构导入到图表中了，接下来让我们用这些数据在页面中添加复选框控件。jQuery的.each()函数是一个循环地区数组的简便方法。它的参数包括一个数组对象和一个对每次从数组中取出的对象进行操作的函数。这个函数需要有两个参数：数组的索引和对象。

```
$.each(source, function(idx, region) {
    var input = $("<input>").attr("type","checkbox").attr("id","chk-"+idx);
    if (region.show) {
        $(input).prop("checked",true);
    }
    var span = $("<span>").css({
        "background-color": region.color,
        "display":          "inline-block",
        "height":           "0.9em",
        "width":            "0.9em",
        "margin-right":     "0.25em",
    });
    var label = $("<label>").append(input).append(span).append(region.name);
    $("#controls").append(label);
});
```

在上面的循环中，我们做了4件事。首先，我们创建了一个<input>复选框控件。正如你看到的，我们给每个控件一个唯一的带chk-前缀加上数组索引值的id属性。如果图表显示地区，那么控件的checked属性就会设置为true。接下来我们创建一个用做色块的<span>标签。我们使用css()函数设置了所有的样式，包括地区的颜色。我们在函数中还创建了第三个元素<label>。我们把<input>复选框控件、色块的<span>和地区的名字都放到<label>元素里。最后再将<label>添加到HTML文档中。

注意，我们不会每创建一个标签（例如<input>或<span>）就向文档中直接插入。我们会使用一个局部变量来保存它们。然后在收起齐后完成<label>的创建之后才插入到文档中。这个方法极大地提高了网页的性能。每次JavaScript代码向文档中添加元素，浏览器就不得不重新计算页面的布局。对于复杂的页面这样做会非常耗时。通过在拼合好HTML结构后再向文档中添加，我们就可以使浏览器在每次添加一个地区时强制执行计算一次布局（你可以合并所有地区到一个局部变量中，然后只用添加一次到文档中来进一步优化性能）。

如果我们将绘制图表和创建控件的JavaScript代码合并，我们只需要一个HTML的框架就可以了。

```
<div id="visualization">
    <div id="chart" style="width:500px;height:333px;float:left"></div>
    <div id="controls" style="float:left;">
        <p>Select Regions to Include:</p>
    </div>
</div>
```

在图2-6中可以看到我们的成果—和在图2-4中看到的一样，但现在我们是通过JavaScript动态创建出来的。

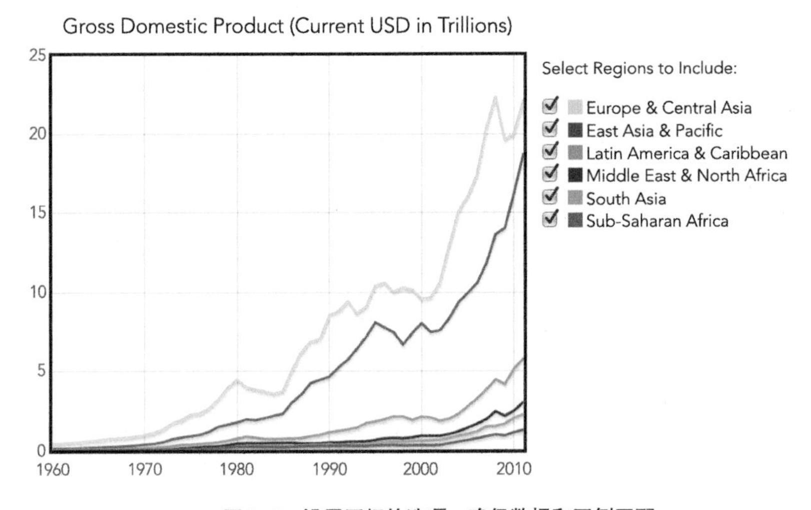

图2-6　设置图标的选项，确保数据和图例匹配

2.1.9　第9步　响应交互控件的操作

尽管目前为止我们还没有添加任何的交互，但是我们只要加上交互整个图表就可以大功告成了。我们的代码只需要监视控件的单击，然后相应的重绘图表就可以了。因为之前我们已经给每个复选框一个以chk-开头的id属性，所以可以很容易监视单击事件。

```
$("input[id^='chk-']").click(function(ev) {
    // Handle the click
})
```

当代码发现有单击后，它应该判断这个复选框被单击了，然后触发数据源的show属性再重绘图表。我们可以通过越过chk-前缀的这4个字符来获取事件目标的id属性，进而找到指定地区。

```
idx = ev.target.id.substr(4);
source[idx].show = !source[idx].show
```

重绘图表需要调用plot()返回的图表对象。我们重置数据然后告诉类库重绘图表。

```
plotObj.setData(
    $.map(
        $.grep(source, function (obj) { return obj.show; }),
        function (obj) { return { data: obj.data, color: obj.color }; }
    )
);
plotObj.draw();
```

如图2-7展现的，我们最终有了一个可以对整个地区GDP进行交互的可视化图表。

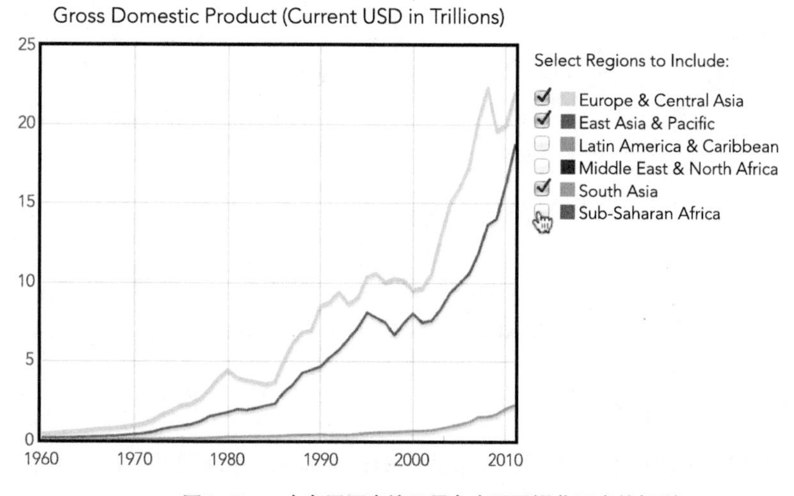

图2-7 一个交互图表给了用户支配可视化图表的权利

我们创建的这个可视化图表比原来的静态图表更能吸引用户的注意力。他们不仅可以看到概况的图，通过交互控件，用户还可以关注他们自己觉得重要或者感兴趣的数据。

这么做以后还有一个潜在的问题。比如有两个数据集（欧洲和东亚及太平洋地区）在图表上时。当用户不选择一些地区后，剩下的数据可能会只在图表的底部显示，那么图表中的很大一块区域都浪费掉了。你可以通过在每次绘制图表的时候缩放它来解决这个问题。你可以这么来做——在调用 plotObj.draw() 以前调用 plotObj.setupGrid()。但另一方面，用户可能会对突然之间的改变感到困惑，因为你改变的是整个图表，而不仅仅是他们选择的区域。在下面的例子中，我们将通过给用户控制X和Y轴缩放的方法来处理这类问题。

2.2 缩放图表

目前为止，我们已经通过让用户选择出现哪个数据集合来跟可视化进行一些交互。虽然在多数情况下，你还想给用户更多的控制，特别是在你想展示大量数据和详细内容的时候，会让图表变得难以识别。如果用户看不到他们想要的详情，那我们的可视化就是失败的。幸运的是，我们通过给用户一个在数据里检阅详情的机会，从而避免了这个问题。缩放图表就是其中一种方法。

虽然Flot类库本身不支持缩放，但增加selection插件和navigation插件这两个类库就可以实现这个功能了。navigation插件的作用有些类似于Google Maps。它在图表的一个角落添加一个类似于指南针的控件，并在这个指南针的盘面上有箭头和按钮来控制缩放显示。这个接口对于图表不是非常有效。用户不能精准控制图表缩放到多大，想要达到他们预期的缩放效果很难。

selection插件提供了一个好得多的接口。用户简单地在他们想要查看的区域中拖拽鼠标，这个区域就会像镜头移入一样放大。这个手势的操作更多的需要凭直觉才能发现，并且用户的动作要准确。这个插件还有一个缺点，不支持触摸操作。

对于这个例子，我们使用selection插件来一步步地支持缩放。当然，每个网站的情况不一样，你可以使用最适合你网站的那个方法。

2.2.1 第1步 准备页面

因为我们还是用前面的数据，所以大多数的准备工作和前面的例子是相同的。

```
<!DOCTYPE html>
<html lang="en">
  <head>
    <meta charset="utf-8">
    <title></title>
  </head>
```

```
  <body>
    <!-- Content goes here -->
    <!--[if lt IE 9]><script src="js/excanvas.min.js"></script><![endif]-->
    <script src="//cdnjs.cloudflare.com/ajax/libs/jquery/1.8.3/jquery.min.js">
    </script>
    <script src="//cdnjs.cloudflare.com/ajax/libs/flot/0.7/jquery.flot.min.js">
    </script>
❶   <script src="js/jquery.flot.selection.js"></script>
  </body>
</html>
```

如你所见，我们在页面中添加了selection插件。因为没有可用的CDN，所以我们把它放到了我们自己的服务器上，如代码❶处所示。

2.2.2 第2步 绘制图表

在我们添加交互以前，先让我们回到基本图表中做一些工作。现在，我们将图例放在图表中，因为我们在下面的图表里不会包含复选框了。

```
$(function () {
    $.plot($("#chart") [
        { data: eas, label: "East Asia & Pacific" },
        { data: ecs, label: "Europe & Central Asia" },
        { data: lcn, label: "Latin America & Caribbean" },
        { data: mea, label: "Middle East & North Africa" },
        { data: sas, label: "South Asia" },
        { data: ssf, label: "Sub-Saharan Africa" }
     ], {legend: {position: "nw"}});
});
```

现在我们用jQuery扩展调用plot函数（从Flot库）并且传递3个参数进去。第一个参数定义了包含图表的HTML元素，第二个参数提供了一个数组类型的数据集合，这些集合包含了我们前面定义的地区，并添加标注来识别每一个数据集。最后一个参数为绘图指定了一些选项。我们让例子尽量简单一些，所以我们只传了让Flot将图例放在图表的左上（西北）角的选项。

图2-8显示了完成后的结果。

这张图表在捕捉和展现静态数据方面做得不错，接下来我们可以进行后面的工作了。

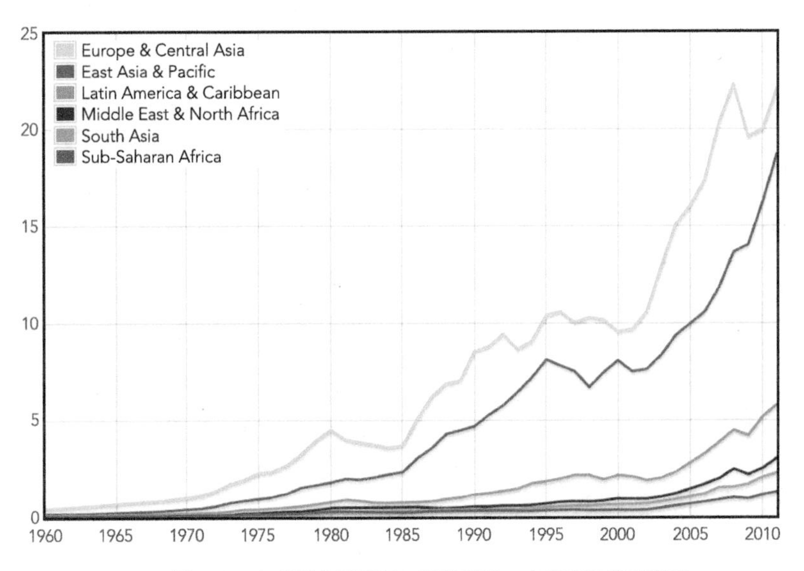

图2-8　大多数交互图表一开始都是一个很好的静态图表

2.2.3　第3步　准备支持交互的数据

现在我们已经完成了静态图表，我们可以考虑如何支持交互了。为了方便，我们将会把参数全部存储到局部变量里，然后把变量传给plot()函数。

```
❶ var $el = $("#chart"),
❷     data = [
          { data: eas, label: "East Asia & Pacific" },
          { data: ecs, label: "Europe & Central Asia" },
          { data: lcn, label: "Latin America & Caribbean" },
          { data: mea, label: "Middle East & North Africa" },
          { data: sas, label: "South Asia" },
          { data: ssf, label: "Sub-Saharan Africa" }
      ],
❸     options = {legend: {position: "nw"}};

❹ var plotObj = $.plot($el, data, options);
```

在我们调用plot()函数前，我们创建了变量$el（代码❶处）、data（代码❷处）和options（代码❸处）。我们也需要在代码❹处保存一个从plot()函数返回的对象。

2.2.4　第4步　准备接受交互事件

我们的代码也要准备处理交互事件。selection插件可以通过在包含图表的元素上绑定的自定义plotselected事件接收用户动作的信号。对于收到的这些事件，我们需要一个函数来处理，这个函数有两个参数，一个是标准JavaScript事件对象，另一个是包含了选择元素详细内容的自定义对象。我们现在比较关心怎么传递事件。下面就让我们看看是怎么做的。

```
$el.on("plotselected", function(ev, ranges) {
    // Handle selection events
})
```

jQuery的.on()函数为任意一个事件都指派了一个函数。.on()函数的第一个参数很有意思，它代表一个事件名称。这个事件可以是一个类似于click这样的标准JavaScript事件，也可以是像我们使用的这样，是一个自定义事件。第二个参数是一个传递事件的函数。正如前面提到的，它接收两个参数。

现在我们可以考虑当函数接收到事件后我们想要做的行为了。ranges参数包含了关于plotselected事件的信息：一个x轴对象和一个y轴对象。在这两个对象中，from和to属性指定了用户选择的区域。选定了缩放区域，我们就可以通过使用图表轴的这些范围来简单的重绘图表。

要重绘指定区域的图表，我们需要传一个新的选项(options)给plot()函数，但是我们想要把之前已经定义好的选项保留下来。jQuery的.extend()函数能完美的帮我们完成这项工作。这个函数的作用是用来合并所有对象的属性。如果要合并的对象里嵌套包含了其他对象，那么在执行合并的时候我们要告诉jQuery使用deep(深度拷贝)模式进行合并。下面是调用plot()函数放置在plotselected事件处理中的完整代码。

```
plotObj = $.plot($el, data,
    $.extend(true, {}, options, {
        xaxis: { min: ranges.xaxis.from, max: ranges.xaxis.to },
        yaxis: { min: ranges.yaxis.from, max: ranges.yaxis.to }
    })
);
```

当我们使用.extend()函数时，第一个参数（true）表明使用的是deep（深度拷贝）模式，第二个参数指定了一个开始对象，后面的参数指定了要进行合并的对象。我们开始用一个空对象（{}），先合并定好的选项，然后进一步合并缩放图表的轴的选项。

2.2.5 第5步 开启交互

因为我们已经在网页中加载了selections插件库，所以接收交互就很容易了。

在我们调用plot()函数时还需要简单地添加一个selection的选项。mode属性表明了图表选择支持的方向。位置值包括x（只有x轴），y（只有y轴），xy（两个轴都支持）。下面是我们要使用的options变量的全部代码。

```
var options = {
    legend: {position: "nw"},
    selection: {mode: "xy"}
};
```

用了这些参数，我们的图表现在可以进行交互了。用户可以放大他们想看的详细内容。但有一个小问题：我们的可视化没有一个让用户缩小到原来视图的方法。显然我们不能使用selection插件来缩小。因为需要用户将选择区域划到当前图表区域的外面才可以实现。所以我们想了一个替代的方法，我们在页面中添加一个按钮来重置缩放的级别。

```
<!DOCTYPE html>
<html lang="en">
  <head>
    <meta charset="utf-8">
    <title></title>
  </head>
  <body>
    <div id="chart" style="width:600px;height:400px;"></div>
❶   <button id="unzoom">Reset Zoom</button>
    <!--[if lt IE 9]><script src="js/excanvas.min.js"></script><![endif]-->
    <script src="//cdnjs.cloudflare.com/ajax/libs/jquery/1.8.3/jquery.min.js">
    </script>
    <script src="//cdnjs.cloudflare.com/ajax/libs/flot/0.7/jquery.flot.min.js">
    </script>
    <script src="js/jquery.flot.selection.js"></script>
  </body>
</html>
```

你可以在代码❶处看到按钮的标签，紧接着放图表的<div>。

现在我们只需要添加一段代码来相应用户单击这个按钮发生的事件。幸运的是这段代码非常简单。

```
$("#unzoom").click(function() {
    plotObj = $.plot($el, data, options);
});
```

现在我们用jQuery建立了一个单击处理程序并用原始选项重绘了图表。我们不需要任何事件的数据，所以我们的事件处理函数不需要参数。

这样我们就完成了可视化的交互。用户可以放大到任意级别来查看详情，单击一下按钮就还原到原来视图大小。在图2-9中可以查看交互效果。

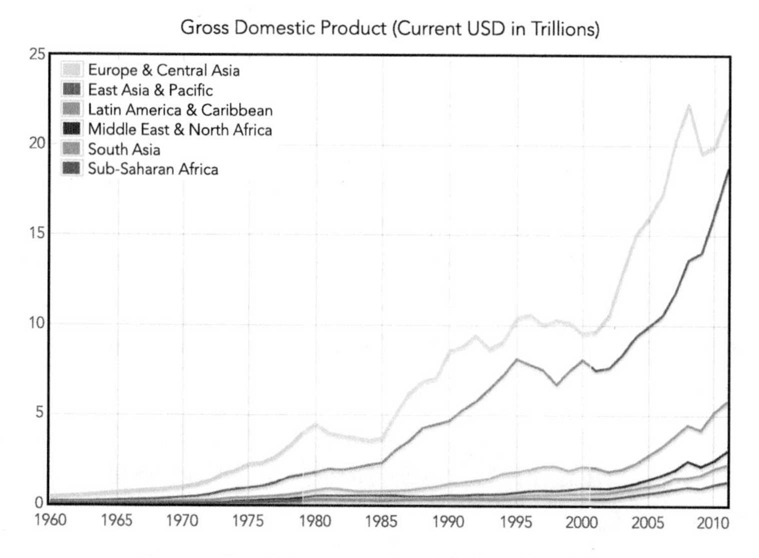

图2-9 交互图表可以让用户关注他们想要关注的数据

图2-10展示了用户放大后看到的效果。

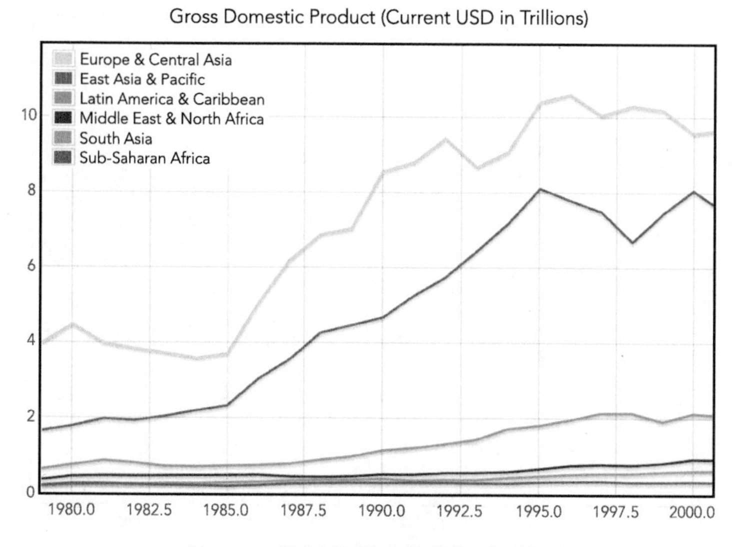

图2-10 用户可以放大特别感兴趣的部分

如果你试用了这个例子，你很快就会发现用户在图例的地方不能进行放大。也许在你的可视化图表上没什么关系，但如果有的图表正好要放大这个区域就出问题了，最简单的办法就是在图表的canvas外面创建图例，就像这一章前面第一个例子那样。

2.3 追踪数据的值

我们做可视化交互的很大原因是想给用户控制权，让他们掌握看的数据的视图。我们可以用一个“大图片”来展示数据视图，但我们不想阻止用户深挖详情。虽然通常这样需要强迫用户二选一：要不就看概况视图，要不就看详情图，但他们不能同时看这两种视图。下面这个例子找到了一个可以替代的方法，用户既能看概况的趋势，又能马上看到指定的详情。要这么做，我们就需要利用鼠标当做输入设备。当用户的鼠标滑过图表区域时，我们的代码就会将详情覆盖在图表的相关区域。

这个方法有一个限制需要注意：只能在用户使用鼠标时起作用。如果你考虑使用这个技巧，你需要让使用触摸屏设备的用户意识到他们不能利用这个交互，他们只能看静态图表。

在这个例子中，因为GDP数据比较简单，不能很好的适应这个方法，所以我们的可视化会和世界银行的数据集合有些不用。这次我们会着眼于输出GDP的百分比。让我们从一个简单的线形图入手，用数据表示每个大洲，见图2-11。

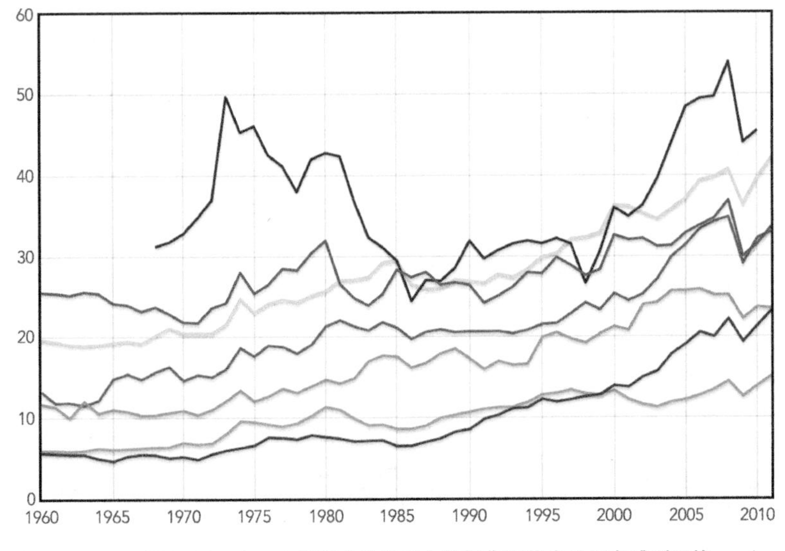

图2-11 在一个图表中绘制多个数据集可能会让用户感到困扰

这个图表有两个地方不符合标准。首先，很多数据集有相似的值，这些值导致了图表中的一些线来回反复的彼此穿插。这些交叉点会让用户很难紧紧跟随他们想看的那个数据集合的详情。其次，这些交叉也很难让用户在时间上对比对所有地区对应的值。大多数图表库，包括Flot，都有当用户鼠标滑过图表显示值的选项，但这个方法只能显示一个时间和一个值。我们想要给我们的用户一个对比多个地区值的机会。

在这个例子中，我们分成两个阶段来解决这两个问题。首先，我们改变我们的可视化，从单一图表变成每个数据集是一个图表。这将把每个地区的数据隔离出来，使得它很容易看出每一个地区的趋势。然后我们添加一个跨越所有图表的鼠标追踪特性。这个特性将让用户立刻看到所有图表中对应的值。

2.3.1 第1步 留出一个<div>元素来保存所有图表

在我们的文档中，我们需要创建一个<div>元素来盛放我们一会构建的图表。这个元素不直接包含图表，但它里面包含其他的包含了图表的<div>元素。

```
<!DOCTYPE html>
<html lang="en">
  <head>
    <meta charset="utf-8">
    <title></title>
  </head>
  <body>
❶   <div id="charts"></div>
    <!--[if lt IE 9]><script src="js/excanvas.min.js"></script><![endif]-->
    <script src="//cdnjs.cloudflare.com/ajax/libs/jquery/1.8.3/jquery.min.js">
    </script>
    <script src="//cdnjs.cloudflare.com/ajax/libs/flot/0.7/jquery.flot.min.js">
    </script>
  </body>
</html>
```

我们在代码❶处添加了一个id为charts的<div>。其他的像我们前面例子一样，页面中包含需要的JavaScript库文件。

我们将使用JavaScript来给所有图表创建<div>。这些元素必须有一个明确的宽和高，否则Flot将不能构建图表。你可以把元素的尺寸写在CSS样式表中，或者你在创建<div>的时候定义样式（和下面的例子一样）。下面的代码先创建一个新的<div>元素，然后设置宽高，将它存储到一个引用里，然后插入到我们的文档中已经存在的id为charts的<div>中。

```
$.each(exports, function(idx,region) {
    var div = $("<div>").css({
        width: "600px",
        height: "60px"
    });
    region.div = div;
    $("#charts").append(div);
});
```

我们使用jQuery的.each()函数来循环地区数组。这个函数接受两个参数：一个数组对象（exports）和一个函数。每次循环出数组里的一个对象，用这个对象（region）和索引当作参数传递给后面的那个函数。

2.3.2 第2步 准备数据

在下一部分我们将看到如何从世界银行的Web服务器上直接获取数据，但是现在我们还是要做的简单一些并确保我们已经把数据下载好且格式化成JavaScript可用的格式。（再一次，下面只显示摘录的一部分数据，这本书的源代码中包含了数据集的全部数据）

```
var exports = [
    { label: "East Asia & Pacific",
      data: [[1960,13.2277],[1961,11.7964], // Data continues...
    { label: "Europe & Central Asia",
      data: [[1960,19.6961],[1961,19.4264], // Data continues...
    { label: "Latin America & Caribbean",
      data: [[1960,11.6802],[1961,11.3069],// Data continues...
    { label: "Middle East & North Africa",
      data: [[1968,31.1954],[1969,31.7533],// Data continues...
    { label: "North America",
      data: [[1960,5.9475],[1961,5.9275], // Data continues...
    { label: "South Asia",
      data: [[1960,5.7086],[1961,5.5807], // Data continues...
    { label: "Sub-Saharan Africa",
      data: [[1960,25.5083],[1961,25.3968], // Data continues...
];
```

这个exports数组包含了所有地区，每个地区是一个对象，每个对象里包含了label属性和数据集合。

2.3.3 第3步 绘制图表

在页面中放置好盛放每个图表的<div>后，我们就可以使用Flot的plot()函数来绘制图表了。这个函数接受3个参数：盛放图表的元素（我们刚创建的那些div）、数据和图表的选项。一开始，让我们先不加任何修饰的来看看图表，即没有标注，网格线或者检查标志，我们只想要确保数据能以普通的方式展现。

```
$.each(exports, function(idx,region) {
    region.plot = $.plot(region.div, [region.data], {
        series: {lines: {fill: true, lineWidth: 1}, shadowSize: 0},
        xaxis:  {show: false, min:1960, max: 2011},
        yaxis:  {show: false, min: 0, max: 60},
        grid:   {show: false},
    });
});
```

上面的代码使用了plot()的几个选项，所有共同的属性从图表中剥离出来并且以我们想要的方式来设置坐标轴。让我们依次来看看每个选项。

series选项：告诉Flot我们想要如何展现数据集合。在我们的例子中我们想要展示折线图（默认类型），但是我们想要把x轴上方到折线处的位置填实，所以我们设置fill属性为true。这个选项会创建一个折线区域图表而不仅仅是折线图了。因为我们的图表很短，区域图表可以一直展示。出于同样的理由，我们想让线本身也尽可能的细，所以我们设置lineWidth为1(像素)，并且设置shadowSize为0来免除阴影。

xaxis选项：定义x轴数据。我们不想在这些图表中包含x轴，所以我们设置show属性为false。尽管我们这么做了，但还是需要明确设置轴的范围。如果我们不设置，Flot将会对每个数据自动创建一个范围。因为我们数据中的年份并不一致（例如：中东和北非的数据集，都没有1968年以前的数据），我们需要让Flot对所有图标都严格使用相同的x轴范围，所以我们指定了1960年到2011年这个范围。

yaxis选项：使用和xaxis选项很像。我们也不想展示y轴，但我们需要指定一个明确的范围以便所有的图标一致。

grid选项：告诉Flot图和添加网格线和检查标志到图标中。现在我们不想要任何额外信息，所以我们通过设置show属性为false来完全关闭网格。

我们可以在图2-12中查看结果，确保图标是我们想要的样子。

接下来我们要修饰一下我们的图表了。我们显然没有给每个地区加标注，但添加时有几点要注意。你首先思考可能要把所有图表和图例全部放到同一个div中。尽管Flot的事件可以处理，但是如果我们可以管理所有的图表，并把所有图表放在一个div中会更好。这样做的话需要重构一些我们的标签。我们会创建一个包裹所有内容的div，里面包含了放图表的div和放图例的div。我们可以使用CSS的float属性来让它们并排排列。

图2-12 每一个图表是一个数据集，可以很容易看到每个数据集的详细信息

```
<div id="charts-wrapper">
    <div id="charts" style="float:left;"></div>
    <div id="legends" style="float:left;"></div>
    <div style="clear:both;"></div>
</div>
```

当我们创建每一个图例时，我们要确定它和图表的高度完全相同。因为我们我们要明确的设置这两个的高度，这并不难实现。

```
$.each(exports, function(idx,region) {
    var legend = $("<p>").text(region.label).css({
        "height":         "17px",
        "margin-bottom":  "0",
        "margin-left":    "10px",
        "padding-top":    "33px"
    });
    $("#legends").append(legend);
});
```

我们再一次使用.each函数，每次循环后把地区对应的图例插入到legends元素里面的最后一个。

现在我们要跨越所有的图表来添加一个连续的垂直网格线。因为图表是堆放在一起的，所以只要我们把图表间的任何边框和补白移除，那么每一个图表的网格线就能串起来，看上去像一个连续贯穿的线。下面的代码展示了使用plot()的几个选项就可以达到目的。

```
$.plot(region.div, [region.data], {
    series: {lines: {fill: true, lineWidth: 1}, shadowSize: 0},
    xaxis:  {show: true, labelHeight: 0, min:1960, max: 2011,
             tickFormatter: function() {return "";}},
    yaxis:  {show: false, min: 0, max: 60},
    grid:   {show: true, margin: 0, borderWidth: 0, margin: 0,
             labelMargin: 0, axisMargin: 0, minBorderMargin: 0},
});
```

我们通过设置grid选项的show属性为true来开启网格线。然后我们通过设置各种宽和补白的值为0来移除所有的边框和补白。为了得到垂直线，我们也得开启x轴，所以我们也把xaxis选项的show属相设置为true。但我们不想要所有图表都显示标注，所以我们制定了labelHeight为0.为了确保不出现标注，我们也定义了一个tickFormatter()函数用于返回一个空字符串。

最后需要修饰的一点是，我们想要在最下面一个图表的x轴上添加标注。为了做到这一点，我们要用一个不可见的数据创建一个虚拟的图表，并把它定位在最后一个图表的下面，然后开启这个图表x轴的标注。下面的代码的3个片段分别创建了一个虚拟数据的数组，创建一个盛放虚拟图表的div，然后把虚拟图表绘制出来。

```
var dummyData = [];
for (var yr=1960; yr<2012; yr++) dummyData.push([yr,0]);

var dummyDiv = $("<div>").css({ width: "600px", height: "15px" });
$("#charts").append(dummyDiv);

var dummyPlot = $.plot(dummyDiv, [dummyData], {
    xaxis: {show: true, labelHeight: 12, min:1960, max: 2011},
    yaxis: {show: false, min: 100, max: 200},
    grid:  {show: true, margin: 0, borderWidth: 0, margin: 0,
            labelMargin: 0, axisMargin: 0, minBorderMargin: 0},
});
```

添加完修饰后，我们的图表在图2-13中看起来很不错。

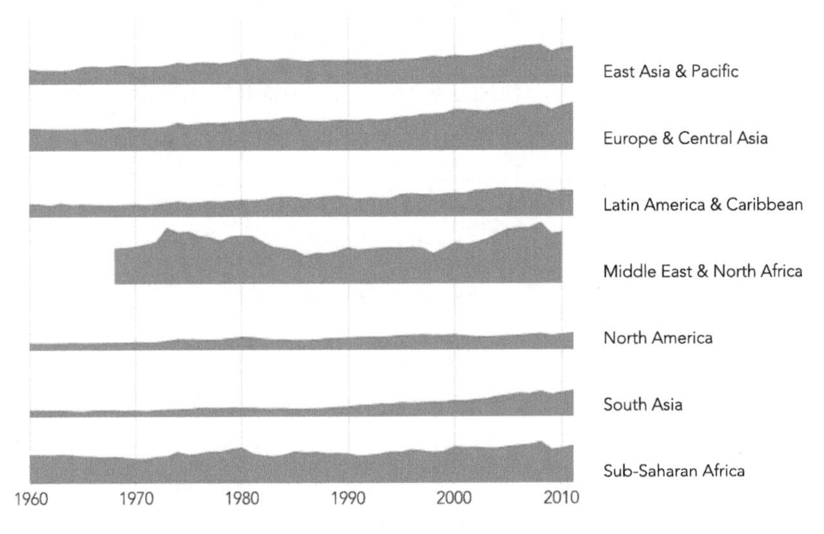

图2-13　注意堆叠的多个图表的外观要创建的一致

2.3.4　第4步　实施交互

对于可视化，我们想要追踪鼠标在所有图表上滑过的轨迹。用Flot库做相对容易实现。plot() 函数的grid选项包含了hoverable属性，默认设置为false。如果你把它设置为true，鼠标在图表区域移动时，Flot将在鼠标移动到图表区域触发plothover事件。它会发送这些事件给包含所有图表的那个div上。如果有代码监听这些事件，就可以响应这些事件。如果你使用高亮特性，Flot将高亮离鼠标最近的那个数据点。但这个不是我们想要行为，所以我们通过设置autoHighlight为false来让这个特性不可用。

```
$.plot(region.div, [region.data], {
    series: {lines: {fill: true, lineWidth: 1}, shadowSize: 0},
    xaxis:  {show: true, labelHeight: 0, min: 1960, max: 2011,
             tickFormatter: function() {return "";}},
    yaxis:  {show: false, min: 0, max: 60},
    grid:   {show: true, margin: 0, borderWidth: 0, margin: 0,
             labelMargin: 0, axisMargin: 0, minBorderMargin: 0,
             hoverable: true, autoHighlight: false},
});
```

现在我们告诉Flot在图表上触发事件，你可能认为我们不得不写一段代码来监听这些图表上的事件。然而有更好的方法实现。用我们建立的包含所有图表的那个div。在JavaScript中，如果没有代码监听指定元素上的事件，这些事件会自动“冒泡”到父层。所以如果我们只在id为charts的div上建立一个事件监听，我们就可以捕获到所有图表的plothover事件。当鼠标离开图表区域时我们也需要知道。我们可以像下面代码那样使用标准的mouseout事件来获取。

```
$("charts").on("plothover", function() {
    // The mouse is hovering over a chart
}).on("mouseout", function() {
    // The mouse is no longer hovering over a chart
});
```

为了响应plothover事件，我们想要显示一根贯穿所有图表的垂直的线。我们可以给一个div元素增加边框来实现这根线。为了能让它移动，我们使用绝对定位。还需要设置z-index的值来确保浏览器在所有图表的上方绘制这根线。一开始设置display属性为none来隐藏。因为我们想要这根id为marker的线定位在id为charts的div中，所以我们设置包含所有图表的那个div的position属性为relative。

```
<div id="charts-wrapper" style="position:relative;">
    <div id="marker" style="position:absolute;z-index:1;display:none;
                            width:1px;border-left: 1px solid black;"></div>
    <div id="charts" style="float:left;"></div>
    <div id="legends" style="float:left;"></div>
    <div style="clear:both;"></div>
</div>
```

当Flot调用函数监听plothover事件时，需要传递3个参数：JavaScript事件对象，用x和y的坐标表示的鼠标位置，以及如果鼠标靠近图表的数据点时，会显示的这个数据点的详情。在我们的例子中，我们只需要x坐标。我们对鼠标的x坐标向下取整获得年份。我们也需要知道鼠标相对于页面的位置。如果我们用我们绘制的任何对象调用pointOffset()函数，Flot将会为我们计算并返回结果。需要注意的是，我们使用第3个参数不是那么可靠，因为如果使用了第3个参数，那么只有鼠标在实际数据点附近的时候才能显示详情，所以我们可以忽略这个参数。

```
$("charts").on("plothover", function(ev, pos) {
   var year = Math.round(pos.x);
   var left = dummyPlot.pointOffset(pos).left;
});
```

一旦我们计算完位置，我们就可以让id为marker的线移动到指定位置，并且确保这根线的高度和id为charts的div高度一致，最后将它显示出来。

```
$("#charts").on("plothover", function(ev, pos) {
    var year = Math.round(pos.x);
    var left = dummyPlot.pointOffset(pos).left;
❶   var height = $("#charts").height();
    $("#marker").css({
        "top":    0,
❷       "left":   left,
        "width":  "1px",
❸       "height": height
    }).show();
});
```

在这段代码中，我们在代码❶处计算id为marker的线的高度，在代码❷处设置位置，在代码❸处设置高度。

我们也不得不对mouseout事件加些小心。如果用户把鼠标移动到了id为marker的线上，那么将会在id为charts的div生成mouseout事件。对于这种特殊情况，我们想要id为marker的线隐藏掉。为了获取鼠标已经移开，我们需要检查事件的relatedTarget属性。我们只有当relatedTarget不是id为marker的线自己时才隐藏。

```
$("#charts").on("mouseout", function(ev) {
    if (ev.relatedTarget.id !== "marker") {
        $("#marker").hide();
    }
});
```

在我们的事件进程中还有一个漏洞。如果用户把鼠标移动到id为marker的线上，然后沿着这条线将鼠标移出图表区域（不从id为marker的线上移出），我们将不能获取鼠标不再悬停在图表上的实际情况。为了获取这个事件，我们可以监听id为marker的线的mouseout事件。这个方案将覆盖掉存在的plothover事件，所以就不需要担心鼠标从id为marker的线上移出图表，然后再返回图表的情况了。

```
$("#marker").on("mouseout", function(ev) {
    $("#marker").hide();
});
```

我们交互的最后一部分是要在所有图表的统一水平位置显示鼠标所在位置的图表数据。在我们创建每一个图表的时候顺便再创建一个盛放这些值的div。因为这些div可能会延伸到图表本身区域的外面，所以我们把这些div放到id为charts-wrapper的div里。

```
$.each(exports, function(idx,region) {
    var value = $("<div>").css({
        "position": "absolute",
        "top":      (div.position().top -3) + "px",
❶       "display":   "none",
        "z-index":   1,
        "font-size": "11px",
        "color":     "black"
    });
    region.value = value;
    $("#charts-wrapper").append(value);
});
```

在我们创建这些div时需要注意，我们除了left的属性以外，其他的属性都设置了，因为我们要根据鼠标的位置来设置left的值。在❶处我们设置了display属性为none来隐藏这些元素。

当这些div在文档中加载完，我们的事件处理程序plothover就可以为每个图表设置文本值，并在页面的水平位置显示它们。为了设置文本值，我们可以使用jQuery的.grep()函数来搜索和年份匹配的数据。如果没有找到，这个div的文本值就是空的。

```
$("#charts").on("plothover", function(ev, pos) {
    $.each(exports, function(idx, region) {
        matched = $.grep(region.data, function(pt) { return pt[0] === year; });
        if (matched.length > 0) {
            region.value.text(year + ": " + Math.round(matched[0][1]) + "%");
        } else {
            region.value.text("");
        }
        region.value.css("left", (left+4)+"px").show();
    });
});
```

最后，当鼠标离开图表区域时，我们需要隐藏这些div。就和我们前面处理鼠标移动到id为marker的线上的情况的做法一样。

```
$("#charts").on("plothover", function(ev, pos) {

    // Handle plothover event

}).on("mouseout", function(ev) {
```

```
    if (ev.relatedTarget.id !== "marker") {
        $("#marker").hide();
        $.each(exports, function(idx, region) {
            region.value.hide();
        });
    }
});
$("#marker").on("mouseout", function(ev) {
    $("#marker").hide();
    $.each(exports, function(idx, region) {
        region.value.hide();
     });
});
```

现在可以在图2-14中享受我们代码完成的结果了。我们的可视化可以清晰地看到输出的每个地区的趋势，并且可以让用户和图表交互，对比各个地区和查看详细的值。

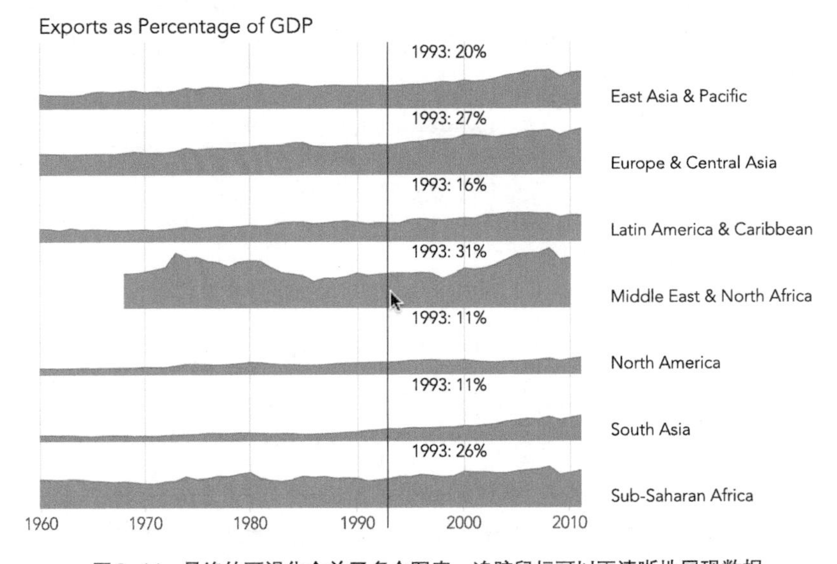

图2-14　最终的可视化合并了多个图表，追踪鼠标可以更清晰地展现数据

当用户移动鼠标穿过图表时，这个垂直的柱状线也跟着移动。数据值在每个图表中始终出现在id为marker的线的右边。这个交互可以让用户容易且直观的对比任何地区的值。

我们在这个例子中创建的图表是可以让用户对比一些值的方法。在我们的例子中，图表占据了整个页面，但是图表也可能会被设计成一个大数据里面的一部分例如表格。第3章给出的例子是将图表整合进一个大的Web页面元素中。

2.4 使用AJAX获取数据

这本书中的大部分例子都着重在数据可视化的最终产品形态上：图像、图表，或者用户可以看到的图片。但是实际在这种现象的背后，可视化经常需要做很多工作。终究，可视化需要实际的数据来支撑。这个例子聚焦在存取数据的通用方法—异步JavaScript和XML方式获取，更通俗的说法叫AJAX。下面的例子用AJAX和世界银行进行交互获取数据，但不论是一般方法还是下面展示的AJAX技术，都能很好地应用于Web中的许多其他数据源上。

2.4.1 第1步 理解源数据

使用远端数据工作经常遇到的第一个挑战是理解数据的格式和结构。幸运的是，我们的数据来自世界银行，并且网站有完整的API(应用程序接口)文档。我们在这个例子中不会花太多时间在这个部分，因为你以后很可能会用不同的数据源。但是一个简要概述是很有帮助的。

一个需要注意的点是世界银行把世界划分成了几个区域。与所有优秀的API一样，世界银行的API允许我们发送一个请求来获取这些地区的列表。

```
http://api.worldbank.org/regions/?format=json
```

我们的请求返回一个全是列表的JSON数组，和下面的一样：

```
[ { "page": "1",
    "pages": "1",
    "per_page": "50",
    "total": "22"
  },
  [ { "id": "",
      "code": "ARB",
      "name": "Arab World"
    },
    { "id": "",
      "code": "CSS",
      "name": "Caribbean small states"
    },
    { "id": "",
```

```
    "code": "EAP",
    "name": "East Asia & Pacific (developing only)"
  },
  { "id": "1",
    "code": "EAS",
    "name": "East Asia & Pacific (all income levels)"
  },
  { "id": "",
    "code": "ECA",
    "name": "Europe & Central Asia (developing only)"
  },
  { "id": "2",
    "code": "ECS",
    "name": "Europe & Central Asia (all income levels)"
  },
```

数组中的第一个对象通过一个大的数据集合来支持翻页功能，但现在对于我们来说并不重要。第二个元素是一个数组，里面是我们需要的信息：地区列表。总共有22个地区，但很多都是重复的。我们想要从全部地区中将他们摘出来以便我们有一个包含全世界的国家并且没有重复的列表。为了让用户能方便地获得一个符合标准的地区列表，里面标注了一个id属性，所以我们可以选择这个列表里id属性不为null的那些地区。

2.4.2 第2步 通过AJAX获得第一层的数据

现在你弄清楚了数据格式（目前为止），接下来让我们写一段代码来拉取数据。因为我们已经加载了jQuery，所以我们会利用它的一些实用工具。让我们先从最简单的做起，然后逐步完善。

和你期望的一样，$.getJSON()函数将为我们做大部分的工作。这个函数最简单的使用方法就是像下面这段代码这样做：

```
$.getJSON(
    "http://api.worldbank.org/regions/",
❶   {format: "json"},
    function(response) {
        // Do something with response
    }
);
```

我们在添加format时要注意：对于查询中在❶处写的json表明我们告诉世界银行我们想要的格式是json格式的。没有这个参数，服务器会返回XML格式，这根本不是我们使用getJSON()期望的结果。

不幸的是，这段代码不能从当前Web服务器上获取世界银行的数据。实际上，这个问题在今天很普遍。因为通常情况下是因为Web安全的同源策略。图2-15展示了我们建立信息流的过程。

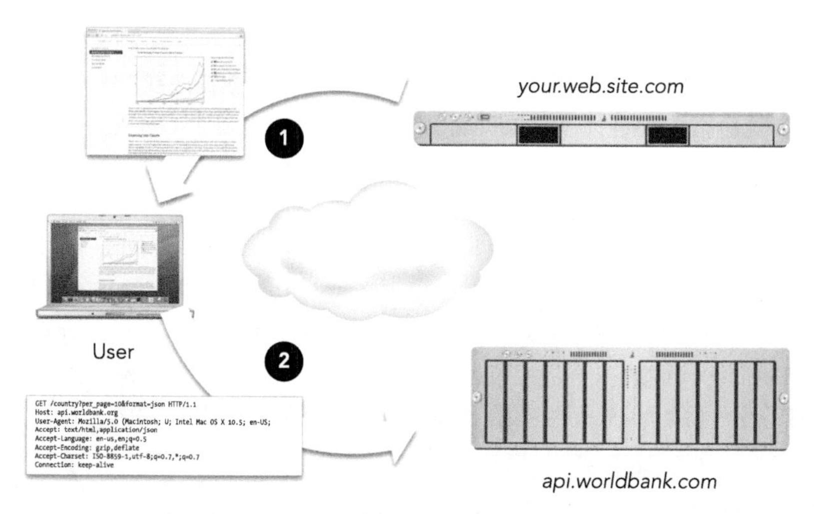

图2-15　我们的服务器（your.Web.site.com）发送一个Web页面，在用户浏览器里执行页面中包含的那些脚本，去向世界银行网站（api.worldbank.com）查询数据

使用AJAX获取数据通常需要3个不同的系统协作完成。

对用户来说，和世界银行的通信脚本是无形的，所以他们没有机会同意或者拒绝这个通信。虽然在世界银行这个例子中很难想象用户有什么理由会拒绝这个请求，但假设我们的脚本是在用户的社交网络上，或者更严肃一点，是在在线银行网站上会怎么样呢？在这种情况下，用户的考虑就变得合乎情理了。因为通信对用户是无形的，并且因为Web浏览器猜不到哪些通信会对用户造成伤害，所以浏览器只能简单的阻止所有类似这样的通信。这个技术术语叫作同源策略。这个策略的意思是我们服务器上的网页不能从世界银行的JSON接口直接获取数据。

这个问题的解决办法是通过在HTTP响应头部添加一些网站的地址。这个头部告诉浏览器哪些网站获取数据是安全的。

```
Access-Control-Allow-Origin: *
```

不幸的是，世界银行的头部没有这么写。这个方法相对比较新，所以很多网站都没有这么做。为了能在同源策略的约束下工作，我们要依靠jQuery的帮助使用一点小技巧。这个技巧依赖于同源策略的一个例外，所有浏览器都能通过验证的、第三方的JavaScript文件。浏览器允许Web网页请求第三方服务器的JavaScript文件(例如像谷歌分析这样的服务就可以运行了)。我们只需要将JSON换成一个看起来像普通的JavaScript文件然后从世界银行获取响应数据。幸运的是，世界银行可以配合我们使用。

```
?format=jsonP&prefix=Getdata
```

format参数的值是jsonP，这是用来告诉世界银行我们想要响应的格式是jsonP的，这个格式也是普通的JavaScript文件，只不过是JSON的另外一种使用模式。第二个参数prefix告诉世界银行接收数据的函数名（没有这个信息，世界银行创建的JavaScript就不知道和我们的代码如何通信了）。虽然有些麻烦，但jQuery已经帮我们处理了大多数具体的工作。我们唯一要做的就是往URL里添加?something=?然后再传到.getJSON()中。something的位置是Web服务请求JSONP的响应。世界银行期望是prefix，但更普遍的情况是一个callback。

现在我们把代码放在一起就可以和世界银行还有其他许多的网站进行交互了，尽管下面代码中的prefix参数是世界银行这个例子特别要用到的。

```
$.getJSON(
❶   "http://api.worldbank.org/regions/?prefix=?",
❷   {format: "jsonp"},
    function(response) {
        // Do something with response
    }
);
```

我们在代码❶直接往URL中添加了prefix，并且我们将代码❷处的格式更改为jsonp。

JSONP有一个主要的短处：没有一个表明服务错误的方法。这意味着我们可能要花额外的时间测试和调试所有的JSONP请求，还得警惕服务端的任何更改，因为这样会导致之前的功能代码失效。最终世界银行会更新HTTP的响应头(可能当这本书出版时已经这么做了)，那时我们可以切换到更稳健的JSON格式。

＊注意：在编写这本书的时候，世界银行出现了一个API的重大bug。服务器出现不能保存回调函数的情况。这个例子的完整源码包含了解决这个bug的代码，但你不会希望在请求其他服务的时候用到这段代码。为了以防万一，你可以在源码的注释中看到完整的修复bug的文档资料。

现在让我们回到代码本身。在前面的代码片段中，我们在调用.getJSON()

时，在里面直接定义了一个回调函数。你会在很多实现中看到这样的代码结构。这样写肯定能运行，但是如果我们继续这么做下去，很快代码就会变得凌乱不堪。即使我们在开始处理响应过程以前已经添加了两个层缩进。和你猜测的一样，一旦我们获得了最初的响应，我们接下来需要添加一些额外数据。如果我们尝试在一整块代码块中构建我们的代码，那么代码中将会有很多缩进层级出现，导致没有实际代码的展示空间。更明显的是，这样做的结果是代码的高度耦合增加了理解的难度，更不用说调试或者以后优化迭代了。

幸运的是，jQuery可以让我们用$.Deferred对象来写得更优雅一些。Deferred对象就是jQuery的回调函数解决方案。一旦Deferred对象被创建，当事件完成时，它会改变事件的状态，然后根据状态调用不同的回调函数。Deferred协调所有不同的活动，让我们根据处理的结果分别触发和管理事件。

让我们来看看用Deferred对象是如何改进我们的AJAX请求的。我们的主要目的是从处理结果（处理响应）中分离启动事件（AJAX请求）。为了分离，在请求中我们不需要一个成功函数作为回调参数。替代的方法是，我们依赖.getJSON()返回的一个Deferred对象。（技术上，这个函数返回一个被称为promise的Deferred对象的限制形式，然而现在这个不同点对于我们来说并不重要）。我们想要把这个返回值存储在一个变量里。

```
// Fire off the query and retain the deferred object tracking it
deferredRegionsRequest = $.getJSON(
    "http://api.worldbank.org/regions/?prefix=?",
    {format: "jsonp"}
);
```

这个代码简单且直接。现在，在我们代码中的其他地方，当AJAX请求完成时，我们就可以调用我们处理响应的代码了。

```
deferredRegionsRequest.done(function(response) {
    // Do something with response
});
```

这个done()方法是Deferred对象的关键。它指定了一个新函数，这个函数是每当时间成功完成（在这个例子中是AJAX请求成功完成）时，我们想要执行的代码。Deferred对象处理了所有的杂乱的细节。在一些个别项目中，如果我们通过done()来注册回调时事件已经完成，Deferred对象会立即执行回调。否则，它会等待直到请求完成。当AJAX请求失败时，我们也可以指明一个失败执行的函数。我们用fail()方法来替代done()方法就可以了（虽然JSONP不能给服务器发送一个错误报告，但这个请求仍然是失败的）。

```
deferredRegionsRequest.fail(function() {
    // Oops, our request for region information failed
});
```

我们显然减少了控制权，但我们也为我们的代码创建了更好的结构。这个函数使得请求从处理响应的代码中分离出来。这样更清晰，也更易于修改和调试。

2.4.3 第3步 处理第一层数据

现在让我们来处理响应。翻页信息是无关紧要的，所以我们可以直接跳到返回的响应中的第二个元素。我们想要分两步处理这个数组。

1. 过滤数组中所有和我们不相关的元素。在这个例子中我们只对有id且id不是null的地区感兴趣。

2. 在数组中对元素进行转换以便他们只包含我们关心的属性。对于上面的例子而言，我们只需要code和name属性。

这个听起来有些熟悉。实际上这恰好是这个章节的第一个例子中我们所做的。正如我们之前看到的，jQuery的$.map()和$.grep()函数可以给我们很大的方便。

进行下面这些步骤，就可以从响应中过滤掉和我们不相干的数据。

```
filtered = $.grep(response[1], function(regionObj) {
   return (regionObj.id !== null);
});
```

下面展示了如何去掉元素中对于我们没有用的信息。按照下面的代码这样写，就可以去掉世界银行添加在一些地区名字后的“(all income levels)”这样的大括号内容。因为这些有id属性的地区都包含了all income levels这个文案，所以这个信息就显得有些多余了。

```
regions = $.map(filtered, function(regionObj) {
        return {
            code: regionObj.code,
            name: regionObj.name.replace(" (all income levels)","")
        };
    }
);
```

其实不用把这些分步骤来写。我们可以把它合并成一个美观、简明的表达式。

```
deferredRegionsRequest.done(function(response) {
    regions = $.map(
        $.grep(response[1], function(regionObj) {
            return (regionObj.id !== null);
        }),
        function(regionObj) {
           return {
               code: regionObj.code,
               name: regionObj.name.replace(" (all income levels)","")
           };
        }
    );
});
```

2.4.4 第4步 获取实际数据

现在我们已经设法重新获取了地区列表，但这不是我们想要可视化展现的数据。通常，获取实际数据要通过基于Web请求接口的（至少）2个请求阶段。第一个请求只给你下一个请求的基本信息。在这个例子中，我们想要的实际数据是GDP，所以我们需要通过我们的地区列表来获取每个地区的数据。

当然我们不能盲目的发送第二个请求，在这个例子中就是地区详情的数据。首先，我们不得不等着我们的地区列表的数据。在第2步中我们处理了类似的情况，当时是通过使用.getJSON()函数，从处理过程中用一个Deferred对象来分离事件的管理。现在我们可以用同样的方法做，唯一不同的是我们已经创建了我们自己的Deferred对象。

```
var deferredRegionsAvailable = $.Deferred();
```

稍后，当地区列表可用时，我们通过调用对象的resolve( )方法来指明状态。

```
deferredRegionsAvailable.resolve();
```

实际处理还是通过done()方法。

```
deferredRegionsAvailable.done(function() {
    // Get the region data
});
```

这段代码就获得了地区列表中我们需要的实际数据。我们可以把这个列表传给一个全局变量，但这样做会污染全局命名空间（即使你正确的命名了你的应用，但为什么要污染你的命名空间呢？）。这个问题很容易解决。我们提供给resolve()方法的所有参数都被直接传递给done()函数。

下面这段代码将之前所有的步骤都合在一起。

```
// Request the regions list and save status of the request in a Deferred object
❶ var deferredRegionsRequest = $.getJSON(
      "http://api.worldbank.org/regions/?prefix=?",
      {format: "jsonp"}
  );

  // Create a second Deferred object to track when list processing is complete
❷ var deferredRegionsAvailable = $.Deferred();

  // When the request finishes, start processing
❸ deferredRegionsRequest.done(function(response) {
      // When we finish processing, resolve the second Deferred with the results
❹     deferredRegionsAvailable.resolve(
          $.map(
              $.grep(response[1], function(regionObj) {
                  return (regionObj.id != "");
              }),
              function(regionObj) {
                  return {
                      code: regionObj.code,
                      name: regionObj.name.replace(" (all income levels)","")
                  };
              }
          )
      );
  });
  deferredRegionsAvailable.done(function(regions) {
❺     // Now we have the regions, go get the data
  });
```

首先，在代码❶处，我们请求一个地区列表。然后在代码❷处，我们创建了第二个Deferred对象来追踪响应的进程。在代码❸处，我们处理最初请求的响应。最重要的，我们在代码❹处接收到进程完成的信号时处理第二个Deferred对象。最后在代码❺处，我们开始处理响应。

发送一个新的AJAX请求重新获取每个地区的实际GDP数据。正如你预料的，我们将为这些请求存储Deferred对象，当这些Deferred对象可用时，我们就可以处理响应了。使用jQuery的.each()函数是循环城市列表并发送这些请求的简便方法。

```
deferredRegionsAvailable.done(function(regions) {
    $.each(regions, function(idx, regionObj) {
        regionObj.deferredDataRequest = $.getJSON(
            "http://api.worldbank.org/countries/"
               + regionObj.code
❶              + "/indicators/NY.GDP.MKTP.CD"
               + "?prefix=?",
            { format: "jsonp", per_page: 9999 }
        );
    });
});
```

在代码❶处，每个请求链接中都带的“NY.GDP.MKTP.CD”部分，是世界银行表示GDP数据的代码。

我们把获取GDP数据的处理放到循环地区这段代码中就可以了。到目前为止都没有什么新鲜的，当每次这个循环过程完成时我们将创建一个Deferred对象用来追踪。这个处理程序本身将会在地区对象中简单存储返回的响应（在跳过了翻页信息之后）。

```
deferredRegionsAvailable.done(function(regions) {
    $.each(regions, function(idx, regionObj) {
        regionObj.deferredDataRequest = $.getJSON(
            "http://api.worldbank.org/countries/"
               + regionObj.code
               + "/indicators/NY.GDP.MKTP.CD"
               + "?prefix=?",
            { format: "jsonp", per_page: 9999 }
        );
        regionObj.deferredDataAvailable = $.Deferred();
        regionObj.deferredDataRequest.done(function(response) {
❶           regionObj.rawData = response[1] || [];
            regionObj.deferredDataAvailable.resolve();
        });
    });
});
```

注意，我们在代码❶处也添加了一个检查，确保世界银行在实际响应中返回的数据存在。可能由于内部错误，世界银行会返回的响应是一个null对象而不是数组数据。当发生这种情况时，我们将设置rawData为一个空的数组来替换null。

2.4.5 第5步 处理数据

现在我们已经请求了实际数据，接下来我们开始处理数据了。最后还有一个障碍需要克服，而且这个问题很常见。我们需要等数据可用了才能开始处理，所以我们需要再定义一个Deferred对象，并且在数据完成时处理这个对象。（目前为止可能手边的Deferred对象还没有完成）

不论怎样这都有一点令人苦恼。我们现在在循环中得到了多个请求，每个请求对应一个地区。我们怎么能知道这些请求全部完成了呢？幸运的是，jQuery提供了一个简便的解决方法，用.when()函数。这个函数接受一个Deferred对象的列表并且只有当所有对象都成功以后才会表示函数成功。我们只需要给.when()函数传一个Deferred对象就可以了。

我们用.map()函数来收集Deferred对象成一个数组，但.when()期望的是一个参数列表，而不是一个数组。我们使用一个标准JavaScript方法来将数组转成函数参数列表。我们执行.when()函数的apply()方法来代替直接调用函数。用这个方法就需要两个参数：上下文的this和一个数组。

下面的.map()函数创建了一个数组。

```
$.map(regions, function(regionObj) {
    return regionObj.deferredDataAvailable
})
```

下面展示了我们如何向when()传递一个参数列表。

```
$.when.apply(this,$.map(regions, function(regionObj) {
    return regionObj.deferredDataAvailable
}));
```

.when()函数返回所有的Deferred对象，所以我们使用这个方法就可以知道所有进程是不是都完成了。现在我们终于解决了拉取世界银行数据的问题。

我们把数据拿在手里就安全了，我们现在可以强制把它转成Flot可以接受的格式。我们从未加工的数据中提取出data和value属性。我们也要对数据中空缺的进行修改和说明。世界银行也不是每年都有各个地区的GDP数据。当有些年份没有数据时，value属性会返回null。我们再一次像之前一样合并使用.grep()和.map()。

```
deferredAllDataAvailable.done(function(regions) {
❶    $.each(regions, function(idx, regionObj) {
❷        regionObj.flotData = $.map(
❸            $.grep(regionObj.rawData, function(dataObj) {
                return (dataObj.value !== null);
            }),
❹            function(dataObj) {
                return [[
❺                    parseInt(dataObj.date),
❻                    parseFloat(dataObj.value)/1e12
                ]];
            }
        )
    })
});
```

正如你看到的，我们在代码❶处使用.each()函数循环地区列表。我们在每个地区都创建一个供Flot库使用的数据对象。在代码❷处命名一个flotData的对象。然后我们在代码❸处过滤数据，排除数据里value值为null的数据。在代码❹处的函数创建了Flot需要的数据数组。从世界银行获取的单个数据作为输入传递给这个函数，然后返回一个二维数组。数组中的第一个值是我们在代码❺处提取出的date值的整数部分，然后第二个值是GDP数据，我们在❻处提取出一个浮点数。通过除以1E12把GDP数据转换成万亿。

2.4.6 第6步 创建图表

因为我们前面讲处理事件的代码和处理结果的代码分离得很清楚，那么当我们真正要创建图表时没有理由不继续用这个方法。但我们要再另外创建一个Deferred对象。

```
var deferredChartDataReady = $.Deferred();

deferredAllDataAvailable.done(function(regions) {
    $.each(regions, function(idx, regionObj) {
        regionObj.flotData = $.map(
            $.grep(regionObj.rawData, function(dataObj) {
                return (dataObj.value !== null);
            }),
            function(dataObj) {
                return [[
                    parseInt(dataObj.date),
                    parseFloat(dataObj.value)/1e12
```

```
                ]];
            }
        )
    })
❶   deferredChartDataReady.resolve(regions);
});
deferredChartDataReady.done(function(regions) {
    // Draw the chart
});
```

这里，我们使用了前面的代码片段，并且把他们放在Deferred对象里操作。一旦所有的数据都完成了，我们就可以在代码❶处调用Deferred对象的resolve方法了。

这个过程就像是一个青蛙在池塘里的浮萍之间跳跃的路线。这些浮萍就是处理的步骤,Deferred对象就是连接跳跃浮萍的路线（图2-16）。

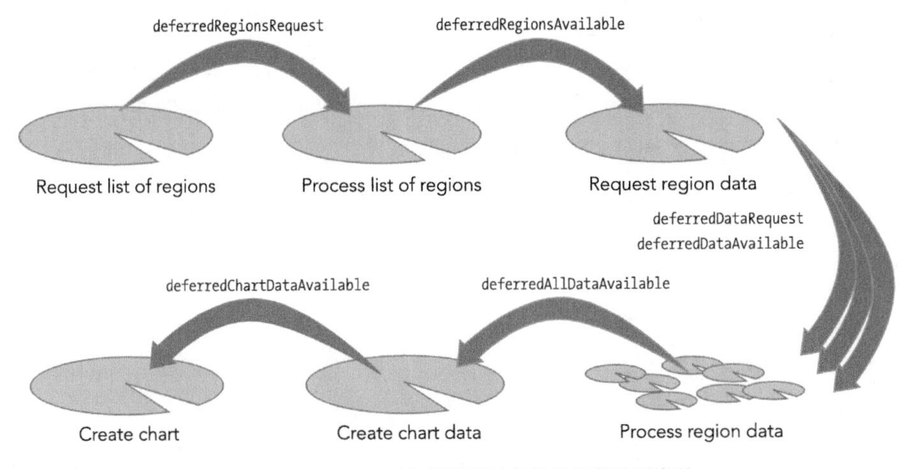

图2-16　Deferred对象帮助保持每段代码都是隔离的

这个方法真正的好处是将关注点分离开。每个进程步骤互不依赖。任何一个请求的改变都不会去修改别的地方的代码。

实际上就像每个浮萍都有自己的一片区域，青蛙在这个池塘里不用关心在哪个上面休息。

一旦完成最后一步，我们就可以用这章中其他例子里用到的任何或者全部技术来绘制图表了。再一次使用.map()函数，可以很轻松的从地区数据里提取出相关信息。下面是一个基础的例子：

```
deferredChartDataReady.done(function(regions) {
    $.plot($("#chart"),
        $.map(regions, function(regionObj) {
            return {
                label: regionObj.name,
                data: regionObj.flotData
            };
        })
        ,{ legend: { position: "nw"} }
    );
});
```

现在我们的基本图表直接从世界银行获取数据。我们不再手动更新数据，而是当世界银行更新数据时，我们的图表也会自动更新（图2–17）。

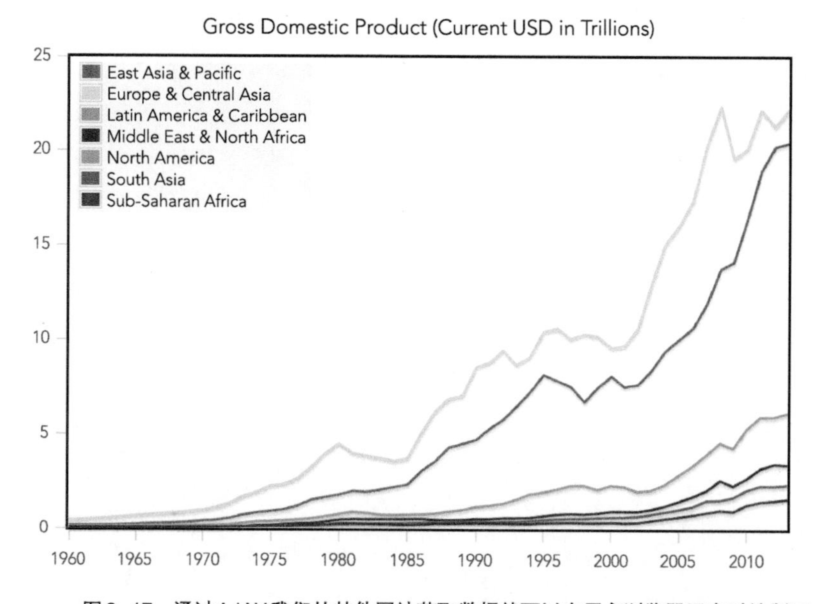

图2–17　通过AJAX我们从其他网站获取数据就可以在用户浏览器里实时绘制了

在这个例子中，你可以看到如何使用世界银行的API。在很多其他的组织里也可以使用相同的方法从互联网上获取数据。实际上，现在有很多数据源可用，但要记住所有的数据源是很困难的。

下面有两个很有用的网站，它们充当了仓库中心的角色，在互联网上提供公共和私有API的解释。

➢ APIhub(http://www.apihub.com/)。

- ProgrammableWeb (http://www.programmableWeb.com/)。

很多政府部门也提供了一个可用数据和API的目录。例如，美国的Data.gov网站（http:// www.data.gov/ ）就成为了一个资源中心。

这个例子专注于AJAX的交互，所以结果图表就是一个简单、静态的折线图。任何在这章中其他例子描述的交互都可以添加到可视化中增加互动性。

2.5 小结

正如在这章中展示的例子，我们对在页面中展示的静态图表感到不满意。加入一点JavaScript让用户和图表进行交互就可以给图表带来一些生机。这些交互给用户了一个在同一页面既能查看全局视图，又能查看和用户相关且最感兴趣方面的视图。我们想到的方法是让用户在图表中选择想要出现的数据集，然后可以放大指定的图表区域，让用户使用鼠标来探索数据详情且同时展示概览视图。我们也看到了用AJAX如何异步的直接从源获取交互数据。

第3章 在页面中整合图表

你可能期望你在Web上的数据可视化在页面中突出显示，甚至占据整个页面。然而这不是可视化的重点。因为最好的可视化应该达到帮助用户理解数据的效果，而不仅仅是在页面中看起来很炫酷。

有些数据脱离上下文直接展示给用户也可以理解，但有些有意义的数据则不行。并且如果我们的描述是需要上下文的，那么我们的可视化和页面中其他内容很可能是有联系的。当我们设计页面的时候，我们应该注意平衡单个组件和整个页面之间的关系。如果单一一个可视化不是整个页面的主体，那么它就不应该占据全部(甚至是绝大部分)页面空间。然而，让图表占据最小的空间可能是一个挑战，毕竟还有坐标轴、标注、标题、图例等需要地方放置。

爱德华·塔夫特(Edward Tufte)在他具有开创性的著作《The Visual Display of Quantitative Information》(1983年Graphics出版社出版)中就已经思考过这个问题了，并且他提出了一种叫sparkline的新颖解决方案。sparkline常常以一组多条的形式出现在柱状图、折线图当中。sparkline可以在很小的区域展示大量信息，甚至一个点就可能包含了一个图表的一大半内容。不需要再去查看展现的图层或单击查看放大视图。塔夫特最早的例子之一就是展示一个患者的葡萄糖水平，图3-1复现了这个例子。

在仅仅154像素 ×20像素的控件内，我们展示了患者当前的葡萄糖水平，两个多月的值的变化，还有正常范围是多少。这种信息密度大的展现形式使得sparkline在任何空间展示都是非常有效的：例如文本段落中，作为表格的一个单元，或者是dashboards的一部分。当然，sparkline也是有劣势的。它不能提供和全尺寸图表一样详细的坐标和标注属性。它也不能提供有效的互动，所以我们不能给用户选择数据或放大详情这种非常灵活的交互方式。但对于大多数可视化来说，这些都不是主要的关注点。另外，正如我们接下来在这章的例子中看到的，Web给了我们一个增强sparkline的机会。有一些创建sparkline的JavaScript库和工具，但我们只介绍使用人数最多的：jQuery sparkline (http://omnipotent.net/jquery.sparkline/)。从名字就能知道，这个开源库是依赖于jQuery的。这一章中的例子会非常专注于如何使用这些工具将大量可视化信息融入你的Web页面中。接下来你将会学到以下内容。

128 Glucose

图3-1　在一个小空间内展示大量信息是塔夫特经典的例子

- 如何创建一个经典的sparkline并直接整合到文本当中。
- 如何合并多个sparkline并对比展示。
- 如何用附加详情给sparkline做注释。
- 如何创建一个复合图表。
- 如何在页面中响应单击事件。
- 如何实时更新图表。

3.1　创建经典的sparkline

稍后的例子将会证明，这个sparkline库既灵活又强大，并且我们可以在不同的环境中使用。然而，作为初始阶段，我们还是用这个库创建一个如爱德华·塔夫特最初定义的经典的sparkline。这个过程非常直接，而且仅仅只需要4个简单的步骤。

3.1.1　第1步　加载需要请求的JavaScript库

因为我们要使用jQuery sparkline库来创建图表，所以我们需要在我们的页面里连同jQuery库一起加载进来。jQuery和sparkline都有可用的公共CDN。对于这个例子（和这一章中其他的例子），我们将使用CloudFlare公司的CDN服务。使用CDN的优势和劣势请见2.1.1小节。

下面我们就开始搭建框架：

```
<!DOCTYPE html>
<html lang="en">
  <head>
    <meta charset="utf-8">
    <title></title>
  </head>
  <body>
    <!-- Content goes here -->
❶   <!--[if lt IE 9]><script src="js/excanvas.min.js"></script><![endif]-->
    <script src="//cdnjs.cloudflare.com/ajax/libs/jquery/1.8.3/jquery.min.js">
    </script>
    <script src="//cdnjs.cloudflare.com/ajax/libs/jquery-sparkline/2.0.0/
jquery.sparkline.min.js"></script>
  </body>
</html>
```

如你所见，我们在文档的最后将JavaScript库添加进来。这样做的好处是浏览器在等待从服务器获取JavaScript库时，会先加载HTML文档结构并布局页面。

除了jQuery库，sparkline还依赖HTML的canvas特性。因为IE9以下的浏览器不支持canvas，所以我们在代码❶处用一些特别的标签来确保IE8及更老版的浏览器会额外加载一个js库（excanvas.min.js），就像我们在第2章中做的那样。

3.1.2 第2步 创建sparkline的HTML标签

因为我们的sparkline和其他元素高度集成，所以我们只简单地使用一个<span>标签来包裹住我们的可视化内容，而不是用<div>。除了图表本身，我们还包含了最终的值和标注作为标准的HTML元素放到里面。下面是葡萄糖sparkline的HTML。

```
<p>
  <span class="sparkline">
    170,134,115,128,168,166,122,81,56,39,97,114,114,130,151,
    184,148,145,134,145,145,145,143,148,224,181,112,111,129,
    151,131,131,131,114,112,112,112,124,187,202,200,203,237,
    263,221,197,184,185,203,290,330,330,226,113,148,169,148,
    78,96,96,96,77,59,22,22,70,110,128
  </span>
  128 Glucose
</p>
```

和其他可视化相比，sparkline图表有两点与众不同。

1. 数据包含在本身的HTML中，而不是在创建图表的JavaScript中。

2. 图表的<span>标签不需要唯一的id属性。

这两点不同也是可选的，我们也可以在构建图表时和其他可视化一样，通过传数据给JavaScript函数和使用唯一id标识容器。但对于sparkline来说，用前一种方法通常更有意义。通过直接在HTML里包含图表数据，我们可以更容易地明白数据和页面中其他内容的关系。例如在图表中的最后一个值（128）就很清楚地表明这个值等同于我们的标注。如果我们犯了错误在标注使用了一个不同的值，那么这个错误将很容易被发现和修改。我们在一个页面中创建多个图表时，将所有的sparkline使用一个通用的class来替代为每个图表标注一个唯一的id属性会简化我们的很多工作。使用唯一标识id的话，我们也不得不为每一个图表去调用一次库函数。换句话说，使用通用class，我们只需要调用一次库函数就可以创建多个图表了。当页面里有很多sparkline时，这个方法是非常有帮助的。

3.1.3 第3步 绘制sparkline

现在我们已经加载了必需的库文件，搭建好了HTML，接下来绘制图表就很容易了。实际上，用JavaScript画一条折线就够用了。我们使用jQuery的封装函数$(".sparkline")就能很容易地选择包含元素对象，然后调用sparkline插件。

```
$(function() {
    $(".sparkline").sparkline();
}
```

在图3-2中你可以看到，sparkline库用我们的数据创建了一个标准的sparkline图表。

图3-2 使用sparkline的默认选项会和经典的sparkline例子稍有不同

使用sparkline类库的默认选项会和塔夫特的经典sparkline在颜色、图表类型和密度上稍有不同。我们将在下面的步骤中逐渐贴近经典的sparkline。

3.1.4 第4步 调整图表样式

为了使我们的sparkline能准确地匹配塔夫特定义的sparkline，我们可以修改一些默认选项的值。为了能把这些选项传递给sparkline函数，我们需要构建一个JavaScript对象，并且把这个对象当作sparkline函数的第二个参数调用。sparkline函数的第一个参数是数据本身，我们用“html”表明，因为我们的数据包含在HTML标签中。

```
$(".sparkline").sparkline("html",{
❶    lineColor: "dimgray",
❷    fillColor: false,
❸    defaultPixelsPerValue: 1,
❹    spotColor: "red",
     minSpotColor: "red",
     maxSpotColor: "red",
❺    normalRangeMin: 82,
     normalRangeMax: 180,
});
```

为了将我们的sparkline更贴近塔夫特的sparkline原型，我们也可以设计一下HTML的内容。让最后一个值和关键数据点的颜色一致来表明它们之间的联系，然后让图表的标注作为标题加粗着重显示。

```
<p>
  <span class="sparkline">
    170,134,115,128,168,166,122,81,56,39,97,114,114,130,151,
    184,148,145,134,145,145,145,143,148,224,181,112,111,129,
    151,131,131,131,114,112,112,112,124,187,202,200,203,237,
    263,221,197,184,185,203,290,330,330,226,113,148,169,148,
    78,96,96,96,77,59,22,22,70,110,128
  </span>
  <span style="color:red"> 128 </span>
  <strong> Glucose </strong>
</p>
```

让我们再回头看看刚才修改的点。

1. 塔夫特经典的sparkline除了关键数据点（最小值，最大值和最终结果值）以外，都是黑白两色。它的配色方案中添加了其他颜色来强调这些点。我们可以设置lineColor来更改库默认的蓝色配色方案。为了在屏幕上的显示看起来更舒服，我们可以选择深灰色而不是用纯黑色。就像我们在❶处做的那样。

2. 因为塔夫特的sparkline没有填充折线下方的区域，所以他可以使用底纹来表明正常值的范围。我们通过设置fillColor为false来消除类库默认的浅蓝色底纹。

3. 默认类库为每个数据点设置了3像素宽。为了信息密度最大化，塔夫特建议只是用1像素宽。我们在❸处设置defaultPixelsPerValue选项来更改。

4. 塔夫特使用红色来标注关键数据点。我们在❹处设置spotColor, minSpot Color, 和maxSpotColor来更改默认的橘黄色。

5. 最后，塔夫特的sparkline包含了标注正常值范围的底纹。例如，我们要展示82~180mg/dL的范围，就要在❺处设置normalRangeMin和normalRangeMax选项。

通过这些修改，我们就可以在网页上得到经典的塔夫特sparkline图。我们甚至可以把这个图标嵌套进一小段文本说明中，就像这样 128 Glucose，这可以有效提高文本内容的展现力。

3.2 绘制多个变量

经过设计，sparkline在页面中占据了非常小的地方，接下来让sparkline向其他种类的可视化发起挑战：一次展现多个变量。当然，虽然正常的折线图和柱状图可以同时绘制多个数据集，但一旦数据集的数量超过4个或者5个，这些展示多数据集的图表就会显得杂乱不堪、难以处理。有些可视化项目需要展示很多不同的变量，这就远远超出了多数据集图表可以容纳的范围了。要想让可视化更合理，我们需要彻底转换一下思路。我们可以把每个数据集展示成一个图表来替换在一个图表中展示多个数据集。在页面中要放置很多图表就意味着每个图表不能占据太多的地方。这个问题正好可以用sparkline解决。

我们不想步子迈得太大，既想要让例子的代码易于管理，又要能很容易地扩展这个方法来增加很多变量。在这种情况下，我们将创建一个分析股票市场绩效的可视化。我们分析的公司有2012年美国最大的10个公司（http:// money.cnn.com/magazines/fortune/fortune500/2012/full_list/），也就是财富500强的前10名。还有在2011年12月被认为是2012年最好的科技股（http://www .marketwatch.com/story/barclays-best-tech-stocks-for-2012-2011-12-20/）的巴克莱银行（Barclays），被企业责任杂志（CR Magazine）称为美国企业责任最强（http://www.thecro.com/files/100Best2012_List_3.8.pdf/）的百时美施贵宝（Bristol-Myers Squibb）公司。选择的这些公司都是很随意的，但下面的例子被设计为包含3种不同情况，我们将在可视化中表现出不同。我们将把财富500强的前10名作为普通情况，巴克莱银行作为特别的类别，百时美施贵宝作为唯一的变量。正像这章中的第一个例子一样，我们需要在页面里加载sparkline和jQuery的类库。

3.2.1 第1步 准备HTML标签

使用sparkline类库就可以很轻松地将数据直接嵌入HTML标签中。对于这个例子，用table标签来构建数据是最恰当的。下面就让我们开始用表格构建吧。为简略起见，下面代码没有包含完整的HTML，但完整可用的代码可以在（http://jsDataV.is/source/）找到。

```
<table>
    <thead>
        <tr>
            <th>Symbol</th>
            <th>Company</th>
            <th>2012 Performance</th>
            <th>Gain</th>
        </tr>
    </thead>
    <tbody>
        <tr class="barclays">
            <td>AAPL</td>
            <td>Apple Inc.</td>
            <td class="sparkline">
                418.68,416.11,416.6,443.34,455.63,489.08,497.7,517.81,...
            </td>
            <td>27%</td>
        </tr>
        <tr class="barclays">
            <td>ALTR</td>
            <td>Altera Corporation</td>
            <td class="sparkline">
                37.1,36.92,39.93,39.81,40.43,39.76,39.73,38.55,36.89,...
            </td>
            <td>-7%</td>
        </tr>
        // Markup continues...
    </tbody>
</table>
```

这个表格有3个重要的特性和我们的可视化相关。

1. 每个股票都是单独一行（tr）。

2. 从巴克莱科技股票列表开始，所有的<tr>元素上都添加了一个“barclays”的class属性。

3. 百时美施贵宝股票没有任何特别的属性或者特性。

3.2.2 第2步 绘制图表

正像这一章的第一个例子一样，使用sparkline类库的默认选项创建图表是非常简单的：只是让JavaScript画一条线。我们使用jQuery选择所有包含数据的元素，然后调用sparkline()函数来生成图表。

```
$(function() {
    $(".sparkline").sparkline();
}
```

注意，即使每个图表都有各自的数据，但我们只调用了一次sparkline()。这就是把数据放在HTML里最主要的好处。

在图3-3中我们可以看到绘制出来的图表，所有的样式都是一样的，接下来我们就开始通过几步来修改这个问题。

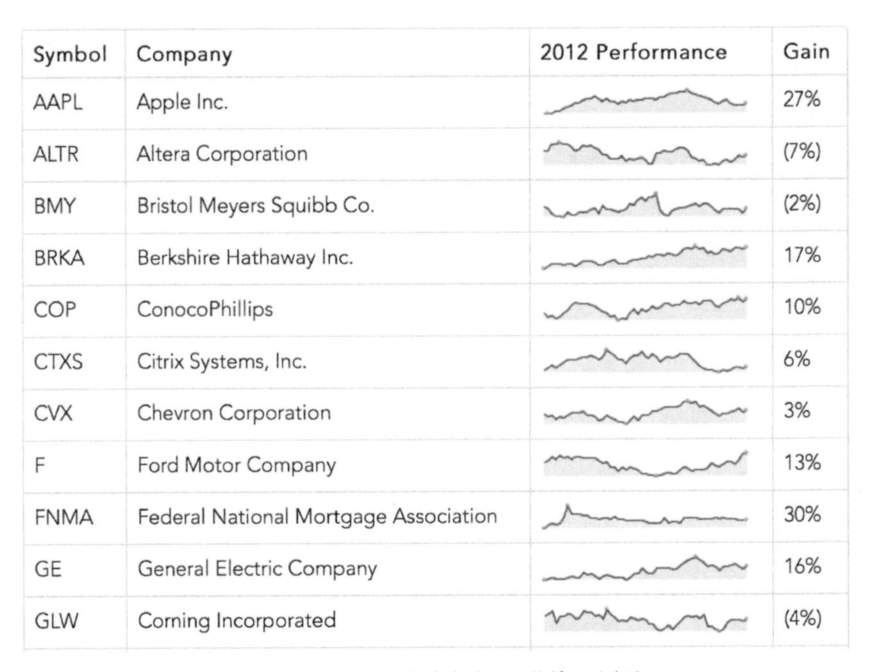

Symbol	Company	2012 Performance	Gain
AAPL	Apple Inc.		27%
ALTR	Altera Corporation		(7%)
BMY	Bristol Meyers Squibb Co.		(2%)
BRKA	Berkshire Hathaway Inc.		17%
COP	ConocoPhillips		10%
CTXS	Citrix Systems, Inc.		6%
CVX	Chevron Corporation		3%
F	Ford Motor Company		13%
FNMA	Federal National Mortgage Association		30%
GE	General Electric Company		16%
GLW	Corning Incorporated		(4%)

图3-3 sparkline在表格中的可视化效果也很好

3.2.3 第3步 建立一套默认的图表样式

如果我们不喜欢sparkline类库默认的样式，用下面展现的传递一个选项对象的方法就可以很轻松地修改样式了。

```
$(".sparkline").sparkline("html",{
    lineColor: "#006363",
    fillColor: "#2D9999",
    spotColor: false,
    minSpotColor: false,
    maxSpotColor: false
});
```

这个对象是sparkline()函数的第二个参数，这个对象里修改了图表的颜色，还去掉了最小值、最大值和最终值的高亮显示。这个函数的第一个参数是字符"html"，向类库表明数据已经在我们的HTML里了。

图3-4显示了一行的效果。我们使用这个样子作为我们图表的默认样式。

Symbol	Company	2012 Performance	Gain
AAPL	Apple Inc.		27%

图3-4　通过sparkline的选项，我们可以调整图表的样式

3.2.4　第4步　修改指定class的默认样式

修改完默认样式，我们把注意力转向图表中为巴克莱银行科技股指定的class。对于我们的例子而言，只需要修改颜色就可以了，其他的选项和默认的保持一致。最后一句非常重要。我们可以只是复制粘贴选项，但这样会在之后给我们造成麻烦。你可以在接下来的例子中明白我为什么这么说。

```
$("tr:not(.barclays) .sparkline").sparkline("html",{
    lineColor: "#006363",
    fillColor: "#2D9999",
    spotColor: false,
    minSpotColor: false,
    maxSpotColor: false
});
$("tr.barclays .sparkline").sparkline("html",{
    lineColor: "#A50000",
    fillColor: "#FE4C4C",
    spotColor: false,
    minSpotColor: false,
    maxSpotColor: false
});
```

注意，本段代码中第一个调用的sparkline()函数和上面一段代码调用的sparkline()函数是一模一样的，特别是颜色。这样做代码在后期会变得难以维护，比如以后我们想要把图表中的颜色改变一下，那我们就需要去修改两个地方。其实还有更好的解决办法。

为了避免重复，我们首先定义一个变量，然后把所有默认选项填进去。

```
var sparkline_default = {
    lineColor: "#006363",
    fillColor: "#2D9999",
    spotColor: false,
    minSpotColor: false,
    maxSpotColor: false
};
```

接下来，我们为巴克莱的样式创建一个新的变量。我们可以使用jQuery的.extend()函数来避免重复书写。

```
var sparkline_barclays = $.extend( {}, sparkline_default, {
    lineColor: "#A50000",
    fillColor: "#FE4C4C"
});
```

在上面这段代码中，我们传了3个参数给.extend()。第一个参数是目标对象。函数会修改这个对象，这里我们一开始设置了一个空对象（{}）。接下来的参数都是要合并到目标对象中的对象。合并的过程中，如果目标对象中没有这个属性，那么就会添加到目标对象中，如果有这个属性，那么就会更新目标对象中属性的值。因为我们传了两个参数，那么我们就请求了两次合并。

你可以认为调用.extend()是分为两个阶段的过程。

1. 因为我们的目标对象最初是空的，第一次合并将会把sparkline_default的所有属性全部添加到目标对象中。

2. 现在我们的目标对象已经有了和sparkline_default一样的属性，第二次合并将会更新lineColor和fillColor两个属性。

最后这个对象将会包含我们想要的巴克莱科技股的图表选项。下面是完整的代码，可以使用这些对象来创建图表。

```
var sparkline_default = {
    lineColor: "#006363",
    fillColor: "#2D9999",
    spotColor: false,
```

```
        minSpotColor: false,
        maxSpotColor: false
    };
    var sparkline_barclays = $.extend( {}, sparkline_default, {
        lineColor: "#A50000",
        fillColor: "#FE4C4C"
    });
❶  $("tr:not(.barclays) .sparkline").sparkline("html",sparkline_default);
❷  $("tr.barclays .sparkline").sparkline("html",sparkline_barclays);
```

注意，在代码❶处我们通过选择图表中<tr>元素上class不带“barclays”的行，来创建非科技类的sparkline。在代码❷处我们创建科技类的sparkline。因为我们定义的科技类的选项是基于默认项的，所以我们可以很方便地维护默认样式和指定class的样式。图3-5中可以看到，在我们的表格中通过颜色可以清楚地区分出股票的类型。

Symbol	Company	2012 Performance	Gain
TSLA	Tesla Motors Inc		26%
WMT	Wal-Mart Stores, Inc.		18%

图3-5 用不同的样式区分不同的数据类型

3.2.5 第5步 为指定图表创建唯一的样式

在这个例子的最后一步，我们来考虑一下百时美施贵宝这家公司的股票显示。假设我们想要添加一个和别的图表不一样的样式，并且我们知道样式是当我们生成HTML时就出现的，而不是在我们写JavaScript时。如果我们不能修改任何JavaScript代码，我们如何来调整图表的样式呢？

sparkline类库可以让你直接在包含图表的HTML元素上添加指定的属性。例如设置线的颜色，你需要指定sparkLineColor属性。有一个问题就是，如果我们直接在HTML上输入这个属性，那么这是无效的，因为HTML不能识别sparkLineColor这个属性。为了通过HTML标准的验证，自定义属性必须以data-为前缀开头命名。

```
<tr>
    <td>BMY</td>
    <td>Bristol Meyers Squibb Co.</td>
❶   <td class="sparkline" data-LineColor="#679A00"
        data-FillColor="#B6ED47">32.86,32.46,31.36,...</td>
    <td>(2%)</td>
</tr>
```

因为我们只需要告诉sparkline类库如何找到这些命名，所以我们只要参考sparkline类库的自定义属性来命名符合HTML要求的自定义属性就可以了。对于我们的例子来说，在❶处我们用标准的data前缀来代替spark前缀就可以了。

现在我们往调用的sparkline()中添加了一些选项。首先我们设置enableTagOptions为true，用来告诉类库我们在HTML上添加了选项。然后我们设置tagOptionsPrefix为“data-”来指明我们只用这些属性的前缀。

＊注意： 在写这本书时，jQuery的sparkline插件文档中关于tagOptionsPrefix的写法不正确。文档中说tagOptionsPrefix是单数形式。但类库代码却希望是复数形式。

如果我们的参数都正确，那么图表将会呈现不同的颜色，和图3-6展现的一样。

图3-6　sparkline类库支持一个图表对应一个样式

为了给sparkline()传递合适的参数，我们可以利用第5步中的做法。因为我们为默认选项创建了一个指定对象，我们现在可以修改它。

```
var sparkline_default = {
    lineColor: "#006363",
    fillColor: "#2D9999",
    spotColor: false,
    minSpotColor: false,
    maxSpotColor: false,
    enableTagOptions: true,
    tagOptionsPrefix: "data-"
};
```

我们只需要修改一个地方，所有调用sparkline()的地方都会使用这个新的参数。下面是这个例子的完整代码。

```
$(function() {
    var sparkline_default = {
        lineColor: "#006363",
        fillColor: "#2D9999",
        spotColor: false,
        minSpotColor: false,
        maxSpotColor: false,
        enableTagOptions: true,
```

```
        tagOptionsPrefix: "data-"
    };
    var sparkline_barclays = $.extend( {}, sparkline_default, {
        lineColor: "#A50000",
        fillColor: "#FE4C4C"
    });
    $("tr:not(.barclays) .sparkline").sparkline("html",sparkline_default);
    $("tr.barclays .sparkline").sparkline("html",sparkline_barclays);
}
```

图3-7显示了最终的结果。我们有一个整合了文本和图表的表格，并且我们给默认情况、指定的class和唯一值的图表都设计了适合且有效的样式。

Symbol	Company	2012 Performance	Gain
AAPL	Apple Inc.		27%
ALTR	Altera Corporation		(7%)
BMY	Bristol Meyers Squibb Co.		(2%)
BRKA	Berkshire Hathaway Inc.		17%
COP	ConocoPhillips		10%
CTXS	Citrix Systems, Inc.		6%
CVX	Chevron Corporation		3%
F	Ford Motor Company		13%
FNMA	Federal National Mortgage Association		30%
GE	General Electric Company		16%
GLW	Corning Incorporated		(4%)

图3–7　在一个界面中区分出不同数据集的完整的例子

本书2.3节使用的方法与本例比较类似。如果你不需要考虑空间问题，那么也可以考虑用之前的方法。

3.3　sparkline的注解

因为spasparkline就是被设计成要最大化地展现信息量的，所以它抛弃了很多传统图表中的类似坐标轴和标注这种组件。这个方法专注于数据本身，但这样做有时也会让用户没有足够的上下文环境来配合理解数据。出版行业经常依靠传统的文本形式来呈现上下文环境，但在Web上我们可以做得更灵活。我们可以在sparkline上呈现数据，还可以给用户一个通过交互的方式来探索数据上下文环境的机会。只要用户的鼠标滑过网页上的图表，就会出现一个提示工具，它里面包含了sparkline的注释信息（触摸设备如智能手机、平板等都没有hover的概念）。我们在这一章中的其他例子考虑使用前面的方法对触摸设备会更有效，下面我们将一步步地完成一个带提示工具的可视化例子。让我们看看它是如何使用自定义的提示工具来优化前面的图表的。正如这一章中第一个例子一样，我们需要在页面中加载jQuery和sparkline。

3.3.1 第1步 准备数据

在前面的例子中，我们已经把数据直接嵌入HTML标签中。这样做很方便，因为它让我们把数据从我们的代码中分离出来了。然而在这个例子中，JavaScript代码需要数据里有更多详细信息，然后把这些信息展现在提示工具里。这时，我们将使用一个数组来存储我们的数据，以便所有的相关信息都在一个地方。对这个例子而言，我们应该关注单个股票。虽然我们的图像只能根据收盘价进行显示，但数组里存储的开盘价。最高价等信息都可以在提示工具里显示。下面摘录了其中一个股票的数据。

```
var stock = [
  { date: "2012-01-03", open: 409.40, high: 422.75, low: 409.00, close: 422.40,
    volume: 10283900, adj_close: 416.26 },
  { date: "2012-01-09", open: 425.50, high: 427.75, low: 418.66, close: 419.81,
    volume: 9327900, adj_close: 413.70 },
  { date: "2012-01-17", open: 424.20, high: 431.37, low: 419.75, close: 420.30,
    volume: 10673200, adj_close: 414.19 },
  // Data set continues...
```

3.3.2 第2步 准备HTML标签

我们的可视化包含了3个独立区域，每一个区域都是一个div元素。

```
<div id="stock">
    <div style="float:left">
❶       <div class="chart"></div>
❷       <div class="info"></div>
    </div>
    <div style="float:left">
❸       <div class="details"></div>
    </div>
</div>
```

代码❶处的div是用来放置图表的。在图表的下方，即代码❷处我们添加了一个存放主要提示信息的提示工具的div，在代码❸处有一个补充信息的div。为了简单，这个例子使用了内联样式，在生产环境中，使用CSS样式表会更好。

3.3.3 第3步 添加图表

使用sparkline类库可以很轻松地将图表添加到我们的标签中。我们可以使用jQuery的.map()函数来从stock数组中提取出收盘价。minSpotColor和maxSpotColor选项告诉类库如何高亮显示一年中的最高值和最低值。

```
$("#stock .chart").sparkline(
    $.map(stock, function(wk) { return wk.adj_close; }),
    {
        lineColor: "#006363",
        fillColor: "#2D9999",
        spotColor: false,
        minSpotColor: "#CA0000",
        maxSpotColor: "#CA0000"
    }
);
```

图3-8的静态图表很好地显示了股票的业绩。

图3-8 静态sparkline图显示了过往数据集的变化

3.3.4 第4步 添加主要注释

通过sparkline类库的默认值给所有sparkline图表加上简单的提示工具。尽管只有当用户的鼠标滑过时才会显示提示工具，但这个展示并不是很优雅，更重要的是，它没有提供我们想要的信息。接下来我们来优化一下默认的行为来获取我们想要的信息。

首先来看一下类库的默认值，我们可以保留垂直的那个线，但我们不想要默认的提示工具。添加disableTooltips选项并把值设置为true，就可以关闭不想要的提示工具了。

对于我们自定义的提示工具，我们可以依赖sparkline类库的一个便利特性。

当用户的鼠标滑过图表区域的时候，类库就会生成一个自定义事件。这个事件就是sparklineRegionChange事件。类库会给这些事件附加上一个sparkline的自定义属性。通过分析这个属性，我们就可以判定鼠标在数据的什么位置。

```
$(".chart")
    .on("sparklineRegionChange", function(ev) {
        var idx = ev.sparkline[0].getCurrentRegionFields().offset;
❶       /* If it's defined, idx has the index into the
           data array corresponding to the mouse pointer */
    });
```

在代码❶处的注释表明，当鼠标离开图表区域时，有时也会生成事件。在这种情况下，就没有offset值了。

一旦我们有了鼠标的位置，我们可以把提示工具信息放置到我们为他们创建的那个<div>中。

```
        if (idx) {
            $(".info").html(
❶               "Week of " + stock[idx].date
              + "    "
❷             + "Close: $" + stock[idx].adj_close);
        }
```

我们在代码❶和❷处的stock数组中使用sparklineRegionChange事件得到的索引值来获取对应的信息。

当鼠标离开图表区域时，sparkline类库生成的事件就不是很可靠了。因此，我们就改用用标准的mouseout事件来代替。当用户把鼠标从图表中移走时，我们就把内容清空来关闭自定义提示工具。我们使用HTML空格的Unicode编码（ ），所以浏览器不会认为<div>中是空的。如果我们使用标准的空格字符，浏览器会认为这个<div>是空的，并且重新计算页面的高，导致页面来回跳动。（基于相同的理由，我们应该在初始化的时候就使用 ）。

```
    .on("mouseout", function() {
        $(".info").html(" ");
    });
```

为了让实现过程清晰，我们采用链式方法合并了所有的步骤。（为了保持简洁，我在下面的摘录中忽略了图表的样式选项）

```
$("#stock .chart")
    .sparkline(
        $.map(stock, function(wk) { return wk.adj_close; }),
        { disableTooltips: true }
    ).on("sparklineRegionChange", function(ev) {
        var idx = ev.sparkline[0].getCurrentRegionFields().offset;
        if (idx) {
            $(".info").html(
                "Week of " + stock[idx].date
              + "    "
              + "Close: $" + stock[idx].adj_close);
        }
    }).on("mouseout", function() {
        $(".info").html(" ");
    });
```

现在图3–9看上去很好，它可以追踪用户在图表上移动的鼠标，然后显示提示工具。

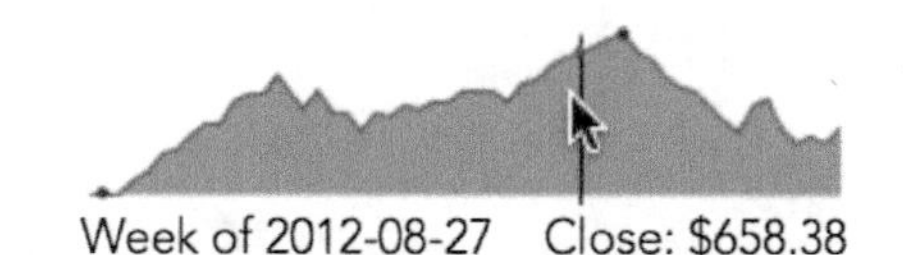

图3–9 一个交互的sparkline图表，它可以追踪用户的鼠标信息，然后提供鼠标所在位置的数据相关信息

3.3.5 第5步 提供附加信息

尽管在我们的数据中还包含了可能对用户有帮助的附加信息。但目前我们添加的提示工具信息还是只显示了和用户直接相关的信息：哪一周和股票的收盘价。我们可以同样通过显示新的提示工具来对原来的提示工具进行补充。

在更新主提示工具的同时，把额外数据也添加进来。

```
$(".details").html(
    "Open: $" + stock[idx].open + "<br/>"
  + "High: $" + stock[idx].high + "<br/>"
  + "Low: $" + stock[idx].low + "<br/>"
  + "Volume: " + stock[idx].volume
);
```

当我们清空主提示工具的时候，我们也同样清空详情区域。

```
$(".details").html("");
```

因为这个副提示工具不会对页面的高度产生影响，所以我们不需要用虚拟的 来填充<div>。

图3–10　交互型sparkline可以用很多方法展示附加信息

图3–10就是我们想要的可视化效果。这个图表清晰地展示了股票一年中概况的趋势，但它只占据了网页很小的一块区域。图表中也没有类似于标注和坐标轴之类分散注意力的元素。对于用户来说一般他们只想要股票的业绩，图表中的其他元素对于他们来说显得多余了。并且用户只想在鼠标滑过图表时显示透露市场信息的全部详情。

因为我们不仅保留了sparkline紧凑的本质，还设法显示了更多的信息，所以当把这一章中的第二个例子中的所有小图表都合并起来时，上面这个例子的方法依然可以很好地完成交互效果。接下来的例子将使用另一种方法展现额外的详细信息。

3.4　绘制复合图表

这一章到目前为止，我们已经看到sparkline是如何在一个非常小的空间提供大量视觉信息的。这个特性使得它在包含文本、表格和其他元素的Web页面中可以完美地整合图表。然而我们还没有完全发挥出sparkline的能力。我们可以通过创建复合图表进一步地增加我们可视化的信息密度，换句话说就是在同一个地方绘制多个图表。

我们以前面一个例子为基础来继续看这个方法。在前一个例子中，我们用sparkline展示了股票全年的收盘价。价格的确是与股票最相关的数据，但另外还有很多投资者喜欢看交易量。和价格一样，交易量也是能一眼就明白趋势的重要指标。这就使得这个值能对图表进行极好的补充。

就像这章中的第一个例子，我们需要在页面中将sparkline和jQuery库加载进来。因为我们的可视化数据和前面的例子一样，所以我们也就用前面例子中一样的数据和HTML标签就可以了。

3.4.1　第1步　绘制交易量图表

尽管图表中包含了交易量，但最重要的指标还是股票的价格。为了突出显示股票价格，我们想要在交易量图表的上面覆盖上价格图表。这就需要我们首先绘制交易量图表。

这段交易量的代码与前面例子中的股票价格代码相似。然而我们将图表类型换成了柱状图。

```
$("#stock .chart").sparkline(
    $.map(stock, function(wk) { return wk.volume; }),
❶   { type: "bar" }
);
```

我们用jQuery的.map()函数从数据数组中提取出volume属性。在❶处设置type参数为bar用来告诉sparkline类库创建柱状图图表。

图3-11展示了结果。

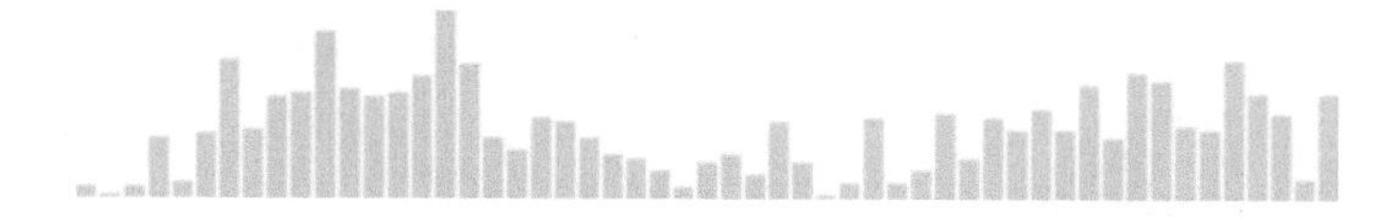

图3-11　sparkline类库既可以创建柱状图也可以创建折线图

3.4.2　第2步　添加收盘价图表

为了在交易量图表的上面覆盖上价格图表，我们需要再一次调用sparkline类库。

```
$("#stock .chart")
    .sparkline(
        $.map(stock, function(wk) { return wk.volume; }),
          {
            type: "bar"
          }
      ).sparkline(
          $.map(stock, function(wk) { return wk.adj_close; }),
          {
❶             composite: true,
              lineColor: "#006363",
              fillColor: "rgba(45, 153, 153, 0.3)",
              disableTooltips: true
           }
      );
```

我们使用了和前面例子一样的包含元素，最重要的是在代码❶处，我们设置composite选项为true。这个参数告诉类库不要擦除任何在这个元素中存在的图表，只是在这些图表上覆盖一层。

注意上面的例子中我们为第二个图表指定了填充颜色。我们设置透明度（或者说是alpha值）为0.3。设置这个值会让图表区域变成半透明，所以交易量图表会半透明显示。需要注意的是一些老旧的浏览器，尤其是IE8及以前的版本，不支持标准的半透明写法。如果你的网站有很多用户使用这些老版本的浏览器，你可能需要考虑把fillColor选项设置为false，来关闭整个区域的填充。

和图3-12显示的一样，最终结果会将两个图标在一个区域合并显示。

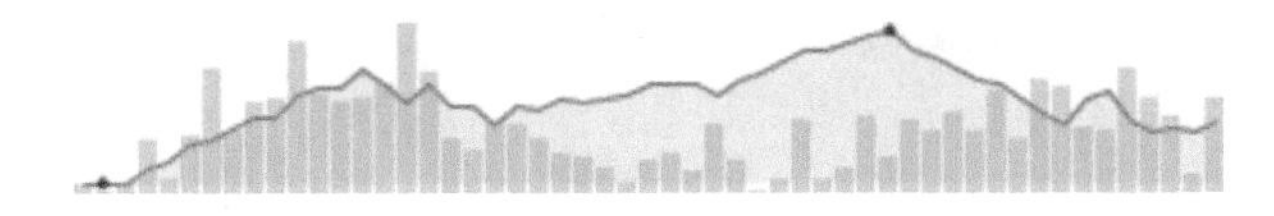

图3-12　在同一个区域可以将多个图标进行合并

3.4.3　第3步　添加注解

我们可以使用前面例子中相同的方法给图表添加注解。因为我们的图表现在包含了交易量，所以我们把交易量的值从详情区域移到主要负责注解的那个<div>中显示。下面的代码对前面的例子进行了简单的调整。

```
.on("sparklineRegionChange", function(ev) {
❶    var idx = ev.sparkline[1].getCurrentRegionFields().offset;
     if (idx) {
         $(".info").html(
           "Week of " + stock[idx].date
         + "    Close: $" + stock[idx].adj_close
❷        + "    Volume: "
         + Math.round(stock[idx].volume/10000)/100 + "M"
         );
         $(".details").html(
             "Open: $" + stock[idx].open + "<br/>"
           + "High: $" + stock[idx].high + "<br/>"
           + "Low: $"  + stock[idx].low
         );
     }
```

除了把文本从一处移到另外一处，我们还做了两点更改。

1. 因为事件的sparkline数组第一个元素是第一个图表，所以在代码❶处我们从事件的sparkline数组的第二个元素（sparkline[1]）中获得idx的值。sparkline类库在sparklineRegionChange事件中并没有真正返回什么关于柱状图有用的信息。幸运的是，我们可以从折线图中获得我们需要的所有信息。

2. 我们要以百万级展示交易量，且在代码❷处进行保留小数点后两位的计算。用户看到“24.4M”要比看到“24402100”容易理解得多。

和前面的例子一样，在我们的图表中还提供了详情的注解（图3–13）。

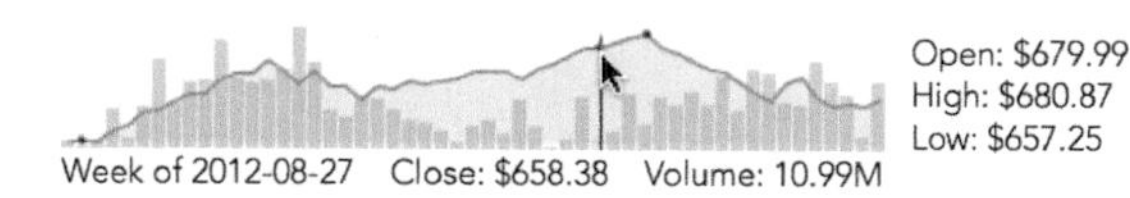

图3–13 根据鼠标的轨迹，会显示相对应的图表注解

3.4.4 第4步 把详情也当作图表来展示

到目前为止，我们的股票详情（开盘价、收盘价、最高价、最低价）都是以文本形式展现的。我们也可以把这些值以图表的形式展现。对我们来说绘制统计学的箱线图是一个很有用的模式。传统意义上的箱线图，在绘制样式上要展示分布的范围，包括误差，四分位数和中位数。不管怎样，看起来箱线图提供了一个股票交易绩效的完美模型。我们不但可以用它来展示开盘价和收盘价，而且还能在这里面展示最高价和最低价。

尽管sparkline类库可以帮我们绘制这种箱线图，但一般它会把输入的数据经过计算当作分布来显示。在我们的例子中，我们不想使用标准的统计计算。我们可以用一个选项来告诉类库使用没有计算前的值。类库需要至少以下5个值。

1. 最低值。
2. 第一个四分位值。
3. 中位值。
4. 第三个四分位值。
5. 最高值。

对我们的例子来说，我们需要提供下面的这些值。

1. 最低价。
2. 低于开盘价和收盘价的任何一个值。
3. 收盘价。
4. 高于开盘价和收盘价的任何一个值。
5. 最高价。

在展示股票的整个周期中，我们将根据股票的涨跌来将中位值柱状图上色为红色或者绿色。

下面的代码创建了一个响应sparklineRegionChange事件的图表。

```
$("#composite-chart4 .details")
    .sparkline([
❶       stock[idx].low,
        Math.min(stock[idx].open,stock[idx].close),
        stock[idx].adj_close,
        Math.max(stock[idx].open,stock[idx].close),
        stock[idx].high
    ], {
        type: "box",
        showOutliers: false,
❷       medianColor: (stock[idx].open < stock[idx].close)
❸        ? "green" : "red"
    });
```

图表中的数据部分（❶处展示的）是从一周股票数据中提取出来的5个值。如❷,❸处展示的，我们可以根据股票在这一天结束时的涨跌情况来将中位值柱状图上色为红色或者绿色。

当鼠标离开图表区域时，我们可以通过将HTML元素内容清空来移除箱线图。

```
$(".details").empty();
```

图3-14展示了用户鼠标移动到图表区域时，他们可以看到每一天股票价格范围的视觉展示。

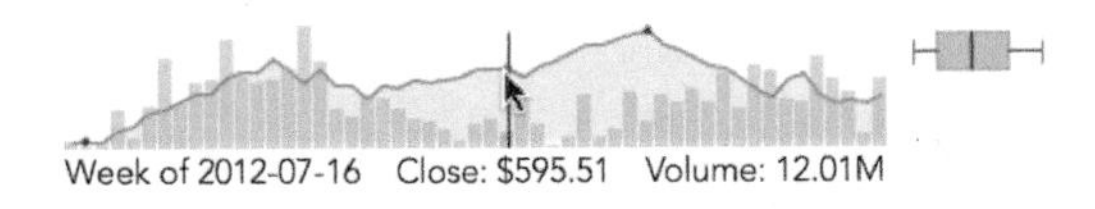

图3-14　除了文本外，交互式注解也可以使用图表展示

3.5　对单击事件进行响应

通过这一章我们看到了如何在一个小区域中包含大量的可视化信息，这使得我们可以很轻松地在网页中对可视化进行整合。基础的sparkline图表本身就是非常高效的，况且前面的例子中我们还添加了注解和复合的特性来增加信息密度。尽管有时在一小块地方无法适应所有可能的数据。但是我们可以通过Web本身

的交互形式来摆脱这种困境。我们的网页可以一开始在一小块展示可视化，通过简单的单击或者点触来扩展显示更丰富的详情。

确实，像sparklie这种信息集成度高的图表会让人产生里面包含了交互的感觉。在我进行的所有包含了sparkline图表页面的可用性测试中，每一个参与者都会在图表中进行单击。其实页面中也没有别的信息要展示，而且参与的测试者也不知道单击后想要什么，他们只是想点点看会发生什么，这是真的。

下面的例子是我们股票市场例子的继续。我们从之前看到的基本股票价格入手，当用户单击图表区域时，我们会提供详细信息来强调它。

正如这一章中的第一个例子一样，我们需要在页面中加载sparkline和jQuery类库。因为我们用了和前面的例子一样的可视化数据，所以我们也用前面例子的方法来创建数据数组。对于HTML结构来说可以更简单一点，我们只需要一个<div>来盛放图表就可以了。

```
<div id="stock"></div>
```

3.5.1 第1步 添加图表

用sparkline类库可以很轻松地把图表添加到我们之前写的HTML标签中。我们可以使用jQuery的.map()函数来从stock数组中提取出收盘价。

```
$("#stock").sparkline($.map(stock, function(wk) { return wk.adj_close; }));
```

图3-15的静态图表，是现在很常见的显示股票业绩的图表。

图3-15 以静态图表开始是创建有效的可视化图表的前提

3.5.2 第2步 处理单击事件

用sparkline类库可以很轻松地处理单击事件。当用户在图表区域进行单击时，类库会产生一个sparklineClick的自定义事件。整个事件除了包含所有单击应该有的属性外，还包括用户单击图表位置的信息。当我们接收到了单击，我们就定义一个自定义事件来处理它。

```
$("#stock")
    .sparkline($.map(stock, function(wk) { return wk.adj_close; }))
    .on("sparklineClick", function(ev) {
        var sparkline = ev.sparkline[0],
        region = sparkline.getCurrentRegionFields();
        /* region.x and region.y are the coordinates of the click */
     });
```

现在我们创建了一个接收sparklineClick事件的函数。对于我们的例子来说，我们可以展示一个详细的金融分析的小工具。包括Yahoo和Google在内的很多Web供应商都提供类似的小工具，但我们会使用WolframAlpha的其中一个工具。很经典的做法是，把WolframAlpha提供的小工具的代码放到iframe里去展示。我们可以把<iframe>放到存放图表那个<div>下面的<div>中。我们把display属性设为none，让它一开始先隐藏。（为了让结构更清晰，下面的代码片段忽略了iframe里的详细内容）

```
<div id="stock"></div>
<div id="widget" style="display:none"><iframe></iframe></div>
```

现在可以在我们的事件处理代码中通过使用jQuery的show()函数来显示这个小工具。

```
.on("sparklineClick", function(ev) {
  $("#widget").show();
 });
```

虽然如图3-16所示，可以展现详情，但出现的方式有点太突然，不够优雅。

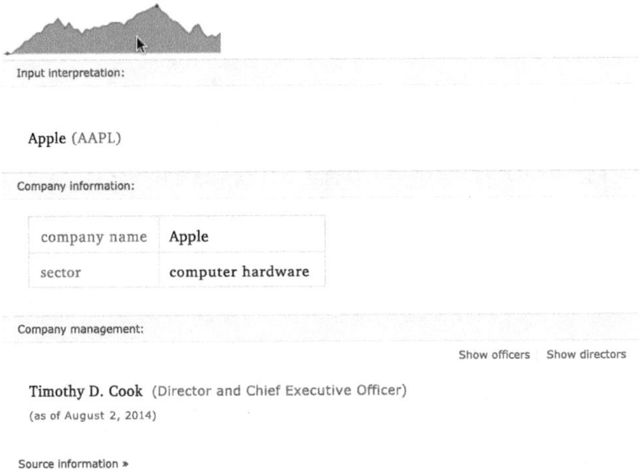

图3-16　鼠标单击可以展现图表的更多详情

3.5.3 第3步 改进过渡效果

让这个小工具展示的时候覆盖这个图表，要比简单地在图表下方展示更好一些。如果想要这么做，我们就要给用户一个还原图表然后隐藏小工具的机会。

```
<div id="stock"></div>
❶ <div id="widget-control" style="width:600px;display:none">
    <a href="#" style="float:right">&times;</a>
</div>
<div id="widget" style="width:600px;display:none">
    <iframe></iframe>
</div>
```

我们在代码❶处增加了一个id为"widget-control"的<div>用来控制小工具的关闭。这个控制器里面的内容只是一个居右的关闭符号。和小工具本身一样，这个控制器一开始也是隐藏的。

现在当用户在图标上单击时，我们将小工具和控制器显示出来，然后隐藏掉图表。

```
.on("sparklineClick", function(ev) {
    $("#widget").show();
    $("#widget-control").show();
    $("#stock").hide();
});
```

接下来我们要拦截关于小工具控制器里关闭符号的单击。我们首先要阻止默认事件的处理，否则浏览器将会跳到页面的顶部。然后我们再把小工具和控制器隐藏掉，让图表再次展现。

```
$("#widget-control a").click(function(ev) {
    ev.preventDefault();
    $("#widget").hide();
    $("#widget-control").hide();
    $("#stock").show();
})
```

最后，我们需要向用户说明可以进行这样的交互。

```
$("#stock")
    .sparkline(
      $.map(stock, function(wk) { return wk.adj_close; }),
❶     { tooltipFormatter: function() {return "Click for details"; } }
    );
```

对于图表，我们在代码❶处覆盖了sparkline类库的默认工具提示，让用户知道还有更多的详情可以查看。

下面的代码对小工具控制器也进行了改造。

```
<div id="stock"></div>
<div id="widget-control" style="width:600px;display:none">
❶    <a href="#" title="Click to hide" style="float:right;">&times;</a>
</div>
<div id="widget" style="width:600px;display:none">
    <iframe></iframe>
</div>
```

我们在代码❶处简单地添加了title属性用来告诉用户如何隐藏小工具。

经过以上改进，图3-17中展现的就是在简单的sparkline图表中通过单击就可以拓展获得的大量详细信息。位于右上角的关闭符号可以让用户从详细信息界面返回图表界面。

x

Input interpretation:

Apple (AAPL)

Company information:

company name	Apple
sector	computer hardware

Company management:

Show officers | Show directors

Timothy D. Cook (Director and Chief Executive Officer)
(as of August 2, 2014)

Source information »

图3-17　鼠标单击可以展现图表的更多详情

3.5.4　第4步　添加动画效果

让我们最后再改进一下我们显示和隐藏可视化组件的过渡效果。一个平滑的动画效果可以帮助我们的用户跟随这种转换进行过渡，并且使用jQuery

可以很轻松实现这个效果。在jQuery UI库中有大量的动画效果可以使用，但对于这个例子来说，使用jQuery核心的基础函数就足够了。我们简单地用sildeDown()和slideUp()两个函数分别替换show()和hide()函数就可以了。

```
.on("sparklineClick", function(ev) {
    $("#widget").slideDown();
    $("#widget-control").slideDown();
    $("#stock").slideUp();
});
$("#widget-control a").click(function(ev) {
    ev.preventDefault();
    $("#widget").slideUp();
    $("#widget-control").slideUp();
    $("#stock").slideDown();
})
```

到现在为止我们就完成了我们的可视化，最终产品如图3-18所示。当用户单击时，会从sparkline图表平滑过渡到详情信息，当用户关闭详情信息时又会回到sparkline图表。

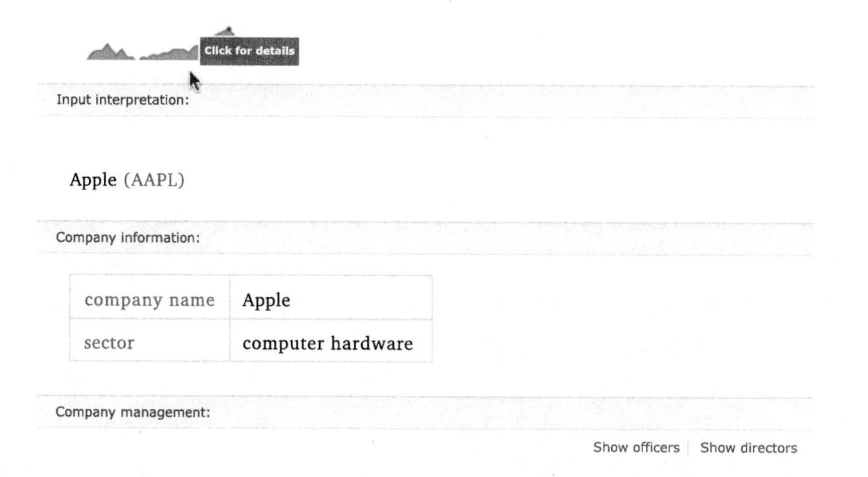

图3-18　动画过渡效果会减少可视化不同界面之间的切换带给用户的茫然

3.6　实时更新图表

正如我们在这一章的其他例子中看到的，sparkline可以在整个页面中很好地整合可视化。它们可以嵌入文本内容或者被用作表格中的元素。在其他应用中，sparkline组件可以是一个很好的dashboard信息。一个有效的dashboard信息只用看一眼就能知道这是在说一件什么事情。当用户没有时间通篇阅读页面中的文字或者详细的图时，sparkline的信息密度就使它们成为了一个理想的工具。

除了有很高的信息密度，大多数dashboard还必须是实时的。对于基于Web的dashboard，这就意味着即使用户正在浏览这个页面，内容也要持续不断地被更新。没有理由让用户去刷新他们的浏览器才能看到数据地更新。幸运的是，用sparkline类库可以很轻松地解决这个问题。

就像在这章中的第一个例子一样，我们需要在页面中加载sparkline和jQuery类库。对于这个可视化，我们将展示图表和最近的数据。我们为每个要展示的内容分别定义一个<div>元素，并把它们放置到一个<div>中包起来。下面的代码包含了一些内联样式，但其实你可以把样式写在外联样式表中。下面样式的意思是显示值的<div>紧接着图表的<div>的右侧显示，而不是单独另起一行显示。

```
<div id="dashboard">
    <div id="chart" style="float:left"></div>
    <div id="value" style="float:left"></div>
</div>
```

3.6.1 第1步 获取数据

在实际的dashboard例子中，服务器会提供显示和更新的数据。只要更新的频率合适（只要间隔5秒以上就是合适的），我们就可以向服务器轮询请求数据。然而使用JavaScript的setInterval()函数来控制轮询的间隔可能不是个好办法。首先这样看起来有些奇怪，因为setInterval()会定期执行一个函数，这样看起来似乎正好可以满足需求。然而，这个解决办法不是很好。如果服务器或者网络遭遇了一些问题，但请求还会不停通过setInterval()来发送，就会在队列中堆积。然后当和服务器的通信恢复的时候，这些积压的请求会立马完成，我们就有了一大批需要处理的数据。

为了避免这种问题，我们用setTimeout()函数来代替。因为这个函数只执行一次，所以我们要明显地不停调用它。尽管我们这么做了，还是要确保我们发送给服务端的请求在每次请求完成之后才发送。这个方法避免了请求队列的堆积。

```
(function getData(){
    setTimeout(function(){
        // Request the data from the server
        $.ajax({ url: "/api/data", success: function(data) {

            // Data has the response from the server

            // Now prepare to ask for updated data
➊           getData();
        }, dataType: "json"});
    }, 30000); // 30000: wait 30 seconds to make the request
➋ })();
```

注意定义getData()函数的代码结构，在定义完后立即执行了这个函数。在代码➋处的一对紧跟着的大括号是用来触发立即执行的。

在success回调中，我们在代码➊处建立了一个递归调用getData()，所以当服务器返回数据后，会再次执行这个函数。

3.6.2 第2步 更新可视化

无论我们何时从服务器获取更新信息，我们只要更新图表和值就可以了。

```
(function getData(){
    setTimeout(function(){
        // Request the data from the server
        $.ajax({ url: "/api/data", success: function(data) {

➊           $("#chart").sparkline(data);
➋           $("#value").text(data.slice(-1));
            getData();
        }, dataType: "json"});
    }, 30000); // 30000: wait 30 seconds to make the request
})();
```

这段代码只需要直接调用sparkline类库和jQuery函数来更新值就可以了。我们在➊和➋处添加了这些代码。

图3-19展示的图表看起来像一个根据sparkline类库默认值做出来的图表。当然，你可以根据自己的需要自定义图表和文本的样式。

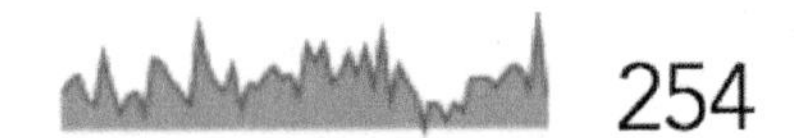

图3-19　一个可以实时更新数据的图表

3.7　小结

在这一章中，我们学习了多种在Web页面中整合可视化的技术。我们可以看到sparkline是一个非常好用的工具。因为它们可以在一个很小的区域提供大量的可视化信息，为页面中的其他元素留出了空间，并且可以插入文本块、表格和dashboard中。我们也学习了用添加注解、使用复合图表、增加单击事件等方法来增加信息的密度。最后，我们学习了如何创建一个实时更新的图表，即准确的可视化底层系统的实时状态。

第4章 创建特殊图表

在前面3章我们看到了如何用JavaScript的不同方法创建一些普通类型的图表。但如果你的数据比较特殊或者你想要用不太常见的方式展示，仅仅使用柱状图、折线图或者离散图表可能就不能满足你了，你需要学习一些特殊图表的应用。

幸运的是，有很多JavaScript技术和插件可以让我们在标准图表的基础上扩展我们的可视化。在这一章中，我们将看到创建几种特殊图表类型的方法，包括以下内容。

- 如何用tree map合并层级和维度。
- 如何用热力图高亮热点区域。
- 如何展示元素和网络图像间的联系。
- 如何用标签云展示。

4.1 用tree map来图像化层级

我们常常把数据想象成有层级的，并且在一些情况中，层级本身就是可视化的一个重要方面。这一章将介绍几个可视化分层数据的工具，并且我们将从最简单的方法之一开始我们的例子：tree map。tree map用面积代表数据的数值，并且通过在它们的父级中嵌套的下级区域来表明层级。

有一些根据分层数据来构建tree map的算法；最常见的一种是由Mark Bruls、Kees Huizing和Jarke J. van Wijk发明的正方化（Squarified）算法(http://www.win.tue.nl/~vanwijk/stm.pdf)。这个算法是可视化中最受欢迎的一种，因为通常它生成的tree map面积的比例看上去很舒服。为了在我们的例子中创建这个算法，我们可以使用Imran Ghory的treemap-squared类库(https://github.com/imranghory/treemap-squared)。这个类库包含了计算和绘制tree map的代码。

4.1.1 第1步 包含需要的类库

treemap-squared类库本身依赖于Raphaël类库(http://raphaeljs.com/)的底层绘制函数。因此，我们的页面中必须包含这两个类库。Raphaël类库可以使用CDN上的地址。

```
<!DOCTYPE html>
<html lang="en">
  <head>
    <meta charset="utf-8">
    <title></title>
  </head>
  <body>
    <div id="treemap"></div>
❶    <script src="//cdnjs.cloudflare.com/ajax/libs/raphael/2.1.0/raphael-min.js">
    </script>
❷    <script src="js/treemap-squared-0.5.min.js"></script>
</body>
 </html>
```

正如你看到的，我们创建了一个<div>来包裹住我们的tree map。同时我们也在<body>元素的最后加载了JavaScript类库，这样做会提供最好的浏览器性能。在这个例子中，在代码❶处我们依赖Cloud-Flare的CDN。但是在代码❷处因为CDN上没有这个类库，所以我们不得不使用放在我们自己服务器上的类库文件。

***注意：**请查看本书第2章开始处的关于CDN的大量讨论，并权衡是否使用。

4.1.2 第2步 准备数据

在这个例子中，我们将按州展示人口密度。这些数据可以从美国人口调查局获得(http://www.census.gov/popest/data/state/totals/2012/index.html)。我们将城市划分到4个方位中。最后的JavaScript数组会看起来像下面的片段一样。

```
census = [
  { region: "South", state: "AL", pop2010: 4784762, pop2012: 4822023 },
  { region: "West", state: "AK", pop2010: 714046, pop2012: 731449 },
  { region: "West", state: "AK", pop2010: 6410810, pop2012: 6553255 },
  // Data set continues...
```

我们已经保留了2010年和2012年的数据。

为了构建treemap-squared类库的数据，我们需要为每个方位创建一个独立的数据数组。同时，我们再创建一个数组，用州的两个字母缩写来标注数据的值。

```
var south = {};
south.data = [];
south.labels = [];
for (var i=0; i<census.length; i++) {
    if (census[i].region === "South") {
        south.data.push(census[i].pop2012);
        south.labels.push(census[i].state);
    }
}
```

上面的代码一步步地建立起census数组，并且标注这个数组属于"South"方位。其他3个方位也可以用同样的方法来做。

4.1.3 第3步 绘制tree map

现在我们开始用类库构建我们的tree map。我们需要把前面一个个的数据和标注的数组都收集起来，然后调用类库的主函数。

```
var data = [ west.data, midwest.data, northeast.data, south.data ];
var labels = [ west.labels, midwest.labels, northeast.labels, south.labels ];
❶ Treemap.draw("treemap", 600, 450, data, labels);
```

首先在代码❶处的两个参数是map的宽和高。

在图4-1中展示了图表的效果，提供了一个简单的美国人口可视化。可以很明显地看出在这4个方位中哪个方位居住的人口最多。在第四象限（南方）占人口的比重最大。并且在每个区域中，每个州的人口占整个方位的相对面积也很清楚。例如加利福尼亚州的人口就占了西部的人口的绝大多数。

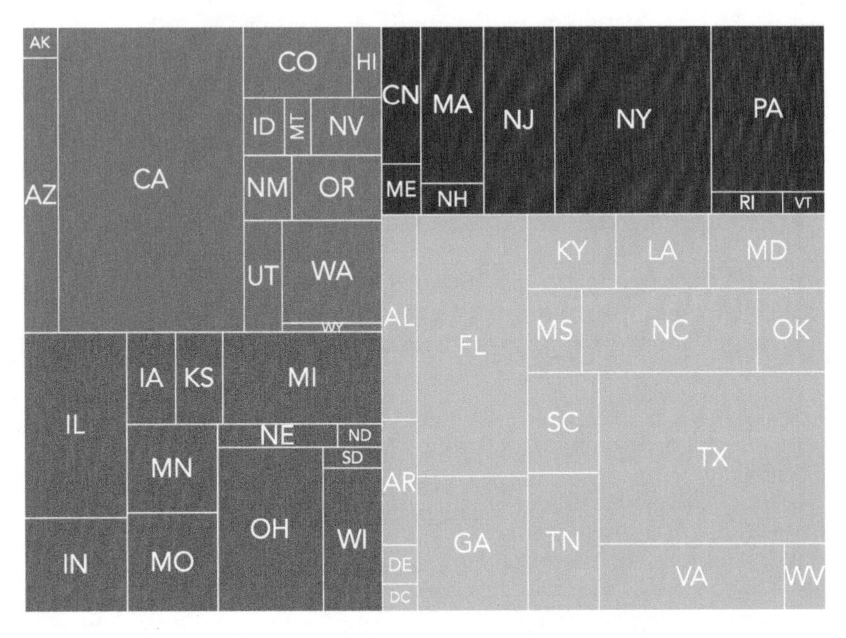

图4-1　tree map用长方形区域来展示数据的值的相对面积

4.1.4　第4步　通过改变底色展示附加数据

图4-1中的tree map很好地展示了2012年的美国人口分布。然而人口不是静态的，我们可以利用2010年的人口数据和2012年的人口数据进行对比，然后在可视化中指出人口变化的趋势。当我们循环census数组时，不仅可以从中提取出每个地区，还可以计算一些附加值。

下面的代码是我们对早先代码片段进行的扩展，包括一些附加计算。

```
var total2010 = 0;
var total2012 = 0;
var south = {
    data: [],
    labels: [],
    growth: [],
    minGrowth: 100,
    maxGrowth: -100
};
```

```
for (var i=0; i<census.length; i++) {
❶   total2010 += census[i].pop2010;
❷   total2012 += census[i].pop2012;
❸   var growth = (census[i].pop2012 - census[i].pop2010)/census[i].pop2010;
    if (census[i].region === "South") {
        south.data.push(census[i].pop2012);
        south.labels.push(census[i].state);
        south.growth.push(growth);
❹       if (growth > south.maxGrowth) { south.maxGrowth = growth; }
❺       if (growth < south.minGrowth) { south.minGrowth = growth; }
    }
    // Code continues...
}
```

让我们一步步地看这些附加计算。

- 在代码❶和❷处分别累加2010年和2012年所有州的总人口。这个值可以让我们计算全国的平均增长率。
- 我们在代码❸处对每个州的增长率进行计算。
- 我们在代码❹和❺处对每个州都存储了最大和最小增长率。

以同样的方式，我们为数据和标注创建一个主对象，为增长率创建另外一个主对象。并且计算全国总的增长率。

```
var growth = [ west.growth, midwest.growth, northeast.growth, south.growth ];
var totalGrowth = (total2012 - total2010)/total2010;
```

现在我们需要一个函数来计算tree-map矩形里的颜色。我们从定义两个色值范围开始，一个是增长率高于全国平均值，另一个是低于全国平均值。我们可以基于每个州的增长率来选择一个合适的颜色。下面以设置一套色值作为例子。

```
var colorRanges = {
  positive: [ "#FFFFBF","#D9EF8B","#A6D96A","#66BD63","#1A9850","#006837" ],
  negative: [ "#FFFFBF","#FEE08B","#FDAE61","#F46D43","#D73027","#A50026" ]
};
```

接下来调用pickColor()函数，在这些色值范围内为每个区域选择正确的颜色。treemap-squared类库将在调用时使用两个参数——即绘制的矩形的坐标和数据集的索引值。在我们的例子中用不到坐标，但我们需要使用索引值来找到模型的值。一旦我们找到州的增长率，我们就可以进行减去全国平均增长率的计算。这个计算结果决定了要使用哪个色值范围。如果州的增长率高于全国平均值，那么就是用colorRanges对象的positive的色值范围。如果州的增长率低于全国平均值，那么就是用colorRanges对象的negative的色值范围。

代码计算的最后一部分是在合适的色值范围内选择一个颜色。

```
function pickColor(coordinates, index) {
    var regionIdx = index[0];
    var stateIdx = index[1];
    var growthRate = growth[regionIdx][stateIdx];
    var deltaGrowth = growthRate - totalGrowth;
    if (deltaGrowth > 0) {
        colorRange = colorRanges.positive;
    } else {
        colorRange = colorRanges.negative;
        deltaGrowth = -1 * deltaGrowth;
    }
    var colorIndex = Math.floor(colorRange.length*(deltaGrowth-minDelta)/
(maxDelta-minDelta));
    if (colorIndex >= colorRange.length) { colorIndex = colorRange.length -1;
}
    color = colorRange[colorIndex];
    return{ "fill" : color };
}
```

这段代码根据所有州当中的极值设定线性标尺。举例来说就是，如果一个州的增长率在总平均值和最大平均值的正中间，我们就会选取positive这个色值数组正中间的值作为这个矩形的颜色。

现在，当我们调用TreeMap.draw()时，我们就可以把上面的pickColor()函数当作选项对象box的值传进去。treemap-squared类库将会根据函数来选择地区的颜色。

```
Treemap.draw("treemap", 600, 450, data, labels, {"box" : pickColor});
```

图4-2中的tree map仍然展示了所有州的相对人口。现在通过使用底色，这个图表还能表明各个州人口增长率和全国平均值的对比。这个可视化清晰地表明了人口从美国的东北和中西部向南和西部迁移。

图4-2　tree map不但可以用面积表示数据值，还可以使用颜色表示

4.2　用热力图突出显示地区

如果你在互联网行业工作，绘制热力图可能已经成为你工作的一部分了。可用性研究经常使用热力图来对网站的设计进行评估，特别是研究者想要知道用户的注意力更多的是在页面中的哪部分的时候。热力图通过把重复的值描绘成一个半透明的颜色覆盖在二维平面上。正如在图4-3中展现的例子一样，不同的颜色代表不同的注意力等级。用户最聚焦的区域是红色，其次是黄色、绿色和蓝色。

在这章的例子中，我们将使用热力图来呈现篮球比赛最重要的方面：球队在场上得分点最多的区域在哪儿。我们将从Patrick Wied网站(http://www.patrick-wied.at/static/heatmapjs/)获取使用的heatmap.js类库。如果你需要创建一个传统的网站热力图，这个类库包含了内置函数可以捕获鼠标在页面上的移动轨迹和单击。尽管在我们的例子中不会使用这个特性，但是使用方法和前面的都大致相同。

图4-3　热力图一般用来展示用户在Web页面上的注意力集中在什么位置

4.2.1　第1步　加载需要的JavaScript

heatmap.js类库包含了实时展示热力图的可选附加项并整合了地理位置信息，但是在我们的例子中用不到这些。对于现代浏览器，这个类库没有什么额外的要求，但对于老旧版本的浏览器（主要是IE8及更早的浏览器），要使用heatmap.js的话需要额外加载explorer canvas类库。因为我们并不是要所有用户都加载这个库，所以我们会用条件注释语句来在浏览器需要的时候加载它。下面是一个范例，我们把所有的脚本文件放在<body>的最后去加载。

```
<!DOCTYPE html>
<html lang="en">
  <head>
   <meta charset="utf-8">
   <title></title>
  </head>
  <body>
    <!--[if lt IE 9]><script src="js/excanvas.min.js"></script><![endif]-->
    <script src="js/heatmap.js"></script>
  </body>
</html>
```

4.2.2 第2步 定义可视化数据

我们的例子将展示杜克大学和北卡罗来纳大学在2013年2月13日的NCAA男子篮球比赛的可视化。我们的数据集(http://www.cbssports.com/collegebasketball/gametracker/live/NCAAB_20130213_UNC@DUKE)包含比赛中每个得分点的详细信息。为了使数据清晰，我们把每个得分的时间点转换成从比赛开始时计时对应的分钟数，并且将得分点的位置以x、y坐标的形式记录下来。我们按照下面几个重要的约定来定义坐标。

- 我们将北卡大学的得分点记录在场地的左侧，杜克大学的得分点在右侧。
- 场地左下角相当于坐标(0,0)，右上角相当于坐标(10,10)。
- 为了避免罚球带来的混淆，我们将罚球的坐标定义为(–1,–1)。

下面就开始定义数据，完整的数据可以在书的源代码中找到(http://jsDataV.is/source/)。

```
var game = [
  { team: "UNC", points: 2, time: 0.85, unc: 2, duke: 0, x: 0.506, y: 5.039 },
  { team: "UNC", points: 3, time: 1.22, unc: 5, duke: 0, x: 1.377, y: 1.184 },
  { team: "DUKE", points: 2, time: 1.65 unc: 5, duke: 2, x: 8.804, y: 7.231 },
  // Data set continues...
```

4.2.3 第3步 创建背景图片

在图4-4中，用一个简单的篮球场图片作为背景会让我们的可视化看起来很棒。背景图的尺寸是600像素 ×360像素。

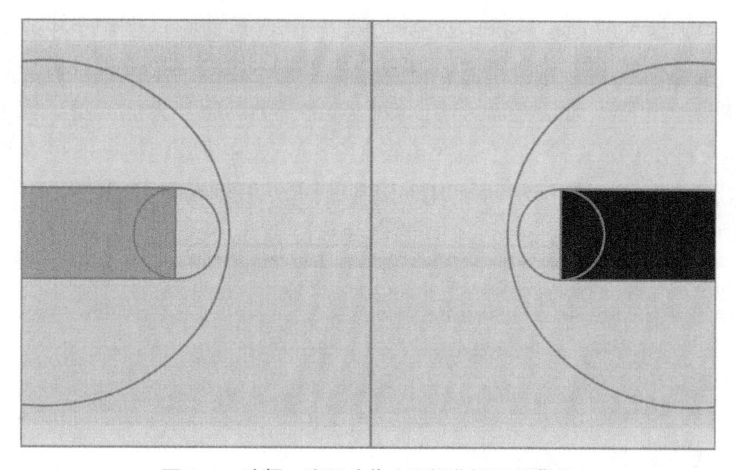

图4-4 选择一张图片作为可视化视图的背景

4.2.4 第4步　留出包含可视化内容的HTML元素

在页面中，我们需要定义一个元素（一般是<div>）来盛放热力图。当我们创建元素的时候，需要指定元素的尺寸和定义背景。为了保持例子的简洁，下面的代码片段使用了内联样式。在实际操作的时候你可以使用一个CSS样式表来控制样式。

```
<div id="heatmap"
    style="position:relative;width:600px;height:360px;
            background-image:url('img/basketball.png');">
</div>
```

注意我们给了这个元素一个唯一的id。heatmap.js类库会将图表放到这个页面中的这个id元素里。最重要的一点是，我们将这个div的position属性设置为relative。因为heatmap.js类库是使用绝对定位来定位图形的，并且我们想要在这个父元素中容纳这些图形。

4.2.5 第5步　格式化数据

接下来我们必须把比赛数据转换成适合类库使用的格式。heatmap.js类库希望每一个数据都包含3个属性。

- x坐标，从id为heatmap的元素的左边测量是多少像素。
- y坐标，从id为heatmap的元素的上边测量是多少像素。
- 数据点的量级（用count属性说明）。

类库也需要知道整个地图的最大量级是多少，可以用一些小技巧做到这点。因为标准热力图会把所有特殊的数据点放在一起计算量级。在例子中，这就意味着通过热力图的算法上篮和扣篮的得分会被放在一起按一个位置计算。这个位置正好是在篮筐下方。为了抵消影响，我们指定一个远比热力图期望大得多的最大值。在例子中，我们将把这个最大值设为3，这就意味着任何一个位置至少要有3个数据点才会被涂成红色，并且我们将会很容易看到得分情况。

我们可以用JavaScript将game数组转换成合适的格式。

```
❶ var docNode = document.getElementById("heatmap");
❷ var height = docNode.clientHeight;
❸ var width = docNode.clientWidth;
❹ var dataset = {};
❺ dataset.max = 3;
❻ dataset.data = [];
   for (var i=0; i<game.length; i++) {
```

```
    var currentShot = game[1];
❼   if ((currentShot.x !== -1) && (currentShot.y !== -1)) {
        var x = Math.round(width * currentShot.x/10);
        var y = height -Math.round(height * currentShot.y/10);
        dataset.data.push({"x": x, "y": y, "count": currentShot.points});
    }
}
```

首先，我们在代码❶❷❸处获取id为heatmap的元素，并得到它的宽和高。如果这些尺寸发生变化，我们的代码依然可以工作。然后我们在代码❹处初始化dataset对象，并在代码❺处初始化这个对象的max属性并在代码❻处将这个对象的data属性设为数组。最后我们循环比赛数据并将相关的数据点添加到这个数组中。注意在代码❼处，我们将罚球过滤出去了。

4.2.6 第6步 绘制地图

有了一个id为heatmap的元素和格式化的数据集，那么绘制热力图就是一件很简单的事情了。我们创建热力图对象（类库默认创建名字为h337的对象），然后传入用来包含图表的元素、每个点的半径和透明度。之后我们把数据集加入这个对象中。

```
var heatmap = h337.create({
    element: "heatmap",
    radius: 30,
    opacity: 50
});
heatmap.store.setDataSet(dataset);
```

图4-5展示了两队得分情况的可视化。

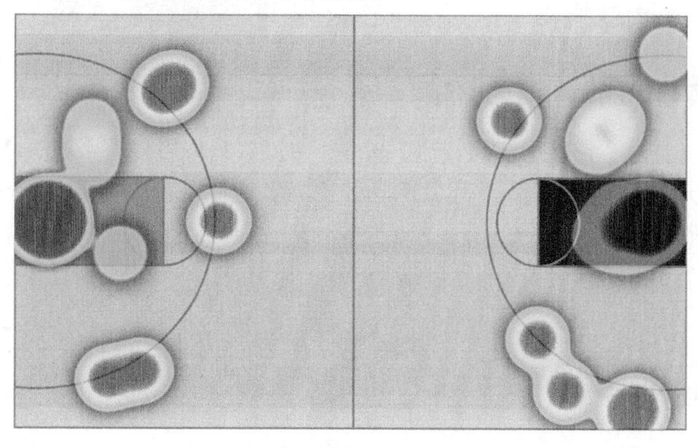

图4-5 热力图展示了比赛中的得分点

4.2.7 第7步 调整热力图的z-index

heatmap.js在处理z-index属性时非常激进。为了确保热力图在所有页面元素的上面出现，类库设置z-index属性的值为10 000 000 000。如果你页面中有元素不想让热力图覆盖（例如position属性为fixed导航菜单），那么热力图的z-index属性的值就显得太激进了。你可以通过直接修改源代码来修复这个问题。或者用另外一个办法，在类库完成map的绘制之后，重置z-index属性的值。

如果你使用jQuery库，那么下面这段代码会重置z-index到一个比较正常的值。

```
$("#heatmap canvas").css("z-index", "1");
```

4.3 用网络图展示节点间的关系

可视化并不总是聚焦于展示实际数据的值；有时，数据集最有趣的地方是反映节点之间的关系。例如，社交网络成员之间的关系可能是网络中最重要的特性。为了展现这些关系类型，我们可以使用网络图（network graph）。网络图一般可以用节点、圆圈之类抽象的形状代表具体的现实对象，以及使用直线、弧线[也可称为边线（edges）]去连接这些节点，从而体现它们之间的联系。

构建网络图是需要一些数学功底的。幸运的是，Sigma库(http://sigmajs.org/)可以帮我们完成大部分复杂的计算。通过使用这个库，我们只用写一点点的JavaScript就可以创建一个功能全面的网络图。在接下来的例子中，我们会制作一个可视化图表，数据来自一个记录了有史以来销量最好的25张爵士乐专辑的评论列表(http://www.thejazzresource.com/top_25_jazz_albums.html)。当然，有些音乐人拥有其中的多张专辑，我们会通过网络图的形式表现这种音乐人和专辑间的对应关系。

4.3.1 第1步 加载需要的类库

Sigma类库不依赖于任何其他JavaScript库，所以我们不用在页面中再加载任何其他脚本。Sigma类库没有CDN分发支持，因此，我们需要把依赖文件放到我们自己的服务器上。

```
<!DOCTYPE html>
<html lang="en">
  <head>
    <meta charset="utf-8">
    <title></title>
  </head>
  <body>
```

```
❶    <div id="graph"></div>
❷    <script src="js/sigma.min.js"></script>
  </body>
</html>
```

正如你看到的，我们在代码❶处留出了一个<div>盛放我们的图表。我们在代码❷处的<body>元素的最后引入了JavaScript库文件，因为在页面最后引入文件会让页面的性能提升一些。

* **注意**：在本书的大部分例子中，我都会介绍如何使可视化内容兼容如IE8这种老旧浏览器的步骤。虽然我们可以做到兼容，但是这些兼容所利用的方法会严重降低性能，甚至会让浏览器崩溃。所以如果可以的话，最好请你的用户使用现代浏览器（如Chrome）访问可视化视图，以获得最佳体验。

4.3.2 第2步 准备数据

下面的代码展示了top25专辑的数据。在这里我只罗列了前两张专辑的数据，你可以通过下面的链接查看到完整的数据列表：http://jsDataV.is/source/。

```
var albums = [
  {
    album: "Miles Davis - Kind of Blue",
    musicians: [
      "Cannonball Adderley",
      "Paul Chambers",
      "Jimmy Cobb",
      "John Coltrane",
      "Miles Davis",
      "Bill Evans"
    ]
  },{
    album: "John Coltrane - A Love Supreme",
    musicians: [
      "John Coltrane",
      "Jimmy Garrison",
      "Elvin Jones",
      "McCoy Tyner"
    ]
// Data set continues...
```

但是，上面的代码并不是Sigma需要的数据结构。虽然我们可以批量转换成

Sigma需要的JSON数据结构，但事实上，我们没有必要这么做。在随后的步骤中，我们可以一次性地把数据传递到库中。

4.3.3 第3步 定义图表的节点

现在我们已经准备好用Sigma库构建图表了。我们首先需要初始化这个库，并且决定在何处构建图表。传递给Sigma库以构建图表的参数即可视化容器上的id属性。

```
var s = new sigma("graph");
```

现在我们可以继续往图表中添加节点。例子中，每个专辑是一个节点。每添加一个节点，我们就要给这个节点一个唯一的标识id（必须是字符），一个标注label和位置信息。

一个数据对应一个初始位置可能有些棘手。在下面的几步中，我们将看到一个初始位置的方法。现在我们只是简单地用三角函数将专辑按圆形展开。

```
for (var idx=0; idx<albums.length; idx++) {
    var theta = idx*2*Math.PI / albums.length;
    s.graph.addNode({
      id: ""+idx, // Note: 'id' must be a string
      label: albums[idx].album,
      x: radius*Math.sin(theta),
      y: radius*Math.cos(theta),
      size: 1
  });
}
```

上面代码中的radius值大致是容器宽度的一半。我们在这段代码中将专辑节点的尺寸全部设为1，其实在别处使用时也可以给每个节点设置不同的尺寸。

最后，在定义完图表后，我们就可以让类库绘制图表了。

```
s.refresh();
```

在图4-6中可以看到，我们已经有了一个为有史以来排名前25的爵士专辑绘制的一个漂亮的环形。在初始化过后，我们发现有一些标注可能盖到了其他标注的上面，我们接下来马上处理这个问题。

如果你在浏览器里用的是这个可视化，那么你就会发现Sigma类库自动支持移动聚焦图表，用户移动鼠标到每个节点上时会高亮这个节点的标注。

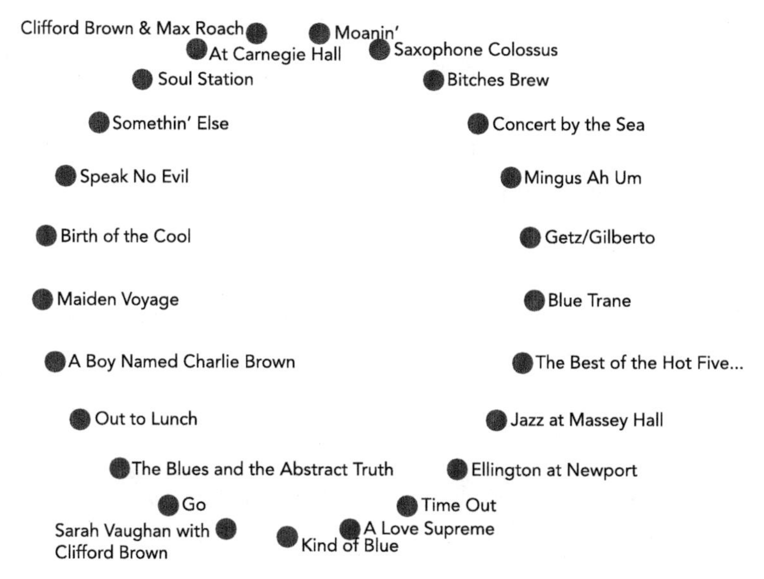

图4-6　Sigma用小圆圈绘制图表的节点

4.3.4　第4步 用边线链接节点

我们用小圆圈代表节点，接下来用边线将他们连接起来。例子中，一条边线，或者说两张专辑之间的连线代表一个音乐家表演过这两张专辑。下面的代码是找出这些边线。

```
❶ for (var srcIdx=0; srcIdx<albums.length; srcIdx++) {
      var src = albums[srcIdx];
❷     for (var mscIdx=0; mscIdx<src.musicians.length; mscIdx++) {
          var msc = src.musicians[mscIdx];
❸         for (var tgtIdx=srcIdx+1; tgtIdx<albums.length; tgtIdx++) {
            var tgt = albums[tgtIdx];
❹           if (tgt.musicians.some(function(tgtMsc) {return tgtMsc === msc;}))
{
                s.graph.addEdge({
                    id: srcIdx + "." + mscIdx + "-" + tgtIdx,
                    source: ""+srcIdx,
                    target: ""+tgtIdx
                })
            }
          }
      }
}
```

为了找出这些边线，我们要用四步循环专辑的数据。

1. 在代码❶处循环每张专辑作为联系的潜在来源。
2. 在代码❷处为每个专辑源循环所有的音乐家。
3. 在代码❸处为每个音乐家循环剩下的所有专辑作为潜在目标的联系。
4. 在代码❹处为每个目标专辑循环所有的音乐家，查找匹配。

在最后一步我们使用了JavaScript数组的.some()方法。这个方法要传一个函数作为参数，如果该函数中任一项返回true，则返回true。

我们想要在更新图表之前插入这段代码。当我们这么做以后，就可以得到如图4-7所示的带有联系的专辑环。

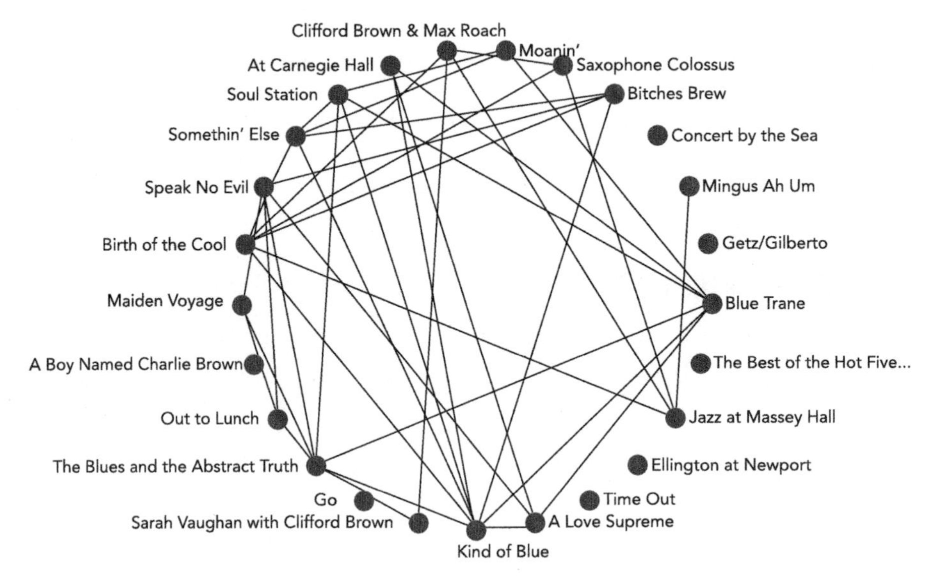

图4-7　可以用线代表边线展示有联系的图表节点

我们可以再一次在图表上用推拉镜头的方式聚焦不同的部分。

4.3.5　第5步 自动布局

到目前为止，我们都是手动放置图表的节点形成一个环。这个方法不算太糟糕，但这样做可能会使一些联系很难看清。如果我们让类库计算更合理的布局要比简单地定位成一个环会更好。这正是我们现在要做的。

支撑这个方法的数据运算被称为力导向图（force-directed graphing）。简单来说，这个算法通过把图像的节点和边线当作物理对象的真实力，比如引力和排斥力来处理。它模拟这些力的效果，推拉这些节点到图像的新位置上。

这个算法的底层可能很复杂，但使用Sigma就变得很简单了。首先我们要加载Sigma类库的forceAtlas2插件。

```
<!DOCTYPE html>
<html lang="en">
    <head>
        <meta charset="utf-8">
      <title></title>
    </head>
    <body>
      <div id="graph"></div>
      <script src="js/sigma.min.js"></script>
      <script src="js/sigma.layout.forceAtlas2.min.js"></script>
    </body>
</html>
```

Mathieu Jacomy和Tommaso Venturini为这个插件发明了一个特别的力导向算法，他们在2011年的论文《ForceAtlas2, A Graph Layout Algorithm for Handy Network Visualization》(http://Webatlas.fr/tempshare/ForceAtlas2_Paper.pdf)中称这种算法为“ForceAtlas2”。尽管我们不用理解这个算法的具体实现，但是知道如何使用它的参数还是派得上用场的。对大多数使用这个插件的可视化来说，有3个重要的参数。

gravity：这个参数决定了算法如何尝试让独立的节点保持在屏幕的边缘游走。没有任何重力，这个力量只对独立的节点起作用，用来和其他节点相互排斥。没有阻力，这个力量将会把这些节点推到整个屏幕的边缘。因为我们的数据包含了几个独立的节点，所以我们想设置这个值相对高一些，让它们在屏幕上保持这些节点的位置。

scalingRatio：这个参数决定了节点和其他节点的排斥。值小的话节点挨得就近，值大的话离得就远。

slowDown: 这个参数减缓和相邻节点之间排斥力的敏感度。减少敏感度（增加这个值）可以在节点面对多个相邻节点的排斥力时，帮助结果趋于稳定。在我们的数据中存在着一些节点之间相互吸引或相互排斥的关系。为了抑制这些节点不会来回摆动，我们不如设置一个相对高的值。

为这些参数定值的最好方法就是用真实数据来试验。下面这段代码展示的值就是我们为这组数据集选定的值。

```
s.startForceAtlas2({gravity:100,scalingRatio:70,slowDown:100});
setTimeout(function() { s.stopForceAtlas2(); }, 10000);
```

现在，当我们准备显示图像时，已经不是简单地更新图像就可以了，而是我们开始用force-direction算法，当这个算法模拟执行的时候定期更新显示内容。我们还需要设置一个时间段，让这个算法在这个时间段之后再运行。在我们的例子中，我们设置10秒(10 000毫秒)就足够了。

结果就是我们的专辑一开始在最初的圆环里，但很快就各自分散到了一个很容易辨识关系的位置上。上面的一些专辑紧紧地联系在一起，表明它们由共同的音乐家表演过。有一些仍然是孤立的。这说明演奏这些专辑的音乐家只上榜一次。

正如你在图4-8中看到的，有些节点的标注仍然覆盖了其他节点的标注；我们接下来就修复这个问题。问题的关键是让那些具有丰富连线的节点上的标注变得更容易识别。

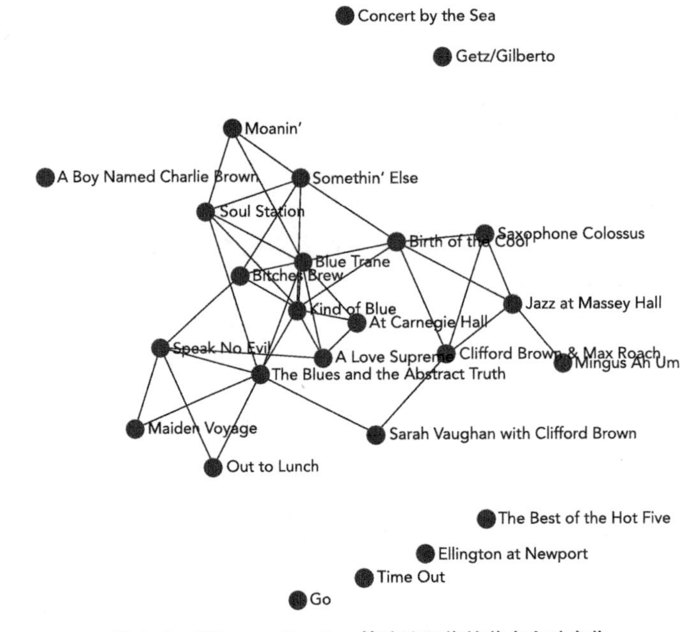

图4-8　用force-direction算法让图像的节点自动定位

4.3.6　第6步 添加交互

为了避免标注之间的相互干扰，我们可以给图像添加一些交互效果。默认情况下，我们将会隐藏所有的标注，让用户的注意力都集中在图像的结构上。然后我们将会允许用户单击单个节点来显示专辑的标题和联系。

```
for (var idx=0; idx<albums.length; idx++) {
    var theta = idx*2*Math.PI / albums.length;
    s.graph.addNode({
      id: ""+idx, // Note: 'id' must be a string
      label: "",                                    ❶
      album: albums[idx].album,                     ❷
      x: radius*Math.sin(theta),
      y: radius*Math.cos(theta),
      size: 1
    });
}
```

为了避免在初始化的时候显示标注，我们在代码❶处修改了初始化的代码，让节点的label为空。但是我们在代码❷处保存了关于专辑的标题。

现在我们需要一个函数来响应节点上的单击事件。Sigma类库本身的接口就可以支持这种类型的函数。我们简单地绑定到clickNode事件上就可以了。

```
s.bind("clickNode", function(ev) {
    var nodeIdx = ev.data.node.id;
    // Code continues...
});
```

函数中，通过ev.data.node.id属性传递给了用户单击节点的索引值。完整的节点集合可以从s.graph.nodes()返回的数组中获得。因为我们想要显示被单击节点的标注（而不是其他的），我们可以循环整个数组来找到被单击的节点。在每一次循环时，我们通过设置label属性为空来隐藏，或者将album属性赋值给label属性来展示。

```
s.bind("clickNode", function(ev) {
    var nodeIdx = ev.data.node.id;
    var nodes = s.graph.nodes();
    nodes.forEach(function(node) {
        if (nodes[nodeIdx] === node) {              ❶
            node.label = node.album;
        } else {
            node.label = "";
        }
    });
});
```

现在用户单击就出现专辑的标题了，接下来让我们增加一个隐藏标题的方法。将代码❶处的这一小段附加代码加上，就可以让用户在下次单击这个节点的时候触发隐藏了。

```
if (nodes[nodeIdx] === node && node.label !== node.album) {
```

只要能响应图像的单击，我们就可以利用这个机会高亮显示单击节点的联系。高亮的方法就是改变它们的颜色。就像s.graph.nodes()返回图像节点数组一样，s.graph.edges()以数组的形式返回所有的边线。每个边线对象包含了target和source属性，并且保留了相关节点的索引。

```
s.graph.edges().forEach(function(edge) {
    if ((nodes[nodeIdx].label === nodes[nodeIdx].album) &&
❶       ((edge.target === nodeIdx) || (edge.source === nodeIdx))) {
❷        edge.color = "blue";
    } else {
❸       edge.color = "black";
    }
});
```

我们要通过扫描图像里的所有边线来看它们是否和被单击的节点有联系。如果边线和节点有联系，我们就在代码❷处将它的颜色改为和默认颜色不一样的其他颜色。否则我们就在代码❸处将颜色还原成默认颜色。你可以看到我们在代码❶处用和触发单击节点标注同样的方法处理边线的颜色。

现在我们已经改变了图像的属性，我们得告诉Sigma重新绘制这个图像。简单地调用s.refresh()就可以了。

```
s.refresh();
```

现在我们在图4-9中有了一个带交互的网络图。

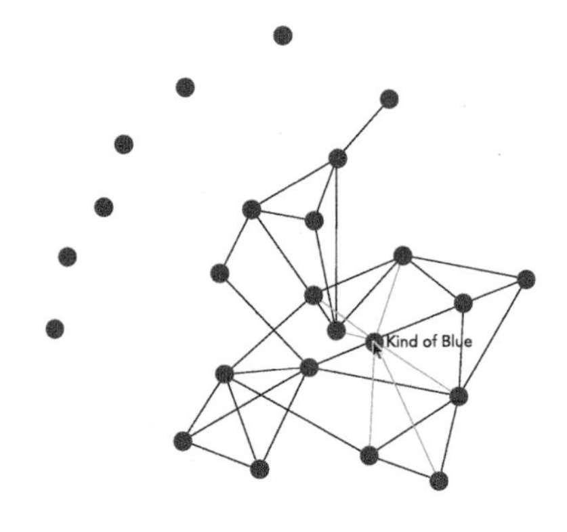

图4-9　用户可以指定节点，然后高亮显示交互图像

4.4 用文字云的形式展示开发语言的使用比例

数据可视化不总是关注数字，有时可视化的数据会以文字为中心，而文字云通常是展示这类数据最有效的方式。文字云和一定数量的文字列表有关；通常来说是相对频繁重复的数量。我们将在下面的例子中创建文字云这种类型，用来揭示哪些开发语言用得比较多，哪些用得比较少。

为了创建这种可视化，我们将依赖wordcloud2类库(http:// timdream.org/wordcloud2.js)，这是作者Tim Dream的HTML5 Word Clound项目(http://timc.idv.tw/wordcloud/)的副产品。

*** 注意：**与我们之前用过的几个更高级的类库情况一样，在类似于IE8及更早以前的老旧浏览器中wordcloud2类库不能使用。因为wordcloud2本身就需要现代浏览器的支持，所以在这个例子中我们不用担心和老旧浏览器的兼容性问题。这也可以让我们放开使用一些先进的JavaScript特性。

4.4.1 第1步 加载需要的类库

wordcloud2类库不依赖任何其他的JavaScript类库，所以我们只用加载wordcloud2类库就可以了。然而wordcloud2类库没有公用CDN，所以我们得把它放到我们自己的服务器上。

```
<!DOCTYPE html>
<html lang="en">
  <head>
    <meta charset="utf-8">
    <title></title>
  </head>
  <body>
    <script src="js/wordcloud2.js"></script>
  </body>
</html>
```

为了让例子聚焦在可视化上，我们将使用没有任何特别准备的文字列表。然而如果你要处理类似于平时的说话和写作这种情况的时候，你可能希望将文本的各种时态、单复数等处理成一个相同的单词来进行识别。例如，你可能想将hold、holds和held这3种形态都记为hold，而不是3个单词。这种处理方式显然非常依赖一个详细的语言对照表。但如果你使用的是英语或者中文，那么wordcloud2的开发者还发布了一个叫wordFreq的JavaScript类库(http://timdream.org/wordfreq/)，这个类库会预先进行上面这类分析。

4.4.2 第2步 准备数据

例子中，我们将看到最受欢迎的Stack Overflow 网站(http://stackoverflow.com/)上不同的标签和用户的问题交织在一起。Stack Overflow是一个让用户发表编程问题，然后在社区中其他人来尝试回答的网站。网站的标签提供了为用户浏览其他人发表关于相同主题问题的一个简便归类的方法。通过构建一个文字云（可能叫标签云更合适），我们可以快速看到哪些编程主题相对流行一些。

如果你想要将这个例子开发成一个真实的应用，你需要实时调用网站的API来获取Stack Overflow的数据。然而对于我们的例子来说，我们会使用一个静态片段。下面就让我们开始吧！

```
var tags = [
    ["c#", 601251],
    ["java", 585413],
    ["javascript", 557407],
    ["php", 534590],
    ["android", 466436],
    ["jquery", 438303],
    ["python", 274216],
    ["c++", 269570],
    ["html", 259946],
    // Data set continues...
```

在这个数据集中，标签列表是一个数组，并且在列表中的每个标签也是一个数组。这个内部数组的第一项是开发的语言名，第二项是对这个开发语言讨论数的统计。你可以在本书的源代码(http://jsDataV.is/source/)中找到完整的列表。

wordcloud2期望的格式和我们准备好的数据非常相似，除了每个编程语言数组中的第二个值，需要为这个语言绘制的大小指定一个值。例如数组元素["javascript",56]将会告诉wordcloud2用56像素高来绘制JavaScript这个标签。当然我们的数据中不用添加像素这种单位。JavaScript的值是557 407，用557 407像素高在展示板上绘制就不合适了。那么我们就必须转换计算绘制的大小。这个转换的特别算法将依赖可视化的尺寸和之前数组中没有加工过的第二个值。这个例子中，我们就简单地使用除以10 000，然后四舍五入，取最近的整数。

```
var list = tags.map(function(word) {
    return [word[0], Math.round(word[1]/10000)];
});
```

在第2章中，我们看到了使用jQuery的.map()函数来处理数组中的所有元素是多么的容易。现代浏览器内置了一个相同功能的函数，所以我们这里可以不加载jQuery而使用原生的.map()。(原生的.map()不能像jQuery一样在老版本浏览器中运行，但在这个例子中我们不用担心这个问题)

代码执行完后，我们的list变量包含下面的内容：

```
[
    ["c#", 60],
    ["java", 59],
    ["javascript", 56],
    ["php", 53],
    ["android", 47],
    ["jquery", 44],
    ["python", 27],
    ["c++", 27],
    ["html", 26],
    // Data set continues...
```

4.4.3 第3步 添加需要的标签

wordcloud2类库可以使用HTML的<canvas>接口或纯HTML中的任意一个来构建图像。和我们看到的许多图像类库一样，<canvas>是一个创建图像元素很方便的接口。然而对于文字云来说，使用<canvas>没有多大的好处。另一方面，使用原生HTML标签，可以让我们使用所有的标准HTML工具(比如CSS样式表或者JavaScript时间处理)。在这个例子中，我们将会使用HTML的方法。

```
<!DOCTYPE html>
<html lang="en">
  <head>
    <meta charset="utf-8">
    <title></title>
  </head>
  <body>
❶   <div id="cloud" style="position:relative;"></div>
    <script src="js/wordcloud2.js"></script>
  </body>
</html>
```

当使用原生HTML时，我们要确保包含文字云内容的元素有一个position:relative的样式，因为wordcloud2会将文字的属性设置为position:absolute,然后放在云中适当的位置上。你可以看到我们在代码❶处写了一个内联样式。

4.4.4 第4步 创建一个简单的云

随着准备工作就绪，接下来创建一个简单的文字云就很容易了。我们调用wordcloud2类库，告诉它在哪个HTML元素中绘制云，并且将文字云的列表数据传进去就可以了。

```
WordCloud(document.getElementById("cloud"), {list: list});
```

即使只是用默认值，wordcloud2也会创建出如图4-10所示的吸引人的可视化效果。

图4-10 文字云会根据文字列表中的值来展示字的大小

wordcloud2也提供了一些选项实现自定义可视化。和所想的一样，你除了可以设置颜色和字体，还可以更改云的形状（甚至提供一个极坐标方程）、旋转范围、内部网格尺寸，以及一些其他特性。

4.4.5 第5步 添加交互

如果你使用wordcloud2的<canvas>接口，类库会提供两个回调钩子来让你的代码响应用户的交互。然而使用原生HTML，我们不仅仅受限于使用wordcloud2提供的回调。为了演示，我们添加一个简单的交互来响应鼠标单击文字云的事件。

首先我们通过用户在鼠标移入文字云的时候改变鼠标指针的样式来告知它们这块是可以进行交互的。

```
#cloud span {
    cursor: pointer;
}
```

接下来我们再添加一个额外的HTML标签，我们将关于单击的文字信息展示在这个标签中。

```
<!DOCTYPE html>
<html lang="en">
  <head>
    <meta charset="utf-8">
    <title></title>
  </head>
  <body>
    <div id="cloud" style="position:relative;"></div>
❶   <div id="details"><div>
    <script src="js/wordcloud2.js"></script>
  </body>
</html>
```

我们在代码❶处添加了一个id为details的<div>。

接下来我们需要定义一个当用户在云里进行单击时可以被调用的函数。

```
var clicked = function(ev) {
❶   if (ev.target.nodeName === "SPAN") {
        // A <span> element was the target of the click
     }
}
```

因为我们的函数在云中的每次单击都会被调用（包括单击每个词与每个词之间的空隙），所以我们首先要检查单击的目标是否真的是文字。每个词都包含在各自的<span>元素里，所以我们可以通过验证单击目标的

nodeName属性来确认。正如你在代码❶处看到的，JavaScript节点的名字总是大写的。

如果用户单击到了文字上，我们就可以通过事件目标的textContent属性来找出这个词。

```
var clicked = function(ev) {
    if (ev.target.nodeName === "SPAN") {
❶       var tag = ev.target.textContent;
    }
}
```

在代码❶处，变量tag将会获取用户单击的文字。例如：如果用户单击了文字javascript，tag变量的值就是"javascript"。

因为我们想要用户单击文字之后展示这个语言的使用者总数，所以我们需要从原始数据集中找到这个词。我们已经有了这个词的值，所以我们只要从数据集中循环找出和这个词匹配的数据就可以了。我们可以使用jQuery的.grep()函数来做这件事。在本例中，由于我们坚持使用原生的JavaScript，所以我们需要找一个等效的纯JavaScript方法来代替jQuery的.grep()函数。不幸的是，尽管有类似的原生方法定义–.find()，但目前只有极少数的现代浏览器支持这个方法。我们可以求助于使用标准的for或者forEach循环来解决，还可以使用一个先进一些的方法。这个方法依赖于现代浏览器支持的一个数组方法.some()。.some()方法将数组中的每个元素一次传递给一个匿名函数，当函数返回true时停止。下面代码展示了我们使用这个方法在tags数组中找出单击的tag。

```
var clicked = function(ev) {
    if (ev.target.nodeName === "SPAN") {
        var tag = ev.target.textContent;
        var clickedTag;
❶       tags.some(function(el) {
❷           if (el[0] === tag) {
                clickedTag = el;
                return true; // This ends the .some() loop
            }
❸           return false;
❹       });
    }
}
```

.some()函数从代码❶处开始定义，于代码❹处结束。调用了参数el，这个el是tags数组的element的缩写。在代码❷处的条件语句检查这个元素的词是否和单击节点的文本内容相匹配。如果匹配，这个函数会将el赋值给clickedTag变量并且返回true终止.some()的循环。

如果单击的词此次没有和tags数组中的当前元素匹配上，函数会在代码❸处返回false。当.some()接收到返回值是false，它会继续循环数组。

我们可以使用.some()方法的返回值来确定是否在数组中找到了单击的元素。当.some()方法本身返回true时，就表示单击在了文字上。

```
var clicked = function(ev) {
  var details = "";
  if (ev.target.nodeName === "SPAN") {
      var tag = ev.target.textContent,
          clickedTag;
      if (tags.some(function(el) {
          if (el[0] === tag) {
                clickedTag = el;
                return true;
          }
          return false;
      })) {
❶         details = "There were " + clickedTag[1] +
❷                 " Stack Overflow questions tagged \"" + tag + "\"";
      }
  }
❸ document.getElementById("details").innerText = details;
}
```

在代码❶和❷处用附加信息更新了details变量。在代码❸处将details变量的内容更新到页面中。

并且最终当用户单击云中的任何地方时，我们需要告诉浏览器调用我们的处理程序。

```
document.getElementById("cloud").addEventListener("click", clicked)
```

使用这几行代码，我们的文字云就能像图4-11所示的一样和用户进行交互了。

There were 557407 Stack Overflow questions tagged “javascript”.

图4-11　因为我们的文字云是用标准HTML元素搭建的，所以我们只需要通过使用JavaScript事件处理就能使文字云拥有交互能力

4.5　小结

在这一章中我们学习了几种不同特殊形式的可视化，和帮助我们创建这些可视化的JavaScript类库。tree map对于展现层级和单个可视化的面积非常方便。热力图可以高亮整个区域强度的变化。网络图揭露了对象之间的联系。文字云用一种吸引人并且简洁的可视化方式展示了语言特性的相对关系。

第5章 时间轴显示

一个真正受欢迎的可视化界面的成功之处往往在于它们使用了类似讲故事的方法，先将有价值的数据从海量而繁杂的数据中提取出来，再配以合适的展示形式，让用户可以简单直观地看到内容丰富、重点明晰的数据，并留下深刻的印象。如同故事的叙述离不开时间线，数据的陈述也同样呈时间线性，如果需要描述的数据中包含了具有唯一时间性的数字标识，那么选择一个标准的柱状图或者折线图就可以很准确的表现出数据呈现的时间线性变化；但如果数据中没有数字标识，而是一种非数字类的形式，这种情况下不论柱状图或折线图就都无法准确表达数据蕴含的内容了。这一章，我们将针对“基于时间的可视化”这一话题，介绍几种可实施的主要方案。

所有这些方案都是基于“时间轴”实现的；时间轴是一个用来表现时间的线性维度的可视化图形，而每个事件发生，则会在这个维度上占据相应的位置。我们所有的例子都会基于威廉·莎士比亚的戏剧创作年表（http://en.wikipedia.org/wiki/Chronology_of_Shakespeare%27s_plays）这一数据挖掘结果展开。

在接下来的内容中，我们将介绍3种在网页上添加时间轴的方式。其中一种以JavaScript库为基础，它的过程与很多其他书中提到的可视化过程类似。另外两种技术我们会通过截然不同的角度出发，我们打算完全抛弃可视化库，通过

JavaScript、HTML或CSS等一些基础技术去构建时间轴。同时我们就还将会看到在使用jQuery和不使用jQuery的两种情况下，分别是怎么实现这一操作的，这部分在最后的举例中会重点解释。

下面介绍的时间轴显示是基于一个功能全面的公开Web组件的，我们将会关注以下几点。

- 如何借用JavaScript库去构建时间轴。
- 如何不通过库，纯粹通过JavaScript、HTML和CSS来构建时间轴。
- 在Web页面中，如何整合时间轴组件。

5.1 使用库构建时间轴

首先我们使用Chronoline.js库（http://stoicloofah.github.io/chronoline.js/）来构建时间轴，该库和我们在本书中已经使用的其他大多数JavaScript库一样，有着强大的功能。大家可以将它导入到自己的页面中，定义你需要的数据，然后让这个库帮助你构建可视化界面。

5.1.1 第1步 引入所需类库

Chronoline.js本身是依赖于其他库实现的，而我们需要将所有的这些库引入到我们的页面上。

- jQuery（http://jquery.com/）
- qTip2及其样式表（http://qtip2.com/）
- Raphaël（http://raphaeljs.com/）

这些库的使用都非常广泛，也都比较知名，所以一般都能从网上找到，所以我们将会在随后的例子中使用CloudFlare的CDN。但是Chronoline.js库本身我们会放在自己本地目录中，而该库也自定义了它特有的样式表（如下文html代码所示）。

```
<!DOCTYPE html>
<html lang="en">
  <head>
    <meta charset="utf-8">
    <title></title>
    <link rel="stylesheet" type="text/css"
          href="//cdnjs.cloudflare.com/ajax/libs/qtip2/2.2.0/jquery.qtip.css">
    <link rel="stylesheet" type="text/css"
          href="css/chronoline.css">
```

```
  </head>
  <body>
❶ <div id="timeline"></div>
    <script src="//cdnjs.cloudflare.com/ajax/libs/jquery/2.0.3/jquery.min.js">
    </script>
    <script src="//cdnjs.cloudflare.com/ajax/libs/qtip2/2.2.0/jquery.qtip.min.js">
    </script>
    <script src="//cdnjs.cloudflare.com/ajax/libs/raphael/2.1.2/raphael-min.js">
    </script>
    <script src="js/chronoline.js"></script>
  </body>
</html>
```

从❶中可以看到，我们使用了一组<div>标签来引入时间轴。同时，我们在<body>元素内部的下方引入了JavaScript库，这样有益于提升浏览器渲染代码的性能。

5.1.2 第2步 准备数据

关于我们所提及的“时间轴”的介绍，请参考维基百科（http://en.wikipedia.org/wiki/Chronology_of_Shakespeare%27s_players）。作为一个JavaScript对象，时间轴的数据结构如下所示：

```
[
  {
    "play": "The Two Gentlemen of Verona",
    "date": "1589-1591",
    "record": "Francis Meres'...",
    "published": "First Folio (1623)",
    "performance": "adaptation by Benjamin Victor...",
    "evidence": "The play contains..."
  }, {
    "play": "The Taming of the Shrew",
    "date": "1590-1594",
    "record": "possible version...",
    "published": "possible version...",
    "performance": "According to Philip Henslowe...",
    "evidence": "Kier Elam posits..."
 }, {
    "play": "Henry VI, Part 2",
    "date": "1590-1591",
    "record": "version of the...",
```

```
        "published": "version of the...",
        "performance": "although it is known...",
        "evidence": "It is known..."
    },
    // Data set continues...
```

你可以从本书的源代码中看到完整的数据（附源代码URL地址：http://jsDataV.is/source/）。

在使用库Chronoline.js之前，需要将原始数据的格式转换成该库所需要的格式。既然我们使用jQuery，那么我们就用jQuery中的.map()函数去完成它吧！（关于.map()函数的细节，详见2.1.7小节）

```
var events = $.map(plays, function(play) {
    var event = {};
    event.title = play.play;
❶   if (play.date.indexOf("-") !== -1) {
        var daterange = play.date.split("-");
❷       event.dates = [new Date(daterange[0], 0, 1),
                       new Date(daterange[1], 11, 31)]
    } else {
❸       event.dates = [new Date(play.date, 0, 1), new Date(play.date, 11, 31)]
    }
    return event;
});
```

从我们的数据集中可以看到，每个戏剧play都对应一个date属性，其中一些是单独的年份，另外一些则是其上演的年份范围（起始年份和结束年份的date之间使用“-”分开）。我们在代码❶处利用字符串中是否存在“-”判断了“date”的格式，如果“date”是一个年份范围，我们就在代码❷处利用Chronoline.js将event.dates设置为对应的年份范围，如若不是，我们则在代码❸处将event.dates设置为一个单独的年份。

*** 注意：**要注意在JavaScript中的date对象中，表示“月份”的数字是从0开始，而不是从1开始。

5.1.3 第3步 画出时间轴

为了画出时间轴，我们需要运用HTML元素、事件数据以及一些其他的选项，创建一个新的Chronoline对象。其中，作为HTML容器的元素必须是一个原生的元素，而不能是使用jQuery选择的数组形式。对此，我们使用get()方法将jQuery选择的元素转换成原生HTML元素。在本案例中，我们需要选择文档中的第一个元素，所以我们在get中配置参数为0。

```
$(function() {
    var timeline = new Chronoline($("#timeline").get(0), events, {});
}
```

如果我们想要在数据中尝试使用Chronoline.js的默认选项，结果可能会令你失望（实际上，其结果非常不尽如人意）。在下一步中，我们将配置其他的一些选项去实现我们的目标。

5.1.4 第4步 为数据设置对应的Chronoline.js选项

Chronoline.js库包含了初始的配置选项，但在“莎士比亚的戏剧”这个数据集中，通过默认选项实现的效果并不能满足我们的要求。好在我们可以修改该选项的值。在本文之前，关于Chronoline.js的选项的介绍文档并不是很多；在本文中，我们会介绍很多很重要的选项，但如果你想查看关于选项的所有资料，通常情况下你还是得去阅读源代码。

默认Chronolines.js配置中，一个很明显的问题是关于初始化视图中的日期显示。Chronolines.js默认配置是显示当前日期的，鉴于我们的时间轴截止于1613年，用户如果想要查看我们提供的数据内容，那么他需要从当前日期往回滚动400多年，这是令人无法接受的。我们可以通过给Chronoline.js的初始视图赋予一个指定的开始日期，来改善这一情况：

```
defaultStartDate: new Date(1589, 0, 1),
```

既然我们给时间轴设置的起始点与莎士比亚的生卒范围接近，那么我们就不需要在视图中标记当前日期。所以我们需要配置一个简单的选项去禁止当前日期标记的显示：

```
markToday: false,
```

另外一个需要注意的问题即时间刻度label的设置。默认情况下，Chronoline.js会给时间轴上的每一天都标记一个label。鉴于我们的事件时间的跨幅有24年，所以我们不需要标记每一天，而只需要让Chronoline.js给每一年做上标记即可。同理，检查标记checkmark的设置频率也要随之改变，不需每天，只需每月就可以了。

为了改变上述两个选项，我们给Chronoline.js提供了两个函数以供调用：

```
hashInterval: function(date) {
    return date.getDate() === 1;
},
labelInterval: function(date) {
    return date.getMonth() === 0 && date.getDate() === 1;
},
```

Chronoline.js给上述两个函数各传递了一个date对象作为参数，而两个函数根据输入的date对象是否分别符合检查标记checkmark或者普通标记label的要求，各自返回一个布尔值。对于检查标记，只有在date是每月第一天的情况下，函数返回true，对于普通标记，只有在1月1日的情况下，函数才会返回true。

默认情况下,Chronoline.js将会尝试在每一个标记处显示完整的日期，尽管实际上我们只需要知道该标记所对应的年份。我们可以通过修改标记的格式，让Chronoline.js在每一处标记只显示年份。标签具体的格式规范，是基于C++标准库制定的。C++标准库参见（http://www.cplusplus.com.reference/ctime/strftime/）。

```
labelFormat: "%Y",
```

为了实现上文中我们对标签设置的调整，我们需要删除两个Chronoline.js默认加入的标签："sublabels"和"sub-sublabels"，因为这两个标签在我们当前的案例中并没有什么价值。

```
subLabel: null,
subSubLabel: null,
```

同时我们还要改变Chronoline.js在时间轴上的时间跨度（即时间点间隔）。就我们的数据的实际情况而言，将每一处时间跨度设置为5年，是比较合适的。

```
visibleSpan: DAY_IN_MILLISECONDS * 366 * 5,
```

需要注意的是，变量DAY_IN_MILLISECONDS是由Chronoline.js自己定义的，我们可以在包括此处在内的任意一个Chronoline.js选项设置中使用这个变量。

接下来我们可以讨论时间轴的滚动了。一般情况下,Chronoline.js在时间轴上的时间推进是逐日进行的，而每前进一日只需要单击一次鼠标。这样做的结果就是有些用户可能会很无聊地在时间轴上不断地滚来滚去。所以我们需要让Chronoline.js在时间轴上逐年推进。和标签一样，我们通过给Chronoline.js提供相对应的函数，来实现这一改变。这个函数同样以一个date对象作为参数，并能返回一个新的 date 对象，该对象所包含的日期就是 Chronoline.js 需要滚动到的日期。在本案例中我们就以年份的值作为这个参数的值。

```
scrollLeft: function(date) {
    return new Date(date.getFullYear() -1, date.getMonth(), date.getDate());
},
scrollRight: function(date) {
    return new Date(date.getFullYear() + 1, date.getMonth(), date.getDate());
},
```

后面的几项调整主要针对 Chronoline.js 外观以及一些细节上的行为。在时间轴起始前或者完结后，我们需要加一些空隙（在本案例中，这段空隙的长度为三个月），以给数据一些缓冲的空间。

```
timelinePadding: DAY_IN_MILLISECONDS * 366 / 4,
```

我们也可以把滚动方式由跳动改变成平滑自然的滚动，并允许用户在时间轴上能够进行拖动操作，同时改进浏览器默认的工具提示。

```
animated: true,
draggable: true,
tooltips: true,
```

最后一步，是改变时间轴的外观。我们用如下选项去改变事件显示的颜色和尺寸。

```
eventAttrs: { // attrs for the bars and circles of the events
    fill: "#ffa44f",
    stroke: "#ffa44f",
    "stroke-width": 1
},
eventHeight: 10,
```

此外，我们可以通过修改 chronoline.css 中的 background-color 这一属性，来修改滚动条按钮的颜色。

```
.chronoline-left:hover,
.chronoline-right:hover {
    opacity: 1;
    filter: alpha(opacity=100);
    background-color: #97aceb;
}
```

在完成了这些修改以后，如图5-1所示，一个显示了莎士比亚戏剧上演日期的时间轴就最终完成了。

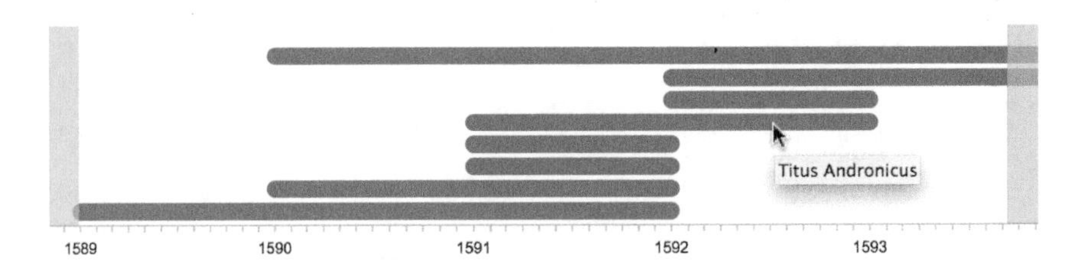

图5-1　通过Chronoline.js库创建的一个简单的、具有交互性的时间轴

时间轴最终的完成版本看上去非常不错，但是由于库本身的限制，我们很难再对时间轴进行改进和加工。接下来，我们要在不依赖库的情况下创建一个新的时间轴，以使我们的介绍更完整。

5.2　使用JavaScript构建时间轴

如果你是照着我们上一节中介绍的例子认真地做下来的，那么你可能对这个结果还不是特别满意。虽然我们最终得到了一个记载了莎士比亚一生中各部戏剧准确上演时间的时间轴，但是，这个时间轴最后展示出来的结果却和我们的理想状态还有一定的差距。比方说，除非你将光标放到该图中相关的特定区域，否则这幅图根本不会向你显示各部戏剧的名称。而我们希望戏剧的题目能够在图中默认地显示出来。如果我们依然使用第三方库来创建可视化视图，那么我们在这个问题上就有一定的困难。或许是因为Chronoline.js的作者没有考虑到用户有将戏剧名称默认显示出来的需求，所以他并没有提供相应的实现方法。除非我们愿意去修改库的源代码，否则我们很难让库去达到我们想要的效果。

好在我们可以选择另外一种方式来构建时间轴，即不通过任何第三方库来实现可视化的效果，这样获得的结果可以最大程度满足我们所有的控制需要。其实时间轴很容易实现，因为构建时间轴无非需要两个要求：文本还有样式。也就是说，我们只需要了解HTML、CSS，最多加上JavaScript，就可以满足构建时间轴的所有最基本的技术需求，甚至通过这些，还可以实现简单的交互功能。

这就是我们在接下来的案例中要做的事情。我们将会使用与之前相同的数据集。当然，我们不会再将这些数据交给第三方库去绘图，而是使用原生的JavaScript（必要之处带有少量jQuery）去构建一个纯粹的html文件，然后用它来展示数据。然后，我们会使用CSS去设置时间轴的外观。

5.2.1 第1步 准备好HTML结构

因为不用引入第三方类库，所以创建带时间轴的HTML页面显得非常简单。我们只需要一个容器标签<div>即可，当然，这个<div>需要带有一个体现唯一性的属性：id。

```
<!DOCTYPE html>
<html lang="en">
  <head>
    <meta charset="utf-8">
    <title></title>
  </head>
  <body>
    <div id="timeline"></div>
  </body>
</html>
```

5.2.2 第2步 开始执行JavaScript

在浏览器将我们的页面加载完毕之后，我们就可以开始处理数据了。如前文所述，一开始，我们的数据都是以JavaScript中数组的形式存在。大家可以通过本书的源码，看到使用的完整的数据。（本书源码URL：http//jsdatav.is/source/）

```
window.onload = function () {
  var plays = [
    {
      "play": "The Two Gentlemen of Verona",
      "date": "1589-1591",
      "record": "Francis Meres'...",
      "published": "First Folio (1623)",
      "performance": "adaptation by Benjamin Victor...",
      "evidence": "The play contains..."
    }, {
      "play": "The Taming of the Shrew",
      "date": "1590-1594",
      "record": "possible version...",
      "published": "possible version...",
```

```
        "performance": "According to Philip Henslowe...",
        "evidence": "Kier Elam posits..."
    }, {
        "play": "Henry VI, Part 2",
        "date": "1590-1591",
        "record": "version of the...",
        "published": "version of the...",
         "performance": "although it is known...",
         "evidence": "It is known..."
    },
    // Data set continues...
}
```

5.2.3 第3步 运用语义化的html来创建时间轴

要使用html来构建时间轴，首先我们需要明确这个html怎么写。如果你习惯于使用<div>和<span>元素，那么你可能会认为这些标签就是最合适的选择。然而，我们可以使用更加语义化的标签来满足我们的需求，相对于<div>或者<span>这些普普通通的标签，它更适合在此项目中运用。使用语义化标签的好处主要是方便有视觉障碍的用户通过屏幕阅读设备访问我们的网站，同时，还能提升网站被搜索引擎抓取的效率，提升网站的可访问性。如果我们换一个角度去看时间轴，我们很容易发现时间轴可以理解为一个有序列表。因此，我们需要用有序列表标签<ol>来构建时间轴。当我们创建<ol>的时候，我们同样需要给这个ol标签设定一个类名，以方便后来我们为它添加CSS样式。

```
var container = document.getElementById("timeline");
var list = document.createElement("ol");
list.className="timeline";
container.appendChild(list);
```

接下来我们为每一出戏剧单独创建一个<li>标签，以将这些戏剧的名称逐一显示在网页上。当然，至于戏剧的附加信息，现在我们暂时只需要以文本的形式列出它们的日期和标题信息即可。

```
plays.forEach(function(play) {
    var listItem = document.createElement("li");
    listItem.textContent = play.date + ": " + play.play;
    list.appendChild(listItem);
})
```

结果如图5–2所示，看上去信息好像并不是很多，但是最基本的数据和结构，它还是具备的。

1. 1589-1591: The Two Gentlemen of Verona
2. 1590-1594: The Taming of the Shrew
3. 1590-1591: Henry VI, Part 2
4. 1591: Henry VI, Part 3
5. 1591: Henry VI, Part 1

图5–2　以简单顺序表形式体现的纯html开发的时间轴

如果你看一下实现上述片段的HTML代码，你会发现，它其实很简单。

```
<ol class="timeline">
    <li>1589-1591: The Two Gentlemen of Verona</li>
    <li>1590-1594: The Taming of the Shrew</li>
    <li>1590-1591: Henry VI, Part 2</li>
    <li>1591: Henry VI, Part 3</li>
    <li>1591: Henry VI, Part 1</li>
</ol>
```

鉴于我们使用的是语义化的HTML，在这里我们需要停下来思考一下：我们现在使用的这种标记方式还能不能改进？我们先来考虑一下在每一段列表项中首先出现的信息——戏剧上演的时间。HTML5已经实现了对元素<time>的支持。在这一元素的帮助下，我们的日期和时间的语义性就会大大增强。而在时间之后，接下来就是剧目的标题了。对于剧目标题信息的显示，HTML5中的<cite>元素会给我们很大的帮助。以下一段话引述于最新的标准文档（http://html.spec.whatwg.org）：

<cite>元素表示一部作品（例如一本书，一部戏剧等等）的标题，这类作品可以是被引述的作品，也可以仅仅是一部顺便被提及的作品。

为了将这个HTML元素运用到我们的代码中，我们要把那些仅标记了一个上映年份的剧目和标记了上映日期范围的剧目区分开来。通过检查“–”的个数，我们可以达到这一目的。

```
plays.forEach(function(play) {
    var listItem = document.createElement("li");
    if (play.date.indexOf("-") !== -1) {
❶       var var dates = play.date.split("-");
        var time = document.createElement("time");
        time.textContent = dates[0];
        listItem.appendChild(time);
```

```
        time = document.createElement("time");
        time.textContent = dates[1];
❷       listItem.appendChild(time);
    } else {
        var time = document.createElement("time");
        time.textContent = play.date;
        listItem.appendChild(time);
    }
    var cite = document.createElement("cite");
    cite.textContent = play.play;
    listItem.appendChild(cite);
    list.appendChild(listItem);
})
```

注意在这里我们是如何处理日期范围的（从代码❶处到代码❷处）。一段日期范围总会有起始日期和结束日期，相应地我们应该建立两个<time>元素，而非在两个日期之间使用逗号隔开。

由于我们不再使用逗号去分隔日期，所以输出的结果相对于之前来说，阅读效果可能会差一些，正如图5-3所示。但我们很快会对此调整。

1. 15891591*The Two Gentlemen of Verona*
2. 15901594*The Taming of the Shrew*
3. 15901591*Henry VI, Part 2*
4. 1591*Henry VI, Part 3*
5. 1591*Henry VI, Part 1*

图5-3　语义标记简化了HTML的编写，但是我们需要在它的样式上多加注意

而它所对应的HTML代码则得到了大大的改善。该标记清楚地定义了它的HTML里面大体包含了什么，无非就是一个关于日期和引用的有序表而已。

```
<ol class="timeline">
    <li><time>1589</time><time>1591</time><cite>The Two Gentlemen of Verona
    </cite></li>
    <li><time>1590</time><time>1594</time><cite>The Taming of the Shrew
    </cite></li>
    <li><time>1590</time><time>1591</time><cite>Henry VI, Part 2</cite></li>
    <li><time>1591</time><cite>Henry VI, Part 3</cite></li>
    <li><time>1591</time><cite>Henry VI, Part 1</cite></li>
</ol>
```

5.2.4 第4步 添加内容说明

当我们在使用Chronoline.js库构建时间轴的时候，我们不可能在页面中添加来自维基百科的内容说明，因为我们的功能开发受到了库本身的限制。而在我们当前的例子中，一切都是由我们自主控制的，所以我们可以在时间轴中添加一些内容说明信息。对于大多数戏剧而言，我们的数据包含了它的首演时间和观众评价。这类数据和HTML中的描述型列表标签<dl>的语义很匹配，所以在页面中我们就使用这一元素，它可以用在表示戏剧标题的<cite>元素的后面。

```
plays.forEach(function(play) {
    // Additional code...
    listItem.appendChild(cite);
    var descList = document.createElement("dl");
    // Add terms to the list here
    listItem.appendChild(descList);
    list.appendChild(listItem);
})
```

为了给每一出戏剧加入它们各自的说明内容，我们可以定义一个映射数组。在这个数据集中，这个数组给如下二者建立了一个映射：属性名，以及我们在内容中要使用的对应的标签。

```
var descTerms = [
    { key: "record",      label: "First official record"},
    { key: "published",   label: "First published"},
    { key: "performance", label: "First recorded performance"},
    { key: "evidence",    label: "Evidence"},
];
```

有了这样一个数组，我们就可以很快地在内容中加上描述。我们使用.forEach()来快速地迭代遍历该数组。

```
plays.forEach(function(play) {
    // Additional code...
    listItem.appendChild(cite);
    var descList = document.createElement("dl");
    descTerms.forEach(function(term) {
❶       if (play[term.key]) {
            var descTerm = document.createElement("dt");
            descTerm.textContent = term.label;
```

```
            descList.appendChild(descTerm);
            var descElem = document.createElement("dd");
            descElem.textContent = play[term.key];
            descList.appendChild(descElem);
        }
    });
    listItem.appendChild(descList);
    list.appendChild(listItem);
})
```

在迭代的每一步我们都要保证，每创建一个描述项之前，数据都要有一个诸如上述代码❶处所描述的那种判断语句。在一组描述项中，有两类标签<dt>和<dd>，<dt>用来表示描述内容的类别，<dd>则用来描述详细信息。

到现在为止，我们的时间轴虽然在视觉效果上还欠缺一点吸引力，但是正如大家从图5-4所能看到的那样，内容已经很丰富了。实际上，即便我们完全不使用任何样式，对于最基本的数据，它也能很好地把内容表达出来。

如下就是生成的HTML结果。（为了简洁，我们只选取了片段）

```
<ol class="timeline">
    <li>
        <time>1589</time><time>1591</time>
        <cite>The Two Gentlemen of Verona</cite>
        <dl>
            <dt>First official record</dt><dd>Francis Meres'...</dd>
            <dt>First published</dt><dd>First Folio (1623)</dd>
            <dt>First recorded performance</dt><dd>adaptation by...</dd>
            <dt>Evidence</dt><dd>The play contains...</dd>
        </dl>
    </li>
    <li>
        <time>1590</time><time>1594</time><cite>The Taming of the Shrew</cite>
        <dl>
            <dt>First official record</dt><dd>possible version...</dd>
            <dt>First published</dt><dd>possible version...</dd>
            <dt>First recorded performance</dt><dd>According to Philip...</dd>
            <dt>Evidence</dt><dd>Kier Elam posits...</dd>
        </dl>
    </li>
</ol>
```

1. 15891591*The Two Gentlemen of Verona*

First official record	Francis Meres' Palladis Tamia (1598); referred to as "Gentlemen of Verona"
First published	First Folio (1623)
First recorded performance	adaptation by Benjamin Victor performed at David Garrick's Theatre Royal, Drury Lane in 1762. Earliest known performance of straight Shakespearean text at Royal Opera House in 1784, although because of the reference to the play in Palladis Tamia, we know it was definitely performed in Shakespeare's day.
Evidence	The play contains passages which seem to borrow from John Lyly's Midas (1589), meaning it could not have been written prior to 1589. Additionally, Stanley Wells argues that the scenes involving more than four characters, "betray an uncertainty of technique suggestive of inexperience." As such, the play is considered to be one of the first Shakespeare composed upon arriving in London (Roger Warren, following E.A.J. Honigmann, suggests he may have written it prior to his arrival) and, as such, he lacked theatrical experience. This places the date of composition as most likely somewhere between 1589 and 1591, by which time it is known he was working on the Henry VI plays

图5-4　使用HTML，我们可以更容易地在列表中添加额外的内容

5.2.5　第5步　选择性地借助jQuery

截至当前，我们的代码主要是原生的JavaScript。但如果我们在页面引入了jQuery，我们的代码还可以大大精简。如果你的页面代码尚未用到jQuery，那么你也无需专为优化代码引入这样一个库，但是如果你的站点已经引入了jQuery，不妨把代码优化一下以提升效率。本书的源码资料中提供了使用jQuery撰写的另一种代码范式。

5.2.6　第6步　用CSS解决时间轴的样式问题

既然我们的时间轴是用HTML实现的，那么我们可以使用CSS样式来优化它的视觉呈现。在本例中，相对于诸如字体和颜色等这些最基本的纯视觉元素的优化，我们首先需要解决一些看起来不是特别完美的布局和交互问题。

第一步，我们要去掉有序列表前面的数字，这些数字是浏览器自动生成的。删除这种表示法有一个很简单的方法，就是将list-style-type属性设置成none，这就相当于我们告诉浏览器，不要再在列表项前面增加任何特殊的字符。

```
.timeline li {
    list-style-type: none;
}
```

我们还可以通过CSS，在语义化的HTML中添加分隔符号。首先我们来看那些连续出现两次<time>标签的地方，当然，我们得先跳过那些单个的<time>标签。

```
.timeline li > time + time:before {
    content: "-";
}
```

我们使用CSS中的相邻选择器“+”来连接两个time选择器，这样我们就可以定位到两个time连续出现的位置。time + time的意思就是一个<time>标签紧跟在另一个<time>标签之后。为了在两个<time>标签之间加上分隔符号“–“，我们使用伪选择器:before来指定我们需要插入内容的位置，然后使用content属性来插入内容。

另外，代码中还出现了后代选择器“>”。在本例中，这代表着<time>元素是<li>元素内部第一个层级的后代元素。而正因为我们使用这个选择器，我们才不会让选择器污染可能在内容中出现的其他<time>元素，因为此选择器只对内部第一层元素起作用。

然后，我们在每个list项内最后一个<time>元素的后面加上一个冒号和一个空格。

```
.timeline li > time:last-of-type:after {
    content: ": ";
}
```

在这里我们使用了两种伪选择器：第一个伪选择器是last–of–type，它指向一个list项中的最后一个<time>元素，如果整个list中只有一个<time>元素，那么它指向的就是第一个（也是唯一的那个）<time>元素，而如果两个<time>都存在，指向的就是第二个<time>元素；第二个伪选择器是after，它负责在<time>元素之后插入内容。

我们通过这些优化，将时间轴的一些明显设计问题处理掉了（详见图5–5）。

1589-1591: *The Two Gentlemen of Verona*

First official record	Francis Meres'...
First published	First Folio (1623)
First recorded performance	adaptation by...
Evidence	The play contains...

1590-1594: *The Taming of the Shrew*

First official record	possible version...
First published	possible version...
First recorded performance	According to Philip...
Evidence	Kier Elam posits...

图5–5　在不修改HTML的情况下，我们通过优化CSS样式让时间轴的信息更容易阅读了

5.2.7 第7步 为时间轴添加一些利于信息结构展现的样式

我们接下来将利用CSS样式的优化来改进时间轴的信息结构展现，这些改进将会使时间轴看上去更像是一条线状的轴。要实现这一改进，我们可以先在<li>元素的左边加上一个边框。在此我们需要确保每一个<li>元素上没有设置外边距margin，因为margin属性会让每个<li>元素的边框之间留下空隙，破坏时间线的连续性。

```
.timeline li {
    border-left: 2px solid black;
}
.timeline dl,
.timeline li {
margin: 0;
}
```

这个样式能够让我们在整个时间轴的左侧添加一条美观的线。既然我们有了这么一条线，我们就要把日期都移到时间轴的左侧，也就是这条纵轴上来。这些移动涉及到<li>和<time>两类元素。对于作为父元素的<li>元素，我们需要将它的position设成relative。

```
.timeline li {
    position: relative;
}
```

这一规则本身实际上并没有对时间轴进行明显的改进，它所做的只是为任意一个<li>的子元素指定一个可定位的父级元素。我们需要改变这些列表元素中所包含的<time>元素的位置。因为在<li>上我们设置了position: relative，所以在<time>上我们要设定position: absolute。这个规则可以让浏览器知道<time>元素的定位位置，而这个位置的定位是依赖于<li>元素来计算的。我们要将所有的<time>元素放到时间轴左边的线上，同时我们要将每一个成对出现的<time>中的第二个<time>放到下方。

```
.timeline li > time {
    position: absolute;
    left: -3.5em;
}
.timeline li > time + time {
    top: 1em;
    left: -3.85em;
}
```

在之前的代码中，第一个选择器指向内部的每一个<time>元素，而第二个选择器则使用了相邻选择器方法，只指向第二个<time>元素。

使用em单位而非px(pixel)单位的好处是，偏移量是基于当前字体大小来计算的，这样如果我们修改了字号大小，定位也会跟着字号大小进行自动调整。

Position属性的值是根据字号大小来计算的，我们会使用left属性的负值来使内容从它正常出现的位置向左偏移，然后再使用一个正的top值将内容移到偏下方的位置。

在将日期移到纵轴的左边之后，我们还要将主要内容向右移动一点，以让他不要重叠在这条时间线上。而我们可以利用padding-left属性实现这一功能。并且，在我们调整了左侧的留白后，我们还要在底部留出一点空白，以便于让每一个元素之间有些间隔。

```
.timeline li {
    padding-left: 1em;
    padding-bottom: 1em;
}
```

鉴于日期和主要内容分居纵轴的两侧，在日期之后我们不再需要分隔线，所以我们会删掉那个用来在最后一个<time>元素后加上冒号的样式。

```
.timeline li > time:last-of-type:after {
    content: ": ";
}
```

正是因为考虑到我们可能进行这样的优化，所以我们在之前选择了通过CSS的伪元素方法去加上冒号。如果一开始我们在html中将分隔线写死，或通过JavaScript代码去生成这些分隔逗号，那么标记与样式就会产生耦合。现在，我们在这里使用的方法、样式和标记是相对独立的。我们最大程度降低了标记、样式、行为之间的耦合，这样我们就不需要在JavaScript上进行任何处理了。

出于对视图样式的进一步改进，我们还可以对时间轴进行一些小的其他修改。我们可以将每一个戏剧标题的字号加大，以让信息更醒目。同时，在标题下我们可以加上一些空格，然后将描述列表稍微缩进一点。

```
.timeline li > cite {
    font-size: 1.5em;
    line-height: 1em;
    padding-bottom: 0.5em;
```

```
}
.timeline dl {
    padding-left: 1.5em;
}
```

出于最后的完善，我们可以在纵轴的右边加上一个着重号来标记每一部戏剧，以使它的标题和日期看起来更加对称。我们最好用一个较大的着重号（比一般的字体大小要大上几倍），并把它放在纵轴的右边。

```
.timeline li > time:first-of-type:after {
    content: "\2022";
    font-size: 3em;
    line-height: 0.4em;
    position: absolute;
    right: -0.65em;
    top: 0.1em;
}
```

正如你所看到的，代表着重号的Unicode字符可以由“\2022”表示。实际显示效果取决于字体情况，在调整过程中经过一些小的错误和实验，会让效果趋于完美。

现在我们的时间轴开始看起来像个时间轴的样子了（如图5-6所示）。在你的页面中，你还可以包含一些自定义字体、颜色以及其他一些属性的样式，但是如果省去这些赘余的装饰，可能效果会更好。

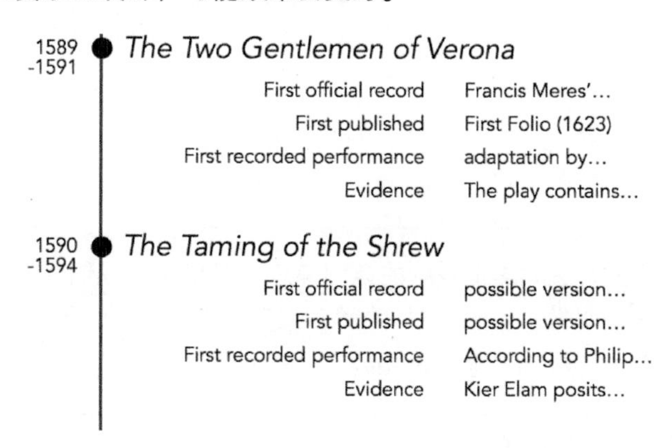

图5-6　加入一些样式，使时间轴元素结构变得更清晰

5.2.8　第8步　添加交互效果

我们时间轴一开始展现的视图，可能不太容得下莎士比亚所有40部戏剧的

详细信息。如果我们在一开始只显示戏剧的标题，然后通过与用户的交互过程来显示其余的信息的话，可能效果会更好些。而这个视图完全是由我们自己构建的，所以我们可以自行操作以让它达到我们想要的效果。

首先我们需要设立额外的一些样式。通过CSS，有很多方式可以隐藏戏剧的详细信息，最直观的就是用属性display:none去实现这一操作。当然，正如我们接下来要看到的那样，对于我们的时间轴而言，将max-height设为0是一个更好的方案。如果一个元素的最大高度是0，那么从理论上而言，它的内容就会被隐藏。实际上，我们同样需要将属性overflow设为hidden状态，否则，即便<dl>元素的高度变为0了，浏览器还是可以把信息展示出来，从而超出它的高度范围。由于我们希望我们的描述列表一开始就在隐藏状态，所以我们可以把它设成这个属性的默认状态。

```
.timeline li dl {
    max-height: 0;
    overflow: hidden;
}
```

要显示戏剧的详细信息，用户可以单击用<cite>标签标注起来的戏剧标题。而要告诉用户这些戏剧标题是可以单击的，我们就要在用户把鼠标放到相应区域后，把光标形状由普通的箭头换成是可单击的手形。我们还可以把display属性从原来的inline改成block。这一变化给用户提供了一个更大而且更连续的可单击区域。

```
.timeline li > cite {
    cursor: pointer;
    display: block;
}
```

最后，我们需要想办法把戏剧的详细信息显示出来。我们在<li>标签中为每一部戏剧添加一个叫做“expand”的类，来实现这一目的。当这个类展示出来的时候，我们的样式要把之前max-height的0值覆盖。

```
.timeline li.expanded dl {
    max-height: 40em;
}
```

max-height的取值取决于其中的具体内容，尽管总的来说，为了显示该项的全部信息，它应该比其中包含的信息所占的高度稍大一些。但是，也不要让它的值过大（具体的原因，我们在本步的末尾会揭晓）。

我们只需运用一小段JavaScript来操作此处的样式，不需要太多。操作第一步，就是写一个用户在单击按钮的时候可以被调用的事件。

```
var clicked = function(ev) {
    if (ev.target.nodeName === "CITE") {
        // Code continues...
    }
};
```

这个函数只需要一个Event对象作为参数，这个Event就代表了用户的该次单击动作的具体指令信息。其中一个就是.target属性，它包含了页面中用户所单击的特定元素的引用。而我们唯一需要关心的，是<cite>元素里面的用户单击。

一旦我们觉察到一个<cite>被单击了，我们就找到它的父级元素<li>。接下来我们可以核实<li>是否含有“expanded”类。如果没有，我们就把它加上，如果有，我们就把它删掉。

```
var clicked = function(ev) {
    if (ev.target.nodeName === "CITE") {
       var li = ev.target.parentNode;
       if (li.className === "expanded") {
           li.className = "";
       } else {
           li.className = "expanded";
       }
    }
};
```

由于我们只为<li>元素定义了一个类，所以这个方法看上去有些原始。但尽管如此，它已经能满足我们在本例中的所有需要了。所以我们坚持这一做法。

*** 注意：** 目前较新的浏览器一般都提供了更方便的方法来操控元素的class属性，即classList方法。这个方法允许在每个元素上同时操作多个class。老一些的浏览器（例如IE9甚至更早的浏览器）不支持这个方法。因为我们的功能暂不需要多个类的支持，所以使用传统的className方法在本例中已经足够了。

定义了事件处理函数之后，我们就可以把它同时间轴上的任意一个单击动作关联起来。标准的addEventListener方法为每一个元素绑定了行为。

```
document.getElementById("timeline").addEventListener("click", clicked);
```

你也许产生一个疑问：为什么我们的事件监听了整个可视化时间轴，而非监听每一个<cite>元素？因为另一种方法会监听多个目标，从而降低程序执行的效率。如果我们将这种效率的消耗保持在一个较低水平，我们页面的性能会更高。

如果你是用jQuery，那么需要的代码将会更简单。

```
$("#timeline").on("click", "cite", function() {
    $(this).parent("li").toggleClass("expanded");
})
```

至此，我们几乎已经做好了展示我们最新改进的时间轴的准备，但我们还需要完成最后一步。在当前我们设置的行为条件下，用户触发事件之后会马上隐藏或显示剧目信息，这种内容的突然变化会让用户觉得很唐突。现在我们可以为显示隐藏两个状态之间加入一个过渡动画，让用户看到两个状态是通过高度的动画变化自然过渡完成的。当剧目详细信息隐藏了的时候，容器的高度为0。当我们想要展示它的时候，我们可以逐渐将它的高度调整到它的初始值。

我们可以使用JavaScript来实现这一动画过渡。实际上，jQuery库提供了一系列动画函数的使用方法。但是，在现代浏览器中，我们最好使用CSS的transition属性去实现动画效果。因为现代浏览器都已经针对CSS进行过了优化，使用CSS实现的动画通常会具有更高的性能。在这些情况下，基于CSS能够实现更加复杂的动画效果。使用CSS制作动画效果的唯一缺点是，缺乏老版本浏览器的支持。但是对于Web页面来说，动画效果不一定都是重要的。当然，动画效果提升了用户体验，但是如果一个用户因为使用了老版本的浏览器而不能看到CSS动画效果，也并不影响其浏览页面中的关键内容。

CSS的transition属性是用来定义CSS动画效果的最简单的办法，它定义了要实现动画的CSS属性名称、动画效果的时长以及所要遵循的缓动函数。我们可以将下面的CSS规则用在我们的例子中。

```
.timeline li dl {
    transition: max-height 500ms ease-in-out;
}
```

这一段规则定义了时间轴上<dl>元素的过渡动画。它指定在属性max-height上产生动态效果，当该属性发生变化，我们定义的动画就会生效（我们通过添加或删除“expanded”类以修改max-height属性）。这个过渡规则还规定了动画过渡的时长为500毫秒，动画缓动的方式为ease-in-out，代表动画效果要缓慢地开始，然后提速，然后在结束之前再慢下来。相对于匀速变化，这种变化看上去会更加自然。

CSS的transition动画可以利用其他的很多CSS属性去实现丰富的效果，但是需要注意的是，不论在开始还是结束,CSS属性必须指定一个确定的数值。所以我们在一开始选择了max-height而非height进行动画的实现——即便我们真正想操作的属性确实是height。遗憾的是，我们无法操作height属性，因为当我们把描述列表展开的时候，发现它的值并不是固定的。每一个<dl>标签自然会有一个高度，但是在CSS中我们无法得到该值的大小。所以我们换了一个思路，使用max-height去解决问题。我们为动画的前后两个状态定义了确切的max-height的值（在本例中是0和40em），所以在这里CSS动画就可以实现了。我们只需要保证没有任何一个<dl>元素有超过40em的内容，否则，超出的部分会被遮挡起来。当然，这也不意味着我们应该把在<dl>元素展开后的max-height属性值设得特别大。究其原因，我们可以尝试一下，对于一个只需要10em高度的<dl>元素，我们把他的max-height值设成1 000em，看看会发生什么。如果缓动过程的复杂程度忽略不计，那么在元素的内容完全可视的时候，恐怕动画时间只过去了全程的1/100。我们原本计划需要花费500毫秒完成的动态效果，实际上只需要5毫秒就完成了。

下面我列出了一份完整的CSS动画的代码写法。大多数浏览器在CSS官方标准定稿之前就已经实现了对动画的支持，而为了确保它们的实现方式与官方标准不发生冲突，浏览器厂商在标准确定之前会使用它们自己的方式去实现transition动画。所以，每个属性名会带有一个属于对应厂商自己的前缀（在Safari和Chrome中是-Webkit-，而在Firefox中是-moz-，而在Opera中则是-o-）。为了能够对所有的浏览器都适应，我们需要把这些带有厂商前缀的CSS样式分别写出来。

```
.timeline li dl {
    -Webkit-transition: max-height 500ms ease-in-out;
       -moz-transition: max-height 500ms ease-in-out;
         -o-transition: max-height 500ms ease-in-out;
            transition: max-height 500ms ease-in-out;
}
```

＊注意：IE浏览器不需要这样的前缀，因为在标准确定之前，微软是不会支持transition属性的。此外，不用担心我们写了多条CSS属性，因为浏览器会自动忽略掉它不认识的CSS属性。

现在，在用户交互方面，我们纯手工制作的时间轴已经很完美了。图5–7展示了我们完整的视图。

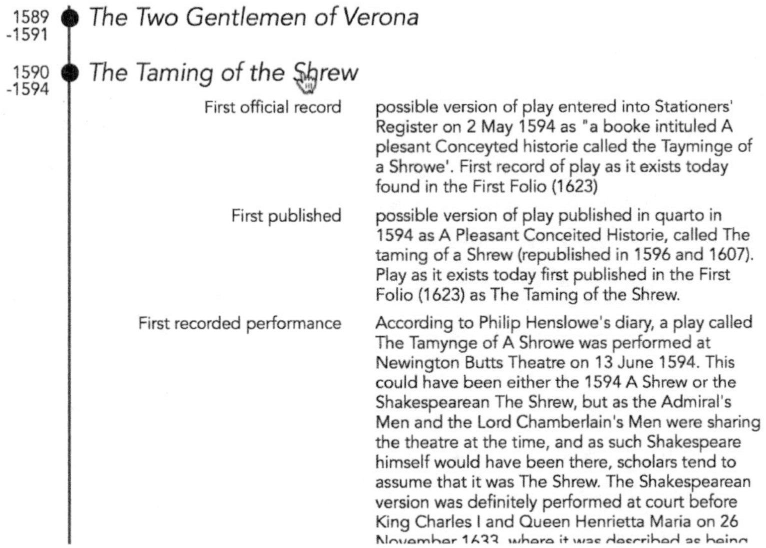

1589 -1591 *The Two Gentlemen of Verona*

1590 -1594 *The Taming of the Shrew*

First official record — possible version of play entered into Stationers' Register on 2 May 1594 as "a booke intituled A plesant Conceyted historie called the Tayminge of a Shrowe'. First record of play as it exists today found in the First Folio (1623)

First published — possible version of play published in quarto in 1594 as A Pleasant Conceited Historie, called The taming of a Shrew (republished in 1596 and 1607). Play as it exists today first published in the First Folio (1623) as The Taming of the Shrew.

First recorded performance — According to Philip Henslowe's diary, a play called The Tamynge of A Shrowe was performed at Newington Butts Theatre on 13 June 1594. This could have been either the 1594 A Shrew or the Shakespearean The Shrew, but as the Admiral's Men and the Lord Chamberlain's Men were sharing the theatre at the time, and as such Shakespeare himself would have been there, scholars tend to assume that it was The Shrew. The Shakespearean version was definitely performed at court before King Charles I and Queen Henrietta Maria on 26 November 1633, where it was described as being

图5–7　一个单纯依靠HTML、CSS以及少量JavaScript开发的全交互式时间轴

5.3　使用Web组件

在本例中，我们将尝试另一种新方式去实现前面的例子。与使用原生JavaScript实现时间轴不同，我们打算使用一个功能齐全的时间轴组件——TimelineJS(http://timeline.knightlab.com/) 去实现我们的目标。这种方法与原生JavaScript方法完全不同，在实现基本可视化视图的过程中，它甚至不需要写任何原生JavaScript代码，就像在博客中嵌入一个来自于YouTube的视频那样简单。这种方法本身提供了可视化视图的诸多配置选项，我们将通过下面的步骤去学习它的使用方法。

5.3.1　第1步　回顾标准组件

在学习运用各种选项优化我们的可视化视图之前，我们可以先体验一下TimelineJS组件的基本功能。TimelineJS的使用非常简单，有个网站（http://timeline.knightlab.com/）会为你阐述每一个步骤的细节，简单来说可以分为如下几点。

1. 创建一个含有时间轴数据的Google电子表格（http://docs.google.com/）。

2. 发布这个表格，并获得其URL地址。

3. 将该URL输入到TimelineJS网站中，生成HTML片段。

4. 将这份HTML片段复制到你的页面中。

图5-8 显示了我们将莎士比亚戏剧的数据录入电子表格(https://docs.google.com/spreadsheet/ccc?key=0An4ME25ELRdYdDk4WmRacmxjaDM0V0tDTk9vMnQxU1E#gid=0)之中的样子。

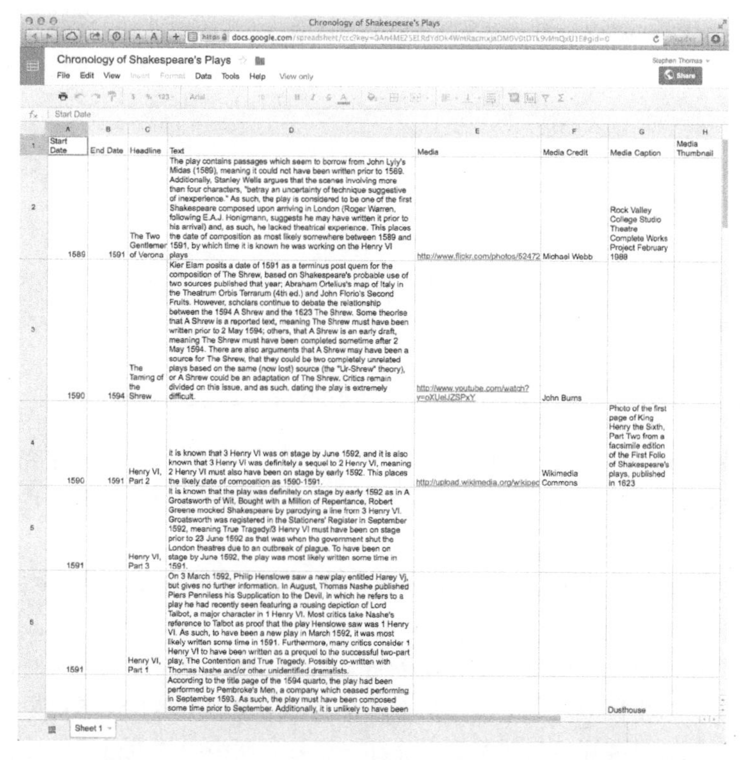

图5-8 TimelineJS可以从谷歌文档的电子表格中获得数据

下面是TimelineJS使用电子表格生成的HTML代码段。

```
<iframe src="http://cdn.knightlab.com/libs/timeline/latest/embed/index.html?
    source=0An4ME25ELRdYdDk4WmRacmxjaDM0V0tDTk9vMnQxU1E&font=Bevan-PotanoSans&
    maptype=toner&lang=en&height=650" width="100%" height="650"
frameborder="0">
</iframe>
```

图5-9展示了在页面中引入这段代码后的效果。这段代码生成了一个可交互的时间轴。

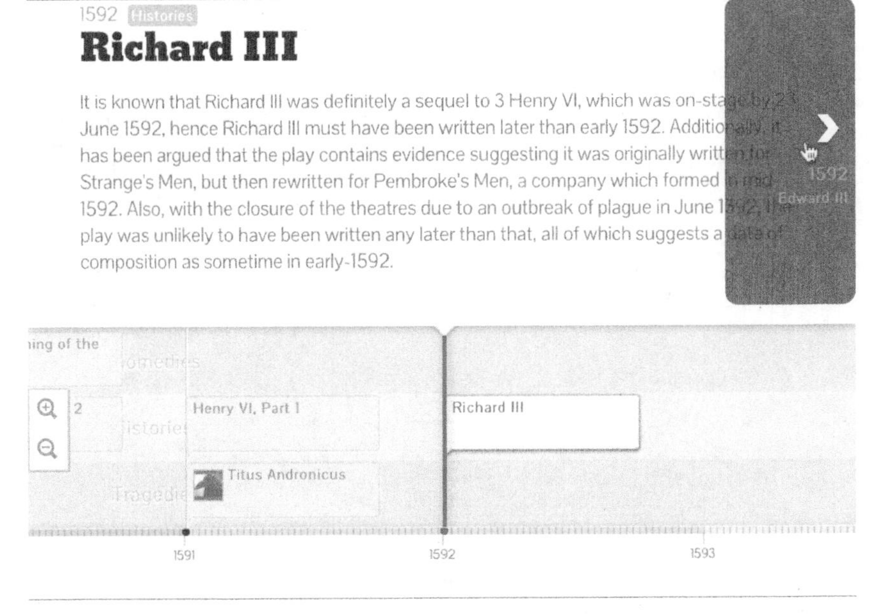

图5-9　TimelineJS利用<iframe>标签搭建了一套完整的时间轴组件

如果这个结果符合了你可视化的需求，你就不需要进行进一步深究了。许多使用TimelineJS的网页就是这么做的。然而，这种简单快捷的方式，也存在着如下风险。

- 可视化的数据必须能够从一个公开的谷歌文档电子表格中获取，所以这种方式对于涉密数据来说可能会不适用。
- 数据源是一个电子表格，所以它可能难以及时更新以展示实时数据。我们的莎士比亚戏剧的例子虽然不受这个问题的影响，但是如果你构建的时间轴需要显示实时数据，比如一个社交网络中的流行话题之类，那么一个静态的电子表格是绝对不够的。
- 组件几乎没有样式选择。尽管默认的样式已经足够炫酷，但它们未必满足我们的需要，所以也许并不适合你的Web页面。
- 时间轴是通过<iframe>标签引入的，所以TimelineJS拥有iframe之中内容的一切编辑权限。虽然现在看起来组件的显示效果还不错，但是我们依然担心，某一天TimelineJS在你的网页中加入广告或别的东西，这点我们是不可控的。

虽然我们有一些疑虑，但是这些疑虑并不妨碍我们现在使用这个组件去构建一个优雅的时间轴。况且TimelineJS的开发者已经将它开源给我们使用了，我们暂时可以放下担心，在下面的例子中开始我们的学习之旅。

5.3.2 第2步 引入需要的组件

为了使用TimelineJS，我们的页面必须要引入CSS样式表和JavaScript代码。由于目前我们一直使用默认的样式，所以我们需要再加入一个样式表进来。我们的JavaScript代码则主要写在文件timeline.js中。

TimelineJS是依赖jQuery的，但是因为其生成的视图是嵌在<ifame>标签之中的，所以我们也要把jQuery引入iframe中的页面，而主页面并不需要jQuery。正如我们之前一直坚持的做法，我们使用CDN方式引入jQuery文件（关于为什么要使用CDN，具体内容详见第2章）。

```
<!DOCTYPE html>
<html lang="en">
  <head>
    <meta charset="utf-8">
    <title></title>
    <link rel="stylesheet" type="text/css" href="css/timeline.css">
  </head>
  <body>
    <script src="//cdnjs.cloudflare.com/ajax/libs/jquery/2.0.3/jquery.min.js">
    </script>
    <script src="js/timeline-min.js"></script>
  </body>
</html>
```

此处的HTML代码并没有加入我们将要用来放置时间轴的标签。现在放置标签还为时过早。

5.3.3 第3步 准备数据

鉴于TimelineJS提供了很多在之前的例子中没有出现过的功能，我们将在数据集中新增一些属性，格式看上去还是跟先前一样。

```
var plays = [
  {
   "play": "The Two Gentlemen of Verona",
   "genre": "Comedies",
```

```
    "date": "1589-1591",
    "record": "Francis Meres'...",
    "published": "First Folio (1623)",
    "performance": "adaptation by Benjamin Victor...",
    "evidence": "The play contains..."
}, {
    "play": "The Taming of the Shrew",
    "genre": "Comedies",
    "date": "1590-1594",
    "record": "possible version...",
    "published": "possible version...",
    "performance": "According to Philip Henslowe...",
    "evidence": "Kier Elam posits..."
 }, {
    "play": "Henry VI, Part 2",
    "genre": "Histories",
    "date": "1590-1591",
    "record": "version of the...",
    "published": "version of the...",
    "performance": "although it is known...",
    "evidence": "It is known..."
    "media": "http://upload.wikimedia.org/wikipedia/commons/9/96/
FirstFolioHenryVI2.jpg",
    "credit": "Wikimedia Commons",
    "caption": "Photo of the first page..."
    // Data set continues...
},
```

在上面的代码中你可以发现，我们在戏剧资料中加入了戏剧类别（genre）信息，还有可选的媒体链接（media）、背书来源（credit）和说明信息（caption）的文本等。有了这样一个结构，我们可以将数据重新组织，以适应TimelineJS的要求。而在下方的代码中，我们定义了一些公用的基本属性——比如头条标题（headline）等，另外我们还定义了一个事件数组，并将其初始化为一个空数组。

```
var timelineData = {
    headline: "Chronology of Shakespeare's Plays",
    type: "default",
    date: []
};
```

注意，我们需要一个type属性，而且要先将它设成“default”。

现在我们迭代遍历数据集，将事件添加到timelineData上。在接下来的代码中，我们将使用forEach进行递归，但在这里我们还有很多其他的方式可以使用（包括使用for循环，array.map()方法，或者jQuery中的$.each()和$.map()函数）。

```
plays.forEach(function(play) {
    var start = play.date;
    var end = "";
    if (play.date.indexOf("-") !== -1) {
        var dates = play.date.split("-");
        start = dates[0];
        end = dates[1];
    }
});
```

每轮迭代的第一步是解析日期信息，日期信息有两种形式，一种是单个年份的时间点（例如“1591”），一种是由两个年份组合而成的时间段（例如“1589～1591”）。我们的循环代码首先假设日期信息是单个的年份，如果发现有两个年份出现则进入判断，将对应的变量设置为时间段的形式。

现在我们可以在timelineData.date数组中添加新对象了。

```
timelineData.date.push({
   startDate: start,
   endDate: end,
   headline: play.play,
   text: play.evidence,
   tag: play.genre,
   asset: {
       media: play.media,
       credit: play.credit,
       caption: play.caption
   }
});
```

5.3.4 第4步 创建一个默认的时间轴

既然我们的HTML结构已经建立起来，且数据集也已准备好了，那么就可以通过调用TimelineJS来创建默认的可视化视图了。然而，我们要做的事情在该组件的文档中并没有说明。因为TimelineJS默认它本身是一个单独页面中的独立的组件，而不是某个页面中的一部分。该组件的文档描述了使用storyjs_embed.js建立内容容器的方法。这个js文件内部引用了所有的TimelineJS需要的资源（例如样式表、JavaScript以及字体等），如果我们不假思索直接使用它的话，最终我们可能会遇到很多之前提到过的、在嵌入<iframe>的时候遇到的问题。

还好，我们不一定要通过嵌套的方式使用这些资源，直接访问JavaScript代码也并不是什么难事。我们只需要进行如下3步。

1. 设置一个配置对象。
2. 创建一个TimelineJS对象。
3. 使用配置对象去初始化TimelineJS对象。

上述3步在JavaScript代码中的体现如下，为方便理解，函数内部的配置代码这里省略了。

```
var timelineConfig = {/* Needs properties */};
var timelinejs = new VMM.Timeline(/* Needs parameters */);
timelinejs.init(timelineConfig);
```

我们需要为VMM.TimeLine构造函数补上配置对象以及参数。其规则可以在TimelineJS的文档中查询到（http://github.com/NUKnightLab/TimelineJS#config-options）。我们需要提供一个type属性（"timeline"）、容器尺寸（width和height）、数据来源（source）和HTML元素的id，并将它们与时间轴代码放在一起，就像下面这样。

```
var timelineConfig = {
    type:      "timeline",
    width:     "100%",
    height:    "600",
    source:    {timeline: timelineData},
    embed_id: "timeline"
};
```

我们需要传递很多类似的参数到这个构造函数中。最关键的是容器的id，以及容器的尺寸。

```
var timelinejs = new VMM.Timeline("timeline","100%","600px");
```

最后，我们可以在HTML页面中添加容器标签了。TimelineJS提供的样式表是为iframe嵌套的页面服务的，所以在一个非iframe环境中未必能显示得很好。尤其是TimelineJS将时间轴绝对定位，并设置了其z-index属性。如果我们不将此属性覆盖处理，时间轴的显示位置就会脱离文档流，这不是我们希望看到的。所以，我们对于此问题的处理选择了一种最简单的方法，即在容器div之外再加入一个div元素，外层的div元素充当内层div元素的父级元素，并且我们在父级元素的上面加上相对定位（position:relative）的CSS代码，这样我们的时间轴就不会脱离文档流到处乱跑。

```
<div style="position:relative;height:600px;">
    <div id="timeline"></div>
</div>
```

现在，当我们的JavaScript执行的时候，它就会生成一个带有默认TimelineJS样式的内联在HTML文档中的时间轴，如图5-10所示。

在我们结束这个例子之前，有必要来回顾一下解决问题的过程。一开始，我们计划使用一个带有详细使用说明的Web组件，但是我们并没有按照官方推荐的方法去使用它，我们按照自己的需要，引入了该组件最主要的一部分，并且进行了一些修改。所以，我们的使用方法是存在一些风险的。如果我们将来某一天更新了所依赖的组件代码，那么就可能出现不可预料的问题。如果你在实际网站中参考了我们如上介绍的方案，那么请记得进行一次完整的测试流程，并且在面对可能的组件更新的时候要万分小心。

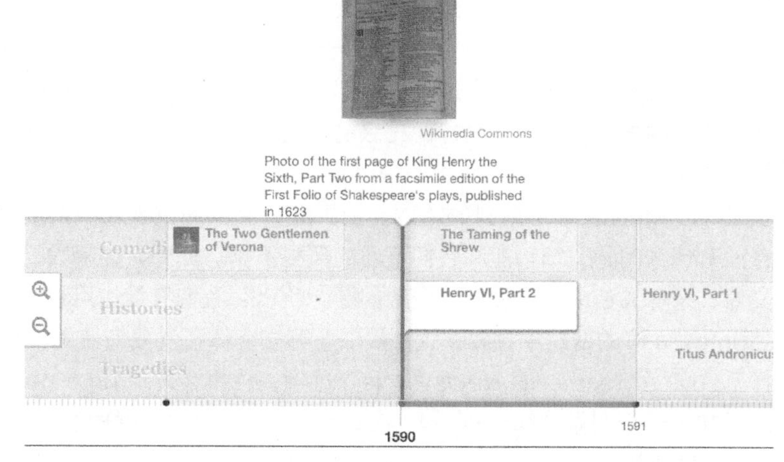

图5-10　只需要一点修改，我们就可以在不使用<iframe>的前提下把TimelineJS时间轴内联地嵌在页面中

5.3.5 第5步 调整时间轴样式

现在我们已经避免了使用<iframe>可能会产生的问题，那么就可以把注意力放到时间轴的外观上来了。时间轴的样式是由timeline.css定义的，我们有很多办法去调整它。

1. 直接修改timeline.css：尽管这个方法看上去应该是最简单的办法，但可能我们真正要做的并没有那么简单。如果你看过相关文件，你就会意识到它的那些压缩过的CSS是多么晦涩难懂。因此，将它进行合适的修改，就不是件容易的事。更何况，如果有一天我们的TimelineJS更新成一个新版本，新版本必然有一个对应的新的timeline.css文件，那么我们一切都要重头再来。

2. 编辑压缩前的源代码：TimelineJS使用LESS作为CSS预处理器来创建自己的样式，如果你熟悉CSS预处理器，你就可以修改它的源代码，然后构建你自己的timeline.css版本。LESS支持变量定义和混合（Mixins），这让我们更容易适应其未来的更新。有很多可以将LESS编译成CSS的工具；TimelineJS用的是CodeKit（https://incient57.com/codekit），它只能在苹果的Mac OS X系统上使用，其源代码包含了所有相应的应用设置。

3. 覆盖原有的timeline.css：相对于修改TimelineJS的样式表，我们现在不对它本身进行任何修改，而只是给它添加一些比原有默认样式优先级更高的样式去覆盖它。这一方法利用了内联样式表的优先级关系。

本例中我们使用上述的最后一种方法。我们要找到需要修改的timeline.css样式，并向样式表中添加一些新的规则，以使其在所有的样式中拥有尽可能高的优先级。当CSS发现应用在同一个元素的若干规则存在冲突时，它就会根据这些规则的优先级或先后顺序去决定最终应用哪个规则。所以，我们可以通过提升CSS样式优先级的方法，或者将同样优先级的样式代码放到默认样式后面的方法去实现样式的覆盖。

首先处理TimelineJS中用到的字体。使用默认字体的或者几种系统内建的字体本身没有什么问题，却可能和我们页面的风格不搭。此外，如果我们外链一个字体文件，又容易造成页面加载较慢的问题。所以，我们打算使用最方便的办法，即在TimelineJS的网站中寻找该组件提供了哪些字体可供我们使用。比方说，如果选择了“Merriweather & News Cycle”选项，你将会发现TimelineJS在页面中额外添加了一个叫做“NewsCycle-Merriweather.css”的样式表，它提供了一些新的字体规则的定义。

```
.vco-storyjs {
    font-family: "News Cycle", sans-serif;
}

/* Additional styles... */

.timeline-tooltip {
    font-family: "News Cycle", sans-serif
}
```

如果想使用我们自己的字体的话，我们只需要把这份文件复制出来，然后将“News Cycle”和“Merriweather”换成我们自己的字体名称就可以了，比方说“Avenir”字体。

```
.vco-storyjs {
    font-family: "Avenir","Helvetica Neue",Helvetica,Arial,sans-serif;
    font-weight: 700;
}

/* Additional styles... */

.timeline-tooltip {
    font-family: "Avenir", sans-serif;
}
```

对TimelineJS可视化视图的其他视觉元素进行定制也许更加复杂，但也不是不可能的。这些自定义的样式相对来说会比较不稳定，因为它们很可能被我们使用TimelineJS生成的样式覆盖掉。如果这些视觉样式是必需的，那么你可以努力去维护这样一份代码。

在本例中，我们要改变TimelineJS的可视化视图的底部所使用的蓝色。这个颜色本是用来标记活动项、显示时间轴标记，再有就是为表示事件的线条使用的。你需要利用自己的浏览器开发工具去找到对应的CSS样式，然后去覆盖对应的规则。下面的代码提供了将颜色从蓝色改为绿色的方法。

```
.vco-timeline .vco-navigation .timenav .content .marker.active .flag.
flag-content h3,
.vco-timeline .vco-navigation .timenav .content .marker.active .flag-
small
.flag-content h3 {
   color: green;
```

```
}
.vco-timeline .vco-navigation .timenav-background .timenav-line {
    background-color: green;
}
.vco-timeline .vco-navigation .timenav .content .marker .line .event-line,
.vco-timeline .vco-navigation .timenav .content .marker.active .line
.event-line,
.vco-timeline .vco-navigation .timenav .content .marker.active .dot,
.vco-timeline .vco-navigation .timenav .content .marker.active .line {
    background: green;
}
```

现在，我们将修改过的字体和颜色应用到页面中来，如图5-11所示，整个可视化视图变得更有个性了。

1590 — 1591 Histories

Henry VI, Part 2

It is known that 3 Henry VI was on stage by June 1592, and it is also known that 3 Henry VI was definitely a sequel to 2 Henry VI, meaning 2 Henry VI must also have been on stage by early 1592. This places the likely date of composition as 1590-1591.

Wikimedia Commons

Photo of the first page of King Henry the Sixth, Part Two from a facsimile edition of the First Folio of Shakespeare's plays, published in 1623

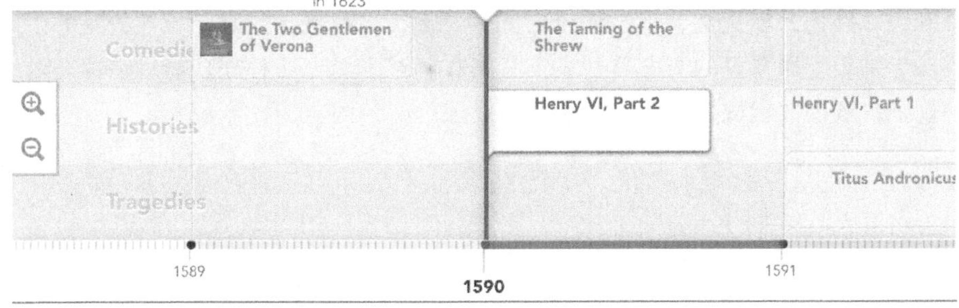

图5-11　为TimelineJS调整CSS样式有助于页面风格的和谐

5.4 小结

在这一章中，我们了解了创建时间轴可视化视图的几种不同的方式。最常用的方式是依赖一个开源代码库实现的。然后，我们使用原生代码写了一个全新的时间轴，视图的任意修改都在我们的控制之中。最后，我们使用了一种流行的开源Web组件。该组件一般是通过在网页中嵌入<iframe>标签来使用的，但是我们修改了源代码，以让其在页面中以内联的方法使用，在必要的时候，我们还可以改变它的可视化样式。

第6章 地理位置信息的可视化

我们在分析一组数据的时候，必须以一个参考系作为依赖，所以有可能的话，我们需要提供一个参考系以方便数据分析。在前面的章节中，我们了解了将时间轴作为参考系的应用方法，现在我将介绍另外一种同样重要的参考系，即“地理位置”。如果一个数据集中含有地理坐标，或者含有能够代表不同的地理区域相关的值，那么你就可以通过可视化的方式，提供一个基于地理位置的参考系。本章中的案例中，我将介绍两类基于地理位置的可视化方案。

在一开始的两个例子中，我们会看到数据是如何随地理区域的变化而变化的。我们会使用不同的颜色体现不同区域的不同特征，“等值线图”就是一个很好的代表。接下来的两个例子中，虽然数据本身不随着地理区域的变化而变化，但是依然运用了与地理相关的组件。我们将通过在地图上显示数据的方法，帮助读者加深理解。

需要特别提到的是，我们将会看到如下几点内容。

- 如何通过最少的JavaScript代码，配合自定义的字体格式的地图图形文件来创建地图。
- 如何运用JavaScript创建和管理SVG格式的地图。
- 如何使用简单的组件库，向网页中插入地图。

➢ 如何将一个功能完备的地图库整合到可视化界面中。

6.1 使用字体构建地图

有一种将地图整合至网页中的简单方法，可能大家很少想到，就是我们可以使用字体格式的文件去构建地图。比较常见的有两个用来建构地图的字体组件，分别是用于构建美国地图的Stately(http://intridea.github.io/stately/)，和用于构建欧洲地图的Continental(http://contfont.net)。使用字体构建地图，是字体的一种特殊的使用方法，传统的字体大家看到的多是字母和数字之类，而这种通过CSS实现的方法将一些字体定义为地图的形状，所以在页面中你看到的地图区域，都是用字体来定义的。接下来，我们将通过简单的几个步骤，利用Continental内置的方法去构建一张欧洲可视化地图。

6.1.1 第1步 在页面中引入地图字体组件

在Stately和Continental的官网中，都介绍了如何安装这种字体组件，而且会比本书中写的更详细。一开始，它们都会要求在页面中引入一个CSS样式表。以Continental为例，当我们需要引入这个组件的时候，首先需要引入一个命名为continental.css的样式文件，同时说一句，这个组件并不需要任何JavaScript代码支持。

```
<!DOCTYPE html>
<html lang="en">
  <head>
    <meta charset="utf-8">
    <title></title>
    <link rel="stylesheet" type="text/css" href="css/continental.css">
  </head>
  <body>
    <div id="map"></div>
  </body>
</html>
```

***注意**：在网站发布过程中，你可以将continental.css和你的站点中所包含的其他的css样式表打包压缩成一个文件，以减少浏览器的http请求数量。

6.1.2 第2步 在页面中显示出某一个国家的地图

要将单个国家显示出来，我们需要做的就是在HTML中引入一个带有规定class属性的<span>标签。我们可以通过手写HTML来实现这个功能，即在span上添加一个由“map-”前缀加上国家名称缩写组成的class属性(比如，“fr”是国际通用的法国国家名称缩写)，像下面这样。

```
<div id="map">
    <span class="map-fr"></span>
</div>
```

在本例中，我们通过JavaScript来生成这些标签和属性。

```
var fr = document.createElement("span");
fr.className = "map-fr";
document.getElementById("map").appendChild(fr);
```

如上，我们新建了一个元素<span>，给它赋上一个类名“map-fr”，并把它内嵌到<div>元素中。

最后，我们可以通过设置字体大小来改变地图图形的尺寸。默认情况下，使用字体格式创建的地图在页面中显示的尺寸等于默认字体大小。但是，我们希望地图能够显示得大一些，所以，我们可以利用简单的CSS更改字体尺寸，这样，我们的地图就变大了。

```
#map {
    font-size: 200px;
}
```

以上就是我们将法国地图加入到Web页面的全部工作，效果如图6-1所示。

图6-1　使用字体构建地图，可以很容易地将地图加入到页面中

6.1.3 第3步　将多个国家整合进地图

下面的工作比上一个例子要复杂，我们希望根据联合国2010年后的人口数据（http://www.un.org/en/development/desa/population/），让所有欧洲国家的公民的年龄的中位数通过网页显现出来。因此，我们需要构建一张包含了所有欧洲国家的地图，从而根据实际数据去构建每一个国家的信息。

在这项可视化进程中的第一个步骤，就是将欧洲所有的国家整合进一张地图中。鉴于在Continental组件中，每一个国家都必须由一个独立的HTML元素去定义，所以在布局上，我们需要写一些CSS规则，以让每个国家的元素能够有办法在页面中找到自己的位置。

```
#map {
❶     position: relative;
}
#map  > [class*="map-"] {
❷      position: absolute;
❸      top: 0;
       left: 0;
}
```

首先，我们将外部容器的position属性设成“relative”（如代码❶处所示）。尽管此规则看上去没有改变外部容器的视觉样式，但是这个规则使得该容器内部的所有元素的绝对定位都有了一个父级元素作为参考。因为每个国家对应的HTML结构都是独立的，所以我们需要将它们的position属性都设成absolute（如代码❷处所示）。并将每一个元素相应地放在地图的左上方（如代码❸处所示），现在，这些国家的地图定位工作就完成了。

也许你注意到了，在上面的代码中我们使用了一些比较复杂的CSS选择器组合将属性应用到对应的HTML元素上。在第二组属性定义的选择器组合中，我们以id选择器“#map”开始，然后引入了子级后代选择器“>”。子级后代选择器表示其后的规则匹配的是前面规则的子级元素。最后，属性前缀选择器[class*="map-"]表明了子级元素含有以“map-”开头的class名称。所以我们发现，Continental组件在命名上取了一个巧，每个国家地图的引入都会引入一个由“map-”开头的类，所以我们可以通过属性前缀选择器去方便地实现元素的选择。

在我们的JavaScript代码中，我们可以从遍历这样一个数组开始：该数组包含了全欧洲所有的国家的缩写。对于每一个国家，我们都会新建一个带有相应class属性的<span>元素，然后把它插入到图中的<div>标签内。

```
var countries = [
  "ad", "al", "at", "ba", "be", "bg", "by", "ch", "cy", "cz",
  "de", "dk", "ee", "es", "fi", "fo", "fr", "ge", "gg", "gr",
  "hr", "hu", "ie", "im", "is", "it", "je", "li", "lt", "lu",
  "lv", "mc", "md", "me", "mk", "mt", "nl", "no", "pl", "pt",
  "ro", "rs", "ru", "se", "si", "sk", "sm", "tr", "ua", "uk",
  "va"
];
  var map = document.getElementById("map");
  countries.forEach(function(cc) {
     var span = document.createElement("span");
     span.className = "map-" + cc;
     map.appendChild(span);
});
```

在定义这了这些样式规则之后，插入含有不同<span>元素的<div>标签，然后整个地图构建工作就完成了。出于让读者更直观地感受，我们在图6-2显示了全欧的地图。

图6-2　在之前的结果上覆盖上地图字符

6.1.4　第4步　根据数据的不同使各国呈现可视化上的差异

现在我们准备创建实际的数据视图。本例中我们采用了联合国发布的公开数据作为数据源。以下代码介绍了在JavaScript中我们如何用数组去规划这组数据（全套代码请查阅本书的源代码：http://jsdatav.is/source/）。

```
var ages = [
    { "country": "al", "age": 29.968 },
    { "country": "at", "age": 41.768 },
    { "country": "ba", "age": 39.291 },
    { "country": "be", "age": 41.301 },
    { "country": "bg", "age": 41.731 },
    // Data set continues...
```

基于数据源，我们有很多方法去改变地图的可视化效果。我们可以使用JavaScript代码，在每一个国家的HTML元素的style属性上设置不同的color属性，以直接改变每个国家的地图的颜色。这种方法虽然可行，但它并没有最大化地利用CSS的优势。因为我们使用了字体去构建地图，所以我们的源码实际上是一套标准的HTML，我们可以使用标准内联的CSS代码去对其进行定义。这样的话，如果以后我们需要改变页面的样式，我们就可以直接去调整样式表，而不需要麻烦地分析JavaScript源码去调整颜色样式了。

为了方便每一个国家的样式定义，我们可以给它们每一个都加上一个"data-"属性。

```
❶ var findCountryIndex = function(cc) {
    for (var idx=0; idx<ages.length; idx++) {
       if (ages[idx].country === cc) {
           return idx;
       }
    }
    return -1;
}
var map = document.getElementById("map");
countries.forEach(function(cc) {
    var idx = findCountryIndex(cc);
    if (idx !== -1) {
        var span = document.createElement("span");
        span.className = "map-" + cc;
❷       span.setAttribute("data-age", Math.round(ages[idx].age));
        map.appendChild(span);
    }
});
```

在上面的代码中，我们用data-age属性来表示公民年龄中位数，并将其四舍五入到与其值最接近的整数（如代码❷处）。为了得到每一个国家的公民年龄，我们需要在数组ages中找到对应的数组索引。而函数findCountryIndex()(代码❶

处）就以一种清晰易懂的方式完成了这些工作。

现在我们可以根据data-age属性来指定CSS样式规则。以下是代表不同国家的公民年龄均值的色彩的代码，公民年龄中位数较大的国家将会着一种较深的蓝绿色。不同年龄均值的CSS颜色会呈现出一种渐变。

```
#map > [data-age="44"] { color: #2d9999;}
#map > [data-age="43"] { color: #2a9493;}
#map > [data-age="42"] { color: #278f8e;}
/* CSS rules continue... */
```

＊注意：诸如LESS（http://lesscss.org）和SASS（http://sass-lang.com）之类的CSS预处理器能让这类规则的构建变得更加容易。当然，这部分内容不在本书涉及的范围之内。

现在我们有了一个非常棒的关于欧洲各国公民年龄的颜色渐变视图，如图6-3所示。

图6-3　我们可以通过一些CSS样式来改变特定的地图标记的风格

6.1.5　第5步　添加图例

为了使可视化的效果更加完美，我们需要给地图加入图例。因为地图本身无非就是标准的HTML元素中插入一些CSS样式得到的，所以插入相应的图例其实非常容易。因为本例中含有一段比较大的渐变范围（公民年龄从28到44），所以我们希望以颜色渐变的效果实现图例。你的实现方法必须考虑到浏览器的兼容。比较通用的渐变代码可以参考下面的方式。

```
#map-legend .key {
    background: linear-gradient(to bottom, #004a4a 0%,#2d9999 100%);
 }
```

图6-4中所显示的视图结果以一种清晰而准确的格式总结了欧洲国家的公民年龄的中位数。

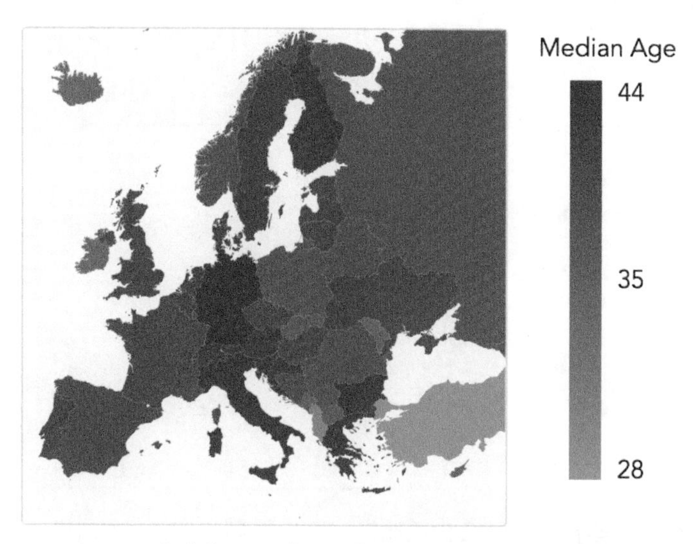

图6-4　标准的HTML代码同样可以为可视化视图提供图例

6.2　使用SVG绘制可视化地图

如之前的案例所描述的一类的地图字体，使用起来比较容易，而且可视化效果比较好，但实际上可用的地图字体比较少，无法覆盖所有可能的地理区域。所以，我们将运用一些其他的技术，来对这些其他区域实现可视化。当然，考虑到地图终究还是一个图形或图片，而浏览器本身支持很多图形或图片的格式，有一种叫做“可扩展矢量图形（Scalable Vector Graphics,SVG）”的格式是需要被特别提到的，它就非常适用于交互式可视化内容的创建。这是因为，正如我们在本案例中所看到的,JavaScript代码（同时还有CSS样式）可以很容易地和SVG图形进行交互。

尽管在本节中我们的案例主要围绕一幅地图而展开，但是在这里用到的技术丝毫不会被地图所限。如果你手里有SVG格式的图形或表格，一样可以在网页中对其实现类似的功能和操作。

＊注意：在使用SVG时需要考虑一点：只有版本较新的浏览器才能支持这一功能。具体而言,IE8(以及更早的版本）就不支持SVG图片的展示。如果你的用户中有很大比例还在使用老版本的浏览器，那么你可能需要考虑替代方案。

对于Web开发者而言,SVG因为其与HTML相似的语法结构，上手起来很快。在操作SVG时，你可以使用很多用来操作HTML的工具和技术。我们来看一下如下的例子，一个描述HTML结构的文档。

```
<!DOCTYPE html>
<html lang="en">
  <head><!-- --></head>
  <body>
    <nav><!-- --></nav>
    <main>
      <section><!-- --></section>
    </main>
    <nav><!-- --></nav>
  </body>
</html>
```

将上述例子与下面的SVG代码比较，可以看到它们之间的相似之处。

＊注意：如果你在HTML5出现之前使用过HTML，那么对SVG和HTML的相似可能就有更深的体会，因为SVG的顶部的文档类型声明与HTML4顶部的声明更加相像。

```
<?xml version="1.0" encoding="UTF-8"?>
<!DOCTYPE svg PUBLIC "-//W3C//DTD SVG 1.1//EN"
    "http://www.w3.org/Graphics/SVG/1.1/DTD/svg11.dtd">
<svg id="firstaid" version="1.1" xmlns="http://www.w3.org/2000/svg"
    width="100" height="100">
     <rect id="background" x="0" y="0" width="100" height="100" rx="20"
/>
    <rect id="vertical" x="39" y="19" width="22" height="62" />
    <rect id="horizontal" x="19" y="39" width="62" height="22" />
</svg>
```

你甚至可以使用CSS去定义SVG元素的样式。如下这段代码就是用来给先前的图片上色的。

```
svg#firstaid {
    stroke: none;
}
svg#firstaid #background {
    fill: #000;
}
svg#firstaid #vertical,
svg#firstaid #horizontal {
    fill: #FFF;
}
```

图6–5显示的就是SVG现在的状态。

实际上,HTML和SVG的关联，远远不止体现在句法上。使用较新版本的浏览器，你可以将SVG和HTML代码混合写在同一个网页里。为了更好地了解SVG是如何实现的，我们接下来将会把美国佐治亚州的159个地区的卫生数据做一个数据化展现。我们将采用美国地区健康数据排行网站（Country Health Rankings）的数据作为数据来源（http://www.countyhealthrankings.org）。

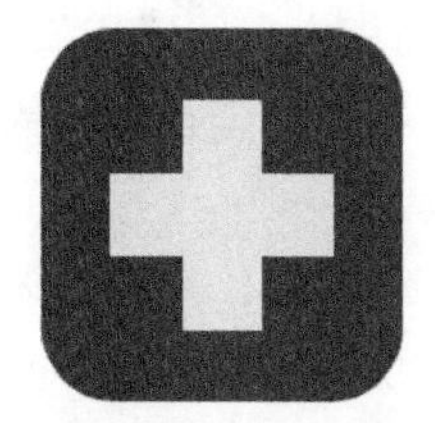

图6–5　SVG图片可以直接嵌套在网页中

6.2.1　第1步　创建SVG地图

在进行数据可视化之前，我们首先需要找到一个地区地图。在本例中，我们需要的是一个SVG格式的地图。尽管这看上去可能会比较困难，但是实际上很多SVG地图的相关资源，还有一些对于几乎所有地区都可以生成相对应的SVG地图的特殊应用，是可以供我们自由使用的。例如，维基百科的公共平台（http://commons.wikimedia.org/wiki/Main_Page）上提供了大量的开源地图，包括很多关于佐治亚州的地图。我们将会使用美国国家史迹名录（National Register of Historic Places）提供的一种SVG地图去作为我们例子中的地图（http://commons.wikimedia.org/wiki/File:NRHP_Georgia_Map.svg#file）。

下载好地图文件，我们就可以根据需要，将其进行调整，并删掉我们不需要的图例、颜色以及其他的某些元素。尽管这些工作可以用文本编辑器完成（就像你编辑HTML文件那样），但是如果使用Adobe Illustrator、Sketch(http://

www.boheminancoding.com/sketch/）等工具，可能会让你的工作更方便。另外，一些工具可以起到优化SVG的作用，如在线的工具（http://petercollingride.appspot.com/svg-optimiser/）或可下载的应用（https://github.com/svg/），通过它们可以删去无关的标签并优化图形文件，起到压缩SVG的作用。

我们最终优化的结果会包含一串<path>元素，每一个<path>元素对应着一个地图上的地区。我们还要在每一个<path>中指定相应的class或者id，来为不同的地区提供选择方法。最终的SVG文件会变成下面的样子。

```
<svg version="1.1" xmlns="http://www.w3.org/2000/svg"
    width="497" height="558">
    <path id="ck" d="M 216.65,131.53 L 216.41,131.53 216.17,131.53..." />
    <path id="me" d="M 74.32,234.01 L 74.32,232.09 74.32,231.61..." />
    <path id="ms" d="M 64.96,319.22 L 64.72,319.22 64.48,318.98..." />
    <!-- Markup continues... -->
```

总而言之，创建SVG地图需要如下几步。

1. 找到一个已授权的SVG格式的地图，或使用地图软件创建一个SVG格式的地图。
2. 用图形化软件去编辑SVG文件，主要是删去无用的组件，并简化图形。
3. 使用在线的SVG优化网站或本地软件优化SVG文件。
4. 用你常规的HTML编辑器进行最终调整（如添加id属性等）。

6.2.2 第2步　在页面中嵌入地图

在网页中引入SVG地图的最简单的方式就是直接在HTML标记内嵌入相关的SVG标记。比方说，为了引入这些特殊的标记，我们只要页面本身引入SVG标签即可，就像下面的代码中从❶到❷之间所做的工作那样。你根本不需要引入那些在常规的SVG文件里面经常出现的头部文档声明标签。

```
<!DOCTYPE html>
<html lang="en">
  <head>
    <meta charset="utf-8">
    <title></title>
  </head>
  <body>
    <div>
❶     <svg id="firstaid" version="1.1"
          xmlns="http://www.w3.org/2000/svg"
```

```
        width="100" height="100">
        <rect id="background" x="0" y="0"
              width="100" height="100" rx="20" />
        <rect id="vertical" x="39" y="19"
              width="22" height="62" />
        <rect id="horizontal" x="19" y="39"
              width="62" height="22" />
❷     </svg>
    </div>
  </body>
</html>
```

如果你的地图相对来说比较简单，那么直接把它嵌入进来无疑是最简单的。然而，我们的佐治亚州的地图，在优化过后还有1MB大小。通常这是由于地图中存在较复杂的边界，诸如海岸线、河流之类造成的。为了提供更好的用户体验，我们可以在地图之外让页面先加载其他的内容。这样的话，即便地图还在加载中，本页面上也有可以供用户阅读的内容。可以的话，我们为页面添加一个进度条，表示图形正在加载中。

如果你使用的是jQuery，那载入地图就比较简单了。当然，你要确认，在完全载入之前，你的代码不能开始对地图的操作。以下是源码样本。

```
$("#map").load("img/ga.svg", function() {
    // Only manipulate the map inside this block
})
```

6.2.3 第3步 收集数据

我们的数据来源是从地区健康数据排行表（http://www.countyhealthrankings.org/）中直接导出的excel电子表格中获得的。我们要将其转换成JavaScript对象，并且对每一个地区都要设计一个由两个字母构成的标识代码。如下是该数组的初始形态。

```
var counties = [
    {
     "name":"Appling",
     "code":"ap",
     "outcomes_z":0.93,
     "outcomes_rank":148,
     // Data continues...
    },
```

```
    {
     "name":"Atkinson",
     "code":"at",
     "outcomes_z":0.40,
      "outcomes_rank":118,
     // Data set continues...
];
```

在此视图中我们要显示各地区之间的健康数据输出的差异及变化。对此，数据集提供了两个参数，一个是ranking(排行)，一个是z值（在对整个数据集进行了标准差计算之后，用以衡量一个样本值与平均值的差距）。地区健康排行网站提供了一类由传统统计方法做了稍许修改之后的z值。一般情况下,z值为正值；然而在本数据集中，我们将那些主观上认为比平均值良好的z值乘以-1，所以它将会是一个负数。一个地区如果以两数标准差为形式输出健康数值，会比以平均值形式输出要强一些。比如，我们宁愿输出z值-2，也比输出平均值2要好。这一调整使我们在可视化过程中，更加容易去处理这些z值。

处理这些z值，第一步就是要找到其最大值和最小值。我们可以先以独立的数组的形式将输出结果提取出来，然后使用JavaScript自带的Math.max()及Math.min()函数去处理这些结果，完成这一步。注意到以下代码就是使用map()函数去提取数组的，而且这一函数只能在较新版本的浏览器上使用。当然，既然我们已经选择了使用SVG图来完成整项任务，这就意味着用户在浏览器的使用上已经有了限制，即只能使用较新版本的浏览器，这样的话我们也正好可以利用新版本浏览器的一些优势。

```
var outcomes = counties.map(function(county) {return county.outcomes_z;});
var maxZ = Math.max.apply(null, outcomes);
var minZ = Math.min.apply(null, outcomes);
```

注意，现在我们在这里已经使用了.apply()函数了。通常情况下，函数Math.max()和Math.min()的参数形式，都是一组元素以逗号形式分隔的列表。当然，我们的参数是以一组数组的形式给出的。至于能够与任意JavaScript函数通用的apply()方法，则会将数组变成一组元素由逗号分割的列表。第一个参数是待使用的场景，当然它在本案例中无关紧要，所以我们将它设为null。

为了完成对数据的准备，我们需要确保z值值域两端的数值需要关于平均值对称。

```
if (Math.abs(minZ) > Math.abs(maxZ)) {
    maxZ = -minZ;
} else {
    minZ = -maxZ;
}
```

例如，假设z值范围是-2~1.5，那么在代码上，这段范围需要显示成[-2,2]。这一调整会使颜色的跨度同样形成对称，进而使视图更方便用户理解。

6.2.4 第4步 定义色彩主题

为地图定义一个令人满意的色彩主题可能会让人大伤脑筋。但好在对于此，有很多不错的资源可供我们使用。在本例中，我们需要用到这样一个库：Chroma.js(http://driven-by-data.net/about/chromajs)。这个库里面含有很多可以用来进行色彩管理的工具，其提供的色彩方案是基于科学的色彩模型诞生的。在我们的例子中，我们采用了Cynthia Brewer(http://colorbrewer2.org/)提出的预定义色标来完成我们的色彩主题定义。

Chroma.js目前可以在很多CDN分发网站上找到引用的地址，如CloudFlare(http://cdnjs.com/)。

```
<!DOCTYPE html>
<html lang="en">
  <head>
    <meta charset="utf-8">
    <title></title>
  </head>
  <body>
    <div id="map"></div>
    <script
     src="///cdnjs.cloudflare.com/ajax/libs/chroma-js/0.5.2/chroma.min.js">
    </script>
  </body>
</html>
```

为了使用预定义色标，我们将色标的名称（根据Brewer的定义，“BrBG”指的是“棕色-蓝色-绿色”的渐变方案）作为参数传到chroma.scale()函数中去。

```
var scale = chroma.scale("BrBG").domain([maxZ, minZ]).out("hex");
```

同时，我们定义了渐变的范围（即minZ至maxZ，我们在这里设置了相反的数据排序）和输出的颜色格式。“hex”表示输出16进制的颜色，如“#012345”这样的，以便CSS和HTML使用。

6.2.5 第5步 为地图上色

建立了色彩主题之后，现在我们可以在地图上的每一个地区填充相应的颜色了。这或许是在整个可视化任务中最简单的一步。我们需要迭代遍历每一个地区，并由id值找到其<path>元素，然后通过对fill属性的设置完成对颜色的使用。

```
counties.forEach(function(county) {
    document.getElementById(county.code)
      .setAttribute("fill", scale(county.outcomes_z));
})
```

地图结果显示如图6-6所示，这个结果很清晰地分别表现了2014年健康数据在平均水平之上和之下的各地的地理分布。

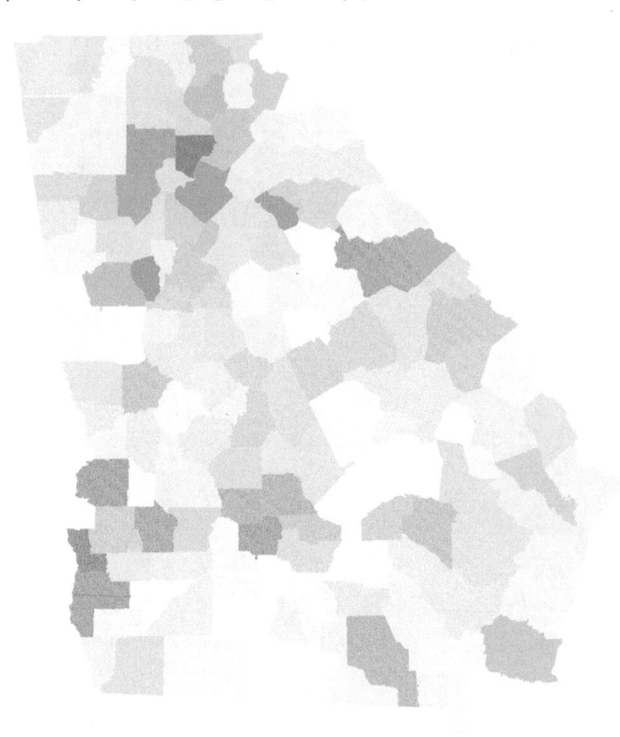

图6-6　可以根据带有SVG图解的不同的SVG元素，制定CSS规则的样式

6.2.6 第6步 加上图例

为了帮助用户更好地理解地图，我们要在视图中加上图例。我们可以利用Chroma.js库中对渐变颜色的管理，创建一个能够解释颜色变化的表格。在表格中，我们将在平均值的两边各留出4个单位来设置颜色的加深或变浅，故在图例中我们总共可以设置9种颜色。

```
<table id="legend">
    <tr class="scale">
        <td></td><td></td><td></td><td></td><td></td>
        </td><td></td><td></td><td></td></td>
    </tr>
    <tr class="text">
        <td colspan="4">Worse than Average</td>
        <td>Average</td>
        <td colspan="4">Better than Average</td>
    </tr>
</table>
```

我们需要设置一些CSS代码，将表格设置为合适的宽度。由于我们有9种颜色，所以我们需要将表中每一列的宽度设成11.1111%(1/9即0.111111)。

```
table#legend tr.scale td {
    height: 1em;
    width: 11.1111%;
}
table#legend tr.text td:first-child {
    text-align: left;
}
table#legend tr.text td:nth-child(2) {
    text-align: center;
}
table#legend tr.text td:last-child {
    text-align:right;
}
```

最后，我们使用之前创建的Chroma的色标，为图例中的每一列设置背景。因为图例实际上是由<table>元素构成的，我们可以通过JavaScript直接控制表格的行和列。尽管从下面的代码中，这些元素看上去更像是一些数组，但是它们不是真正意义上的JavaScript数组，故它们不支持那些诸如forEach()之类的关于数组的方法。现在，我们用一个for循环将其迭代遍历，但是如果你执意要用数组的那些方法，那请做好克服一些小困难的准备。然后大家注意，现在我们需要回顾一下前文中关于数据集中的z值调整的内容。

```
var legend = document.getElementById("legend");
var cells = legend.rows[0].cells;
for (var idx=0; idx<cells.length; idx++) {
    var td = cells[idx];
❶   td.style.backgroundColor = scale(maxZ -
        ((idx + 0.5) / cells.length) * (maxZ - minZ));
};
```

在代码❶处，我们计算了当前索引下的颜色对应的值除以图例颜色的色标总值得到的比值（(idx+0.5)/cells.length），并将它乘以色标的范围（minZ–maxZ），得到一个结果result，然后用最大值maxZ减去result。

最后得出的就是该地图的图例，如图6–7所示。

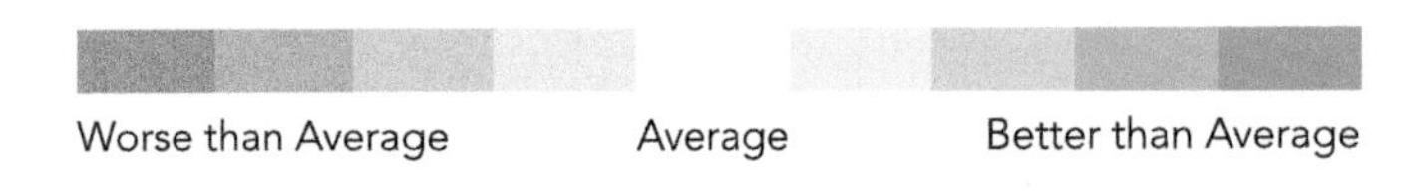

图6–7　一个由HTML<table>元素构建的图例

6.2.7　第7步　添加交互效果

为了让可视化效果更完美，我们需要实现一些交互效果，即当用户把鼠标放到地图上某个地区之上时，他就能看到这个地区的详细的资料。当然，鼠标经过的行为在平板电脑或智能手机上是无效的。为了在手机或平板电脑上实现类似的交互效果，我们可以使用单击或触摸事件去代替鼠标经过事件，接下来我们来写一些实现代码。

首先我们需要定义一个显示地区信息的表格。

```
<table id="details">
    <tr><td>County:</td><td></td></tr>
    <tr><td>Rank:</td><td></td></tr>
    <tr><td>Health Behaviors:</td><td></td></tr>
    <tr><td>Clinical Care:</td><td></td></tr>
    <tr><td>Social & Economic Factors:</td><td></td></tr>
    <tr><td>Physical Environment:</td><td></td></tr>
</table>
```

一开始，我们暂时将该表格隐藏起来。

```
table#details {
    display: none;
}
```

要显示表格，我们就要用到事件处理器函数，监听用户的鼠标是否进入或者离开了某一个地区的SVG路径。我们可以运用新版浏览器支持的querySelectAll()函数去寻找这些<path>元素。美中不足的是，这个函数并不能以数组形式返回元素集合，所以之后诸如forEach()这样的数组遍历方法也就不能使用了。但是不用担心，我们可以将返回的列表强制转换成数组，虽然比较麻烦，但是也不失为一种办法。

```
[].slice.call(document.querySelectorAll("#map path"))
    .forEach(function(path) {
        path.addEventListener("mouseenter", function(){
            document.getElementById("details").style.display = "table";
        });
        path.addEventListener("mouseleave", function(){
            document.getElementById("details").style.display = "none";
        });
    }
);
```

本段代码调用了函数[].slice.call()。虽然这个函数所带的参数，没有一个是真正意义上的数组，但是它的返回结果，却是真正意义上的数组，并具有数组所有可用的方法。

在做出一个可视化的具体信息表之后，我们还需要根据实际情况随时更新该表。为了达到这一目的，我们要写一个函数，将z值的含义转化成用户可以理解的语言。在下面的例子中，由于无法确保视图的精度，下面代码中z值只是临时指定的，并不一定准确。

```
var zToText = function(z) {
    z = +z;
    if (z > 0.25) { return "Far Below Average"; }
    if (z > 0.1) { return "Below Average"; }
    if (z > -0.1) { return "Average"; }
    if (z > -0.25) { return "Above Average"; }
    return "Far Above Average";
}
```

在这个函数的代码中有些值得一提的细节。首先，为了接下来可以进行逻辑判断，我们使用语句z = +z将z值的数据类型由字符串转换成了数值类型。其次，因为z值的调整，需要注意，当其为负值时，表示的是一个高于平均值的结果，其为正值时，则表示低于平均值的结果。

我们可以通过这个函数为detail表格提供数据。第一步我们就需要通过相关的<path>元素找到完整的数据集。具体的，我们遍历数组counties，然后查找code属性中与路径中的id属性相吻合的项。

```
var county = null;
counties.some(function(c) {
    if (c.code === this.id) {
        county = c;
        return true;
    }
    return false;
});
```

由于函数indexOf()不是通过键值来查找对象的，所以我们不用它而使用some()方法。一旦找到了匹配的项，这个方法的工作就停止了，这就避免了遍历整个数组这一不必要的麻烦。

一旦我们找到了地区数据，更新表格就易如反掌了。下面的代码就完成了对表格中相关单元格的内容进行更新的工作。你可以给单元格起一个class名称，并通过这些class名称检索并更新单元格内容。

```
var table = document.getElementById("details");
table.rows[0].cells[1].textContent =
    county.name;
table.rows[1].cells[1].textContent =
    county.outcomes_rank + " out of " + counties.length;
table.rows[2].cells[1].textContent =
    zToText(county.health_behaviors_z);
table.rows[3].cells[1].textContent =
    zToText(county.clinical_care_z);
table.rows[4].cells[1].textContent =
    zToText(county.social_and_economic_factors_z);
table.rows[5].cells[1].textContent =
    zToText(county.physical_environment_z);
```

现在我们只需要对它再进行一些细微的加工。

```
path.addEventListener("mouseleave", function(){
    // Previous code
❶   this.setAttribute("stroke", "#444444");
});
path.addEventListener("mouseleave", function(){
    // Previous code
❷   this.setAttribute("stroke", "none");
});
```

在上面的代码中，我们在代码❶处为高亮表示的地区添加了特殊的颜色，然后当鼠标离开路径时，我们在代码❷处又取消了该处的高亮表示。

至此，我们本次的可视化实例就完成了。结果如图6-8所示。

图6-8　我们增加了一些代码，将静态的SVG图形变成了可交互的可视化图形

6.3　将地图引入到可视化的背景中

到现在为止，我们已经了解了以地理位置为主构建的地图的可视化的过程

（在这里特指欧洲各国和美国佐治亚州的各地区）。在这些工作中，等值线在显示各地区之间的差别的时候，效果非常好。当然，并非所有的地图都具有同样的关注点和职能。在某些情况下，我们想要地图来做我们可视化数据的背景板，或者是大环境依托之类的角色。

当我们想要将地图做成我们可视化的背景的时候，我们会发现，传统的地图组件库会比我们自己的定制地图效果更好。最知名的地图组件库大概就是谷歌地图（http://maps.google.com/）了吧，我想读者们几乎都见过很多嵌入网页的谷歌地图的实例。但是，实际上也存在着很多可自由使用的开源的谷歌地图的替代品。例如，我们将要使用的来自于Stamen Design的Modest地图组件库（Modest Maps library, https://github.com/modestmaps/modestmaps-js/）。为了突出该组件库的特点，我们将可视化展示近年来美国发生的几次重大的不明飞行物目击事件（http://en.wikipedia.org/wiki/UFO_sightings_in_the_United_States），或者至少借助一些足以记载到维基百科的事件来进行讲解。

6.3.1 第1步 建立Web页面

在构建视图的时候，我们需要借助一些来自于Modest地图库的组件：核心库本身，以及那些从库的实例文件中能够找到的比较重要的扩展组件。在生产环境中，你可能希望把相关文件合并压缩以提升性能，但是在本例中，我们会将它们以独立的方式分别引用进来。

```
<!DOCTYPE html>
<html lang="en">
  <head>
    <meta charset="utf-8">
    <title></title>
  </head>
  <body>
➊    <div id="map"></div>
    <script src="js/modestmaps.js"></script>
    <script src="js/spotlight.js"></script>
  </body>
</html>
```

和之前一样，在代码➊处，我们创建了一个<div>元素以容纳地图。并且我们在这个元素上添加了一个名为“map”的id属性。

6.3.2 第2步　准备数据

我们可以将维基百科中的数据转化为一个由JavaScript对象所组成的数组，并在这些对象中写入任何我们需要的信息，比如，我们为了在地图中引入数据，需要引入经纬度信息。构造这些数据的代码如下所示。

```
var ufos = [
{
    "date": "April, 1941",
    "city": "Cape Girardeau",
    "state": "Missouri",
    "location": [37.309167, -89.546389],
    "url": "http://en.wikipedia.org/wiki/Cape_Girardeau_UFO_crash"
},{
    "date": "February 24, 1942",
    "city": "Los Angeles",
    "state": "California",
    "location": [34.05, -118.25],
    "url": "http://en.wikipedia.org/wiki/Battle_of_Los_Angeles"
},{
// Data set continues...
```

"location"这一属性，以二元数组的形式，给出了对象的经纬度。

6.3.3 第3步　选择地图样式

像大多数地图库一样，Modest地图库使用了图层概念去构造地图。如果你使用过Photoshop、Sketch等图像处理软件，想必你对图层的概念应该不太陌生。这就意味着，我们在页面中看到的地图，其每一个部分可能存在于不同的图层中。在大多数情况下，最下面的图层会由包含地理区域信息的地图切片组成，而在地图上方的图层会包含标记、路线之类的额外信息。

当我们用Modest地图库去构建地图时，它会根据我们设定的条件自动帮我们生成所需要的区域信息（如尺寸和坐标），并以异步的形式将这些地理区域的地图切片下载至本地并渲染在页面中。Stamen Design发布了几种包含独特样式的地图切片包，你可以访问 http://maps.stamen.com/ 查看它们充满设计感的地图。

要使用Stamen的地图切片包，我们需要在页面中再使用一个小的JavaScript库。该库能直接从Stamen Design（http://maps.stamen.com/）中获取。它应该在Modest地图库之后引用。

```
<!DOCTYPE html>
<html lang="en">
  <head>
    <meta charset="utf-8">
    <title></title>
  </head>
  <body>
    <div id="map"></div>
    <script src="js/modestmaps.js"></script>
    <script src="js/spotlight.js"></script>
    <script src="http://maps.stamen.com/js/tile.stamen.js"></script>
  </body>
</html>
```

在本例中，我们选择了“toner”作为我们的地图风格，所以我们需要使用对应的地图切片包。要使用这个地图风格，我们需要在地图上建立一个专用的切片图层。

```
var tiles = new MM.StamenTileLayer("toner");
```

如果你引入了第三方的地图样式，请注意版权问题。有些地图样式需要授权才能获取，而即便是那些不需授权就可以获取的地图样式，你也需要在使用时注明作者来源。

6.3.4 第4步 地图绘制

接下来我们准备开始绘图工作。我们使用如下两句JavaScript代码。

```
var map = new MM.Map("map", tiles);
map.setCenterZoom(new MM.Location(38.840278, -96.611389), 4);
```

首先我们创建一个新的MM.Map对象，并把我们刚才在HTML中引入的id名称赋给对象，以便在其中绘制地图的基础信息。接下来我们需要提供地图中央位置的经纬度信息，并指定初始缩放的比例。在你的实际工作中，你可能需要进行一些调整以找到最合适的参数值，但在我们这里的例子中，我们将会尽可能放大地图的可视区域，并将其居中，以便更好地把美国本土的全貌展现出来。

地图结果如图6-9所示，一个基本的美国地图已经展现出来了。

Map tiles by Stamen Design, under CC BY 3.0. Data by OpenStreetMap, under CC BY SA.

图6–9　地图库可以根据地理位置信息将地图显示出来

我们注意到，在地图的下方，Stamen Design地图样式和OpenStreetMap数据的引用来源都已经自动标注出来了。

6.3.5　第5步　加上目击事件

既然我们的地图已经显示出来了，那么是时候给它加上那些UFO的目击事件的位置信息了。为了突出这些地理位置，我们需要使用高亮的圆圈将每一个目击事件发生的地点表示出来，所以首先我们需要在地图上为这些标记创建一个层。我们还可以自定义这些标记所能影响的范围。由于该对象位于中心，而且又有缩放参数，所以在这里需要对其反复测试。

```
var layer = new SpotlightLayer();
layer.spotlight.radius = 15;
map.addLayer(layer);
```

现在我们可以遍历数据中由目击事件的位置信息所构成的数组了。对于每一个事件，我们将提取出其发生地点的经纬度，然后将这个位置放在高亮标记层中。

```
ufos.forEach(function(ufo) {
    layer.addLocation(new MM.Location(ufo.location[0], ufo.location[1]));
});
```

到此为止，我们的可视化工作就完成了。图6-10以一种很直观的方式，把在全美境内号称出现过UFO的地点显示出来了。

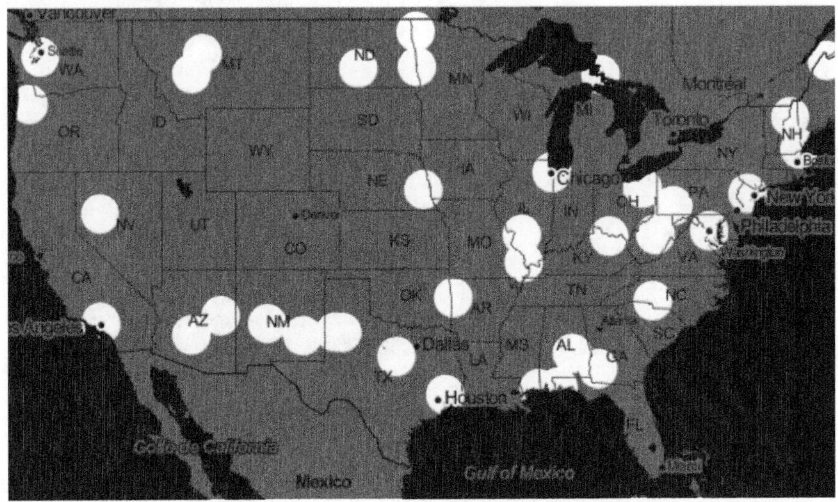

Map tiles by Stamen Design, under CC BY 3.0. Data by OpenStreetMap, under CC BY SA.

图6-10　在地图库中添加一个专门的图层，以添加我们的高亮标记

6.4　集成一个功能完备的地图库

在上述例子所提及的Modest地图库，对于简单的地图可视化来说，是一个很好的工具库，但它的特性并不十分完备，也不能像谷歌地图那样提供功能完备的服务。当然，还是有一个具备这些的特点的开源工具库的：Leaflet（http:leafletjs.com）。在本例中，我们将以基于Leaflet的地图，构建一种复杂的可视化系统。

在20世纪40年代，有两家私有铁路公司在争夺美国东南部的客运服务市场。两段竞争最激烈的路线，分别是Silver Comet（由海岸航线运行）和Southerner（由南方铁路运营）。二者都为从纽约到阿拉巴马州的伯明翰市的旅客服务。而促使Southerner最终获得成功的一个因素，就是他们的路线距离更短。由Southerner提供服务的旅行更快捷，从而给南方铁路带来了强大的竞争优势。现在，让我们构建一个视图，来说明Southerner的优势。

6.4.1 第1步 准备数据

用于该项可视化工作的数据，是以两条线路的时间表的形式体现的。如果我们需要相对准确地比较二者的优劣，我们可能希望，两个时间表的起始年份是相同的。但在本例中，我们将使用起始于1941年的Southerner的时间表（http://www.streamlinerschedules.com/concourse/track1/southerner194112.html），以及起始于1947年的Silver Comet的时间表（http://www/streamlinerschedules.com/concourse/track1/silvercomet194706.html），二者都可以在互联网中获得。这份时间表仅包含了站名，所以，为了将它们合理地安置在地图上，我们需要自行查找各站的经纬度（我们可以使用比如谷歌地图去查找）。我们也可以以分钟为单位，计算任意两站之间所耗时的差异。所有的计算结果将会组成两个数组，每个数组代表着每一列火车的情况。

```
var seaboard = [
    { "stop": "Washington",
      "latitude": 38.895111, "longitude": -77.036667,
      "duration": 77 },
    { "stop": "Fredericksburg",
      "latitude": 38.301806, "longitude": -77.470833,
      "duration": 89 },
    { "stop": "Richmond",
      "latitude": 37.533333, "longitude": -77.466667,
      "duration": 29 },
    // Data set continues...
];
var southern = [
    { "stop": "Washington",
      "latitude": 38.895111, "longitude": -77.036667,
      "duration": 14 },
    { "stop": "Alexandria",
      "latitude": 38.804722, "longitude": -77.047222,
      "duration": 116 },
    { "stop": "Charlottesville",
      "latitude": 38.0299, "longitude": -78.479,
      "duration": 77 },
    // Data set continues...
];
```

6.4.2 第2步 建立Web页面和相关的库

要将Leaflet地图添加到我们的页面中。我们就需要引入这个库及其相关的样式表。这些也可以通过CDN方式引用，所以我们没有在本地服务器上下载专门的文件。

```
<!DOCTYPE html>
<html lang="en">
  <head>
    <meta charset="utf-8">
    <title></title>
    <link rel="stylesheet"
     href="http://cdn.leafletjs.com/leaflet-0.7.2/leaflet.css" />
  </head>
  <body>
❶    <div id="map"></div>
      <script
        src="http://cdn.leafletjs.com/leaflet-0.7.2/leaflet.js">
      </script>
  </body>
</html>
```

我们在创建页面的同时，在代码❶处，为地图定义了一个<div>容器。

6.4.3 第3步 绘制基本地图

Silver Comet和Southerner在纽约和伯明翰之间来往（从Southerner的角度讲，他还要考虑所有到新奥尔良的路线）。但是，与我们的可视化程序有关的地区只涉及到华盛顿、亚特兰大、佐治亚等地。因为两家公司的线路只有这些地方存在差异，而其余地方的路线基本上都是一致的。因此，我们的地图将会从西南方向的亚特兰大一直延伸至东北方的华盛顿。通过反复的尝试，我们可以找到对于地图来说最好的中心点和缩放级别。中心点定义了地图中心的经纬度，而缩放级别则决定了在最初状态下地图覆盖面的大小。当我们创建一个地图对象的时候，对于内含的元素，我们将会和给对象提供参数一样，给它们提供id属性。

```
var map = L.map("map",{
    center: [36.3, -80.2],
    zoom: 6
});
```

在这个可视化过程中，我们并不需要地图的缩放和平移功能，所以我们需要配置一些额外的选项，将这些交互功能禁用。

```
var map = L.map("map",{
    center: [36.3, -80.2],
❶   maxBounds: [ [33.32134852669881, -85.20996093749999],
❷                [39.16414104768742, -75.9814453125] ],
    zoom: 6,
❸   minZoom: 6,
❹   maxZoom: 6,
❺   dragging: false,
❻   zoomControl: false,
❼   touchZoom: false,
    scrollWheelZoom: false,
    doubleClickZoom: false,
❽   boxZoom: false,
❾   keyboard: false
});
```

我们将最小缩放级别（代码❸处）和最大缩放级别（代码❹处）都设成与初始缩放级别相等，并禁用地图的缩放组件（代码❻处），然后我们禁用了用户的缩放交互行为（代码❼到❽）。在代码❺处我们把用鼠标拖曳地图的功能禁用掉了，而在第❾行我们又删去了用键盘拖曳地图的功能。在代码❶和❷处，我们指明了地图四角的经纬度。

我们已经禁用了用户对于地图的拖拽及缩放的功能，但是我们还要确保，当光标放在地图上的时候，它的形状不能误导用户以使用户误认为还有上述功能。leaflet.css中，默认规定了地图的鼠标状态是“可抓取”的手形。所以我们需要通过样式去覆盖这个默认设置，即在引入leaflet.css文件之后补充一句下面的代码：

```
.leaflet-container {
    cursor: default;
}
```

和前例的Modest地图类似，我们需要引入一个地图区域信息库来拼装和渲染我们的地图。有很多能够支持Leaflet的地图区域信息来源，其中有些是开源的，有些是要钱的。Leaflet提供了这些区域信息源的预览页面（http://leaf-extras.github.io/leaflet-providers/preview/），你可以在上面看到不同的开源地图信息库的对比。例如，我们需要避免使用含有高速公路信息的库，因为在20世纪40年代没有那么多高速公路。Esri有一个乍看挺简陋的被称为“世界灰色画布（WorldGrayCanvas）”的库，已经足以胜任我们的工作了。它包含了现今的政区信息，虽然20世纪40年代的政区信息和现在的行政划分可能会不太一样，但是这些细节是可以忽略的。通过Leaflet的应用接口，我们创建了一个区域信息绘制图层，并通过一条语句将它添加到了地图中。Leaflet会使用一个内置的方法去处理这些属性，所以一切都变得很简单。

```
L.tileLayer("http://server.arcgisonline.com/ArcGIS/rest/services/"+
        "Canvas/World_Light_Gray_Base/MapServer/tile/{z}/{y}/{x}", {
    attribution: "Tiles &copy; Esri &mdash; Esri, DeLorme, NAVTEQ",
❶   maxZoom: 16
}).addTo(map);
```

请注意，代码❶处通过maxZoom属性设置了地图区域信息图层的最大缩放级别。这一个值和我们在地图中使用到的“缩放级别”是不同的概念。

既然有了地图，也有了区域信息的渲染图层，我们的这项可视化工作已经开了一个好头（见图6–11）。

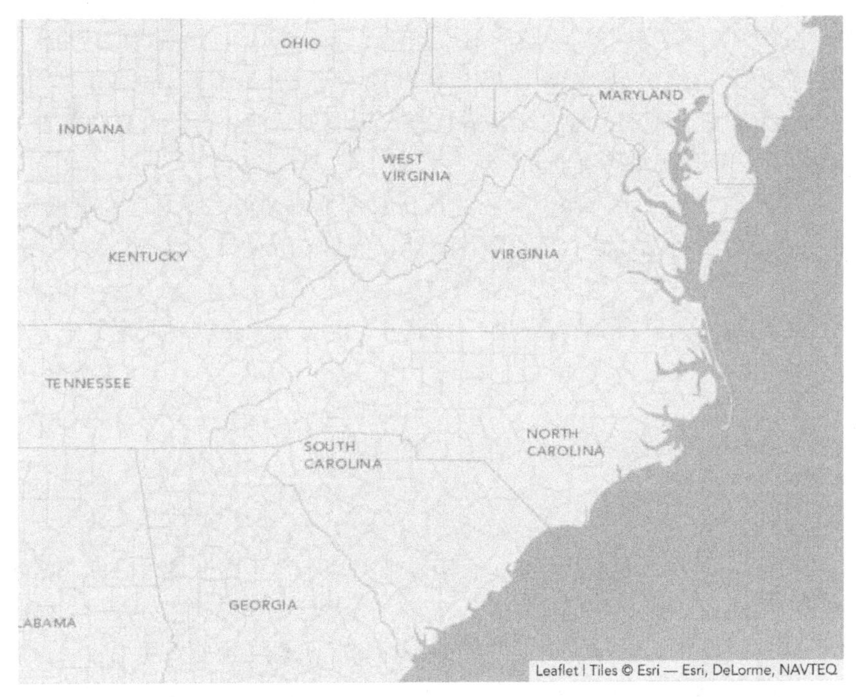

图6–11　我们通过创建地图图层，为可视化信息提供了一个画布

6.4.4　第4步　为地图加上路线

下一步，我们要把地图上的两条路线显示出来。首先，我们在地图上简单地

绘制出两条路线。在随后的步骤中，我们会在两条路线上同时添加上动画效果，以显示哪一种路线的速度更快。

Leaflet库引入了一个polyline()函数，我们可以利用这个函数去绘制出我们需要的路线。这个函数可以按照我们给出的每个端点的经纬度数据生成路径，并将路径显示在地图上。而数据集里也包含了线路中每一个站点的地理坐标，我们的数据集中包含了每条线路上所有站点的地理坐标，所以我们可以用JavaScript中的map()方法去将这些坐标数据格式化，以适应Leaflet的需要。比如，我们可以使用下面的代码得到Silver Comet公司所运营线路的站点坐标数据。

```
seaboard.map(function(stop) {
    return [stop.latitude, stop.longitude]
})
```

这段代码的返回值，是一组由经纬度数值对组成的数组。

```
[
  [38.895111,-77.036667],
  [38.301806,-77.470833],
  [37.533333,-77.466667],
  [37.21295,-77.400417],
  /* Data set continues... */
]
```

上面的结果很方便polyline()函数使用，我们将把它应用到在每一条路线上。另外，我们可以通过配置选项设置路线显示的颜色，颜色的选择可以参考当时铁路公司的官方说明。然后在这里我们还要将clickable选项设为false，以禁止鼠标在线路上单击可能触发的行为。

```
L.polyline(
    seaboard.map(function(stop) {return [stop.latitude, stop.longitude]}),
    {color: "#88020B", weight: 1, clickable: false}
).addTo(map);

L.polyline(
    southern.map(function(stop) {return [stop.latitude, stop.longitude]}),
    {color: "#106634", weight: 1, clickable: false}
).addTo(map);
```

添加完上述代码之后，如图6-12所示，两条线路的路程和相对站点地理位置信息就以可视化的形式展现在我们眼前了。

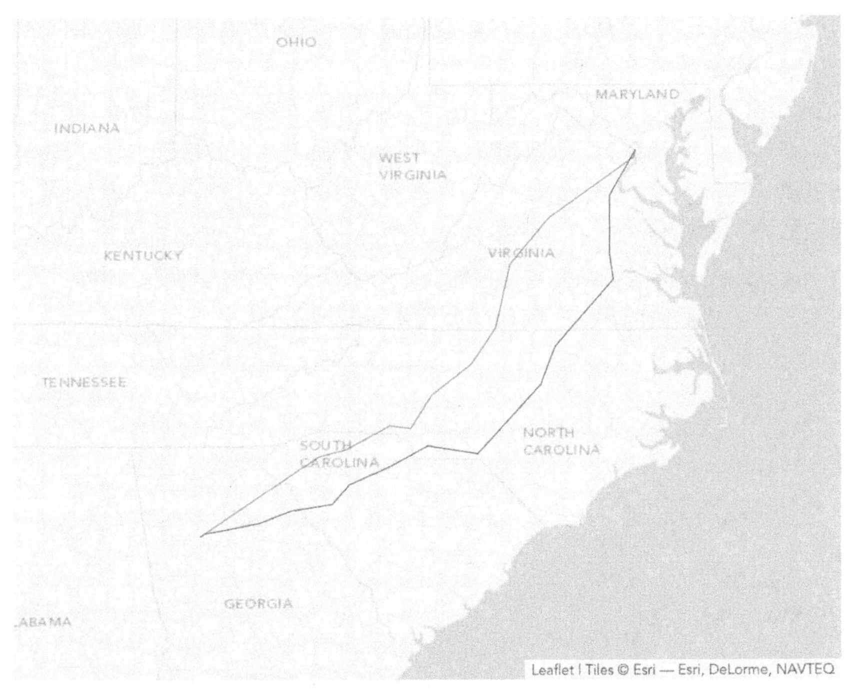

图6-12　我们在地图图层这个画布上引入了地理位置数据

6.4.5　第5步　添加动画控制器

接下来我们需要为两条路线加上动画效果。不仅因为动画能够辅助我们的可视化视图让更短的线路显得更有优势，而且动画本身能让我们的视图变得更吸引人。我们希望动画的状态能够为用户所控制，所以地图需要加入一些动画控制按钮。虽然Leaflet库并没有提供这种支持，但是这个库却能让我们自定义这些功能。比如它提供了通用的 control 对象，我们可以通过调用和扩展这个对象实现我们的动画控制。

```
L.Control.Animate = L.Control.extend({
    // Custom code goes here
});
```

接下来我们将为自定义动画控制器设置一些选项。这些配置项包括控制器在地图中的位置，按钮的文字描述和状态，以及动画开始和结束时调用的函数。我们通过下面的代码建立了一个包含上述选项的options对象，然后将这个对象传给Leaflet。

```
L.Control.Animate = L.Control.extend({
    options: {
        position: "topleft",
        animateStartText: "▶",
        animateStartTitle: "Start Animation",
        animatePauseText: "■",
        animatePauseTitle: "Pause Animation",
        animateResumeText: "▶",
        animateResumeTitle: "Resume Animation",
        animateStartFn: null,
        animateStopFn: null
 },
```

在本例中，我们使用正常的UTF-8编码文本去实现播放和停止按钮。如果你打算在产品中实现更美观的效果，你可以考虑使用字符格式的icon或者引入一个图片。

我们的动态控制还需要一个onAdd()方法供Leaflet调用，以让我们的控制器显示在地图上。这个方法构建了用于控制操作的HTML标记，并将这些HTML代码返回在需要调用的地方。

```
onAdd: function () {
    var animateName = "leaflet-control-animate",
❶       container = L.DomUtil.create(
            "div", animateName + " leaflet-bar"),
        options = this.options;

❷   this._button = this._createButton(
        this.options.animateStartText,
        this.options.animateStartTitle,
        animateName,
        container,
        this._clicked);

     return container;
},
```

onAdd()函数对标记的构造分为两步。第一步，在代码❶处，我们创建了一个<div>元素，并给该元素添加了两个类：leaflet-control-animate和leaflet-bar。第一个类是用来定义我们的动画控制器的，我们可以通过这个类定义我们的控制器的CSS样式。第二个类是Leaflet中所有工具组件通用的类名，通过引入第二个类，我们可以保持我们的动画控制器和其他组件风格一致。注意，在代码

❶处，Leaflet是通过引入L.DomUtil.create()这一方法去实现元素的创建和类名的添加的。

第二步，onAdd()函数在刚才创建的<div>容器中添加了一个按钮元素，并在代码❷处定义了一个_createButton()函数，这个函数是第二步的核心，它包含了如下的参数配置。

- 按钮的文字内容。
- 在用户将光标放在按钮上的时候，将会显示的提示。
- 在按钮中使用的CSS类。
- 安置按钮的容器。
- 当用户单击按钮时，会被调用的函数。

你可能会疑惑，为什么函数名字会以一个下划线（_）开头？实际上，这是Leaflet在命名私有方法和属性时的一种惯例。我们不一定要遵循这一惯例，但是遵循它可以使一些熟悉Leaflet的技术人员，对我们的代码的理解更加容易。

_createButton()本身依赖于Leaflet的公共函数支持。

```
_createButton: function (html, title, className, container, callback) {
❶    var link = L.DomUtil.create("a", className, container);
    link.innerHTML = html;
    link.href = "#";
    link.title = title;

    L.DomEvent
❷        .on(link, "mousedown dblclick", L.DomEvent.stopPropagation)
❸        .on(link, "click", L.DomEvent.stop)
❹        .on(link, "click", callback, this);

    return link;
},
```

首先，该方法利用<a>元素定义了相应的按钮，规定了按钮的文本内容、提示属性title以及所需的class名称，并将其装入需要的容器中（代码❶到❷之间）。接下来，它在<a>元素中绑定了几个事件：首先，它在代码❸处阻止了一开始的鼠标单击（mousedown）和双击（double-click）事件，其次它在代码❹处阻止了单击事件（click）在文档树中的事件冒泡的传递，最后，它在代码❺处利用单击事件执行了一个回调函数。

我们随后会讨论这个回调函数所包含的内容。

```
❶ _running: false,
  _clicked: function() {
❷     if (this._running) {
          if (this.options.animateStopFn) {
              this.options.animateStopFn();
          }
          this._button.innerHTML = this.options.animateResumeText;
          this._button.title = this.options.animateResumeTitle;
      } else {
          if (this.options.animateStartFn) {
              this.options.animateStartFn();
          }
          this._button.innerHTML = this.options.animatePauseText;
          this._button.title = this.options.animatePauseTitle;
      }
      this._running = !this._running;
  },
```

在讨论该函数之前，我们需要在代码❶处添加一个布尔类型的变量，即_running，来监听动画是否正在执行，这个变量的初始状态我们设为false。接下来如代码❷处所示，我们的回调函数根据对该变量的值的判断决定是否执行其中的代码。如果_running的值为true，这意味着动画过程正在运行，且我们刚刚单击的是暂停按钮。当代码执行结束，暂停按钮就会变成播放按钮，如果再次单击，动画又会重新开始播放。如果我们的代码一开始判断动画没有正在执行，回调函数就会执行相反的操作，将此刻的播放按钮重置为暂停按钮。不论是哪一种状态，回调函数都会执行改变控制器状态的代码，而在代码的最后，都会将_running变量设置为动画此刻的状态。

自定义动画控制器的最后一步，我们添加了reset()方法，以便清除动画效果。这一函数会将所有的动画控制复位为初始状态。

```
    reset: function() {
        this._running = false;
        this._button.innerHTML = this.options.animateStartText;
        this._button.title = this.options.animateStartTitle;
    }
});
```

为了将我们自定义的动画控制器代码整合到Leaflet代码结构中，我们需要给L.control对象添加一个函数。根据Leaflet的惯例，函数的名称需要和控制器的名称一致，但需要以小写字母开头。

```
L.control.animate = function (options) {
    return new L.Control.Animate(options);
};
```

最后，我们可以使用通用的Leaflet语法来构建我们的控制器。

```
L.control.animate().addTo(map);
```

上面的语法和我们之前构建路线（polyline）时的语法是一样的。

6.4.6 第6步 准备添加动画

既然我们已经写好了动画控制器，我们就可以开始编写动画本身了。尽管制作动画并不复杂，但我们也要预先对动画进行规划。因为我们希望把动画效果加在两条路线上，所以我们要定义一个能够应用在任意一条给定线路之上的公用函数。我们提供的第二个参数代表路线的配置选项。这个函数将会以数组形式，返回一组由时间为单位（分钟）索引的路径长度。你可以从下面的代码中，了解这一函数的基本结构。

```
var buildAnimation = function(route, options) {
    var animation = [];

    // Code to build the polylines

    return animation;
}
```

举例来说，数组中的第一个元素代表路线沿途第1分钟内列车经过的距离。我们会在animation变量中记录这些时间和距离数据。

为了建立完整的路径，我们需要遍历路线中的每一个站点。

```
❶       for (var stopIdx=0, prevStops=[];
                 stopIdx < route.length-1; stopIdx++) {
            // Code to calculate steps between current stop and next stop
        }
```

我们要记录列车经过的每一个站点，所以我们在代码❶处定义了一个叫做prevStops的数组，并将其初始化为空。在每一步循环中，我们都记录了当前站点到下一个站点的动画方法。由于在到达线路终点时，我们的计算就终止了，所以我们在线路终点前一站的索引处终止了这个循环（即stopIdx < route.

length−1;)。

由于我们需要计算由当前站点开始的各条路径，所以我们需要定义两个局部变量去存储当前站点和下一个站点，同时，我们将当前站点push到数组prevStops中，并持续跟踪每一条刚经历过的站点。

```
var stop = route[stopIdx];
var nextStop = route[stopIdx+1]
prevStops.push([stop.latitude, stop.longitude]);
```

在数据集中，每一个站点的duration属性都存储了到达下一个站点的耗时（以分钟为单位）。我们将定义一个从1开始计数，以到达下一站点的耗时为结束的循环。

```
for (var minutes = 1; minutes <= stop.duration; minutes++) {
    var position = [
        stop.latitude +
            (nextStop.latitude -stop.latitude) *
            (minutes/stop.duration),
        stop.longitude +
            (nextStop.longitude -stop.longitude) *
            (minutes/stop.duration)
    ];
    animation.push(
    L.polyline(prevStops.concat([position]), options)
    );
}
```

在这个循环中，我们用到了一个简单的线性插值的办法来计算列车在特定时间的位置（position）。当我们把这个位置坐标加入到数组prevStops之后，随即构建了当前时刻的路径。这段代码基于路径信息收集了一套完整的线路坐标，并且将其添加进动画的数组之中。

注意，当我们使用数组的concat()方法的时候，我们会将position数组用另一对表示数组的中括号包起来。这样我们才能实现下方代码第二行的效果。你可以比较一下下方两行代码的异同，以明白我们为什么要这么做。

```
[[1,2], [3,4]].concat([5,6]); // => [[1,2], [3,4], 5, 6]
[[1,2], [3,4]].concat([[5,6]]); // => [[1,2], [3,4], [5,6]]
```

6.4.7 第7步 使路线具有动画效果

现在，我们终于可以尝试执行我们的动画了。我们创建了一个数组去包含两条路线，以初始化我们的动画。

```
var routeAnimations = [
    buildAnimation(seaboard,
      {clickable: false, color: "#88020B", weight: 8, opacity: 1.0}
    ),
    buildAnimation(southern,
       {clickable: false, color: "#106634", weight: 8, opacity: 1.0}
    )
];
```

接下来我们需要计算动画创建过程中所需的最大步骤数，即将两个动画数组的长度进行比较，取最小值。

```
var maxSteps = Math.min.apply(null,
    routeAnimations.map(function(animation) {
        return animation.length
    })
);
```

对于取最小长度而言，上面的语句看上去似乎很复杂，让人很难理解，但它确实是在线路数量确定的情况下解决问题的好办法。如果以后我们还需要在地图上添加第三条应用动画的路线，那么我们就不必修改代码了。对这段代码最好的理解方式就是从内向外阅读。以下的代码片断将一组由路线动画组成的的数组转变成了一组由长度组成的，形如[870,775]的数组。

```
routeAnimations.map(function(animation) {return animation.length})
```

Math.min()函数可以用来取最小值，只是它需要的参数形式是一组由逗号分隔开来的数字列表，而非数组形式。所以，我们使用了apply()方法（此方法适用于任何JavaScript函数），将数组转化成一个由逗号分隔的列表，它的第一个参数代表了函数的上下文环境，我们这里不需要配置这个参数，所以把它设成null。

该动画过程，会根据变量step的变化监听当前状态，而step变量本身，我们把它初始化为0。

```
var step = 0;
```

函数animationStep()会处理动画过程中的每一个步骤。这个函数由4个部分组成。

```
var animateStep = function() {
    // Draw the next step in the animation
}
```

首先我们要检查这一步是否是整个动画过程的第1步。

```
    if (step > 0) {
        routeAnimations.forEach(function(animation) {
❶           map.removeLayer(animation[step-1]);
        });
    }
```

如果它不是第一步，那么step变量的值就会大于0，然后我们就可以在地图中，把之前动画步骤中的路线线段删去（如以上代码❶处）。

接下来我们就该检查动画是否应该在此时结束。如果是，那么我们就重置整个动画过程，将step变量重设为0。

```
    if (step === maxSteps) {
        step = 0;
     }
```

代码的第三部分，我们将当前动画步骤的线段添加进地图中。

```
    routeAnimations.forEach(function(animation) {
        map.addLayer(animation[step]);
     });
```

最后，如果我们的动画过程结束，我们就返回一个true。

```
    return ++step === maxSteps;
```

我们将会通过JavaScript的setInterval方法间歇性不断执行这一函数，如下所示。

```
var interval = null;
var animate = function() {
    interval = window.setInterval(function() {
❶       if (animateStep()) {
            window.clearInterval(interval);
            control.reset();
        }
    }, 30);
}
❷ var pause = function() {
    window.clearInterval(interval);
}
```

我们定义了一个变量，以指向我们的动画方法，另外添加了控制动画开始和停止的函数。在函数animate()中，我们在代码❶处校验了函数animateStep()的返回值，如果为true，则整个动画过程执行完毕，则我们在这里清除动画的执行，并重置动画控制器（我们稍后将会看到控制器是在哪里定义的）。在代码❷处，函数pause()用来清除动画的执行，以达到停止动画的目的。

现在我们需要做的，就是使用在6.4.5小节中创建的对象去定义动画控制器。

```
var control = L.control.animate({
    animateStartFn: animate,
    animateStopFn: pause
});
control.addTo(map);
```

当我们将动画控制器加入到地图中，用户就可以进行操作了。

6.4.8 第8步 为每个站点加上标签

在我们结束动画部分的制作之前，我们要为每一个车站添加标签。而为了强调经过每个站点所需的时间，每当动画运行到某个站点的时候，我们就要把该站对应的标签展示出来。为了达到这一效果，我们将使用一个特殊的对象来创建标签，然后我们将创建一个方法，为地图添加这些标签，接下来，为了完成这个标签对象，我们将添加一个能够获取或者标记标签状态的方法。

由于Leaflet本身并无对标签的预定义对象，所以我们需要创建一个自定义的对象，这就要由创建一个最基本的Leaflet类（Class）开始。

```
L.Label = L.Class.extend({
    // Implement the Label object
});
```

我们需要为这个自定义的标签对象设置一些参数，比如在地图上的位置（latLng）、标签上的文本（label）和其他配置项（options）。然后，我们需要拓展Leaflet的类（Class）的initialize()方法，来处理这些参数。

```
initialize: function(latLng, label, options) {
    this._latlng = latLng;
    this._label = label;
❶   L.Util.setOptions(this, options);
❷   this._status = "hidden";
},
```

对于位置latLng和文本信息label，我们暂且保存它们的值以备用。对于其他配置项options，我们将使用Leaflet的Util方法提供对默认值的支持（如上面代码❶处）。该对象具有一个能用以追踪状态的变量，因为所有标签在初始化时都需要被隐藏，所以在代码❷处，this._status的值设为"hidden"。

```
    options: {
        offset: new L.Point(0, 0)
    },
});
```

对于标签本身来说，我们需要为它添加一个参数，用以描述其针对标准位置的偏移量。x和y轴上的偏移量的默认值都为0。

在initialize方法由L.Util.setOption处理的options属性，为offset偏移量设置了一个默认值（0,0），并将这一默认值应用在每一个新建立的label对象之上。

接下来我们就写一段函数，来给地图添加上标签。

```
    onAdd: function(map) {
❶        this._container = L.DomUtil.create("div", "leaflet-label");
❷        this._container.style.lineHeight = "0";
❸        this._container.style.opacity = "0";
❹        map.getPanes().markerPane.appendChild(this._container);
❺        this._container.innerHTML = this._label;
❻        var position = map.latLngToLayerPoint(this._latlng);
❼        position = new L.Point(
            position.x + this.options.offset.x,
            position.y + this.options.offset.y,
❽        );
❾        L.DomUtil.setPosition(this._container, position);
    },
```

该函数包括如下内容。

1. 在代码❶处，创建一个class="leaflet-label"的<div>元素。

2. 将此元素的line-height样式设为0，以方便Leaflet计算其位置信息（如代码❷处所示）。

3. 将此元素的opacity样式设置为0，以匹配其初始hidden状态（如代码❸处所示）。

4. 将上面建立的元素添加到地图中的markerPane层中（如代码❹处所示）。

5. 获取HTML内部的文本作为标签的文本（如代码❺处所示）。

6. 使用代码❻处定义好的位置信息，计算标签的位置，并对随时可能出现的偏移进行调整（代码❼到❽之间）。

7. 将元素在地图上进行定位（如代码❾处所示）。

＊ 注意： 在第2步将line-height设置为0的步骤中，暴露了Leaflet用以计算地图中元素位置的方法的一个问题。具体来说，Leaflet并不对在同一个父级容器下的其他元素进行计算。通过去除所有的元素中的line-height属性，我们避免了Leaflet的这一个问题，从而得到了正确的计算位置。

最后，我们添加获取和设置标签状态的方法。正如下面的代码所显示的那样，我们的标签可能含有3个不同的状态值，而这些值决定了其对应标签显示的透明度。

```
    getStatus: function() {
          return this._status;
    },
    setStatus: function(status) {
        switch (status) {
            case "hidden":
                this._status = "hidden";
                this._container.style.opacity = "0";
                break;
            case "shown":
                this._status = "shown";
                this._container.style.opacity = "1";
                break;
            case "dimmed":
                this._status = "dimmed";
                this._container.style.opacity = "0.5";
                break;
        }
     }
```

我们同时还引入了调整标签位置的项，因为并不是所有的标签都能够精确地定位到它们经纬度所指的地方。一般情况下，我们只要对位置稍作轻微的调整，就会有效避免一些问题，如线路路径、地图切片上的文字或其他标签可能造成的干扰。在本例中，我们可能需要不断调整才能得到标签最佳的显示位置。我们会在数据集中补充一些偏移量的参数，数据集会呈现出下面的样子。

```
var seaboard = [
{ "stop": "Washington",     "offset":  [-30,-10], /* Data continues... */ },
{ "stop": "Fredericksburg", "offset": [ 6,    4], /* Data continues... */ },
{ "stop": "Richmond",       "offset":  [ 6,    4], /* Data continues... */ },
// Data set continues...
```

6.4.9 第9步　在标签上应用动画

要在标签上设置动画，我们需要再一次迭代遍历列车的路线。因为存在不止一条路线，我们最好使用一个通用的函数，以避免我们复制一份相同的代码。正如下面的代码所示，在该函数中我们没有使用固定参数，而是希望调用者根据实际线路的数量，来传递相应的参数。所有输入的参数都会被存储到arguments对象中。

arguments对象看起来很像一个JavaScript数组。其包含length属性，所以我们可以通过诸如arguments[0]的方式去访问其中的每一个元素。但是，它本身并不是一个真正的数组，所以我们并不能使用一些方便的数组方法（如forEach）去操作它。作为变通方法，我们在buildLabelAniamtion()函数的一开始用了一个小技巧，将arguments对象转换成为了一个真正的数组：args。

```
var buildLabelAnimation = function() {
❶    var args = Array.prototype.slice.call(arguments),
         labels = [];

     // Calculate label animation values

     return labels;
}
```

我们在代码❶处对arguments对象应用了slice()方法，获得了一个真正的数组。

*** 注意**：相同的技巧适用于JavaScript中几乎所有的“类数组”的对象，这种方法都可以把这些对象转换成真正的数组。

既然路线都已经被转换成了数组的形式，我们就可以使用forEach函数去迭代每一条路线了。

```
    args.forEach(function(route) {
        var minutes = 0;
        route.forEach(function(stop,idx) {
            // Process each stop on the route
        });
    });
```

当我们重新开始处理一条新路线的时候，我们将minutes的值设为0。然后我们可以再次使用forEach函数去迭代遍历路线中所有的站点。

```
    route.forEach(function(stop,idx) {
❶       if (idx !== 0 && idx < route.length-1) {
            var label = new L.Label(
                [stop.latitude, stop.longitude],
                stop.stop,
                {offset: new L.Point(stop.offset[0], stop.offset[1])}
            );
            map.addLayer(label);
❷           labels.push(
                {minutes: minutes, label: label, status: "shown"}
            );
❸           labels.push(
                {minutes: minutes+50, label: label, status: "dimmed"}
            );
        }
        minutes += stop.duration;
    });
```

对于路线上的每一个站点，我们首先要检查这个站点是否是第一个或者最后一个站点。如果是，那么我们将不会给这一站点的标签设置动画。反之，如代码❶处所示，我们会创建一个Label对象并将其加入到地图中去。然后，我们会将Label对象追加到labels数组当中，以积累我们的标签动画数据。值得注意的是，在往该数组添加标签的时候，每一个标签都添加了两次。第一次（代码❷处）是在动画效果到达站点的时候，在这种时候，我们将其伴随着“shown”的状态一起追加进去。我们还在50分钟之后向数组追加了一次标签（代码❸处），这次我们向数组追加了“dimmed”状态。当我们执行这段动画的时候，在路线图标第一次抵达该站点的时候，标签就会显示出来，并且会随着时间的推移而逐渐淡出。

在迭代遍历完所有的路线之后，labels数组将会向每一个label提示：何时需要改变状态。尽管各标签并不按照它们各自动画状态变化的顺序排序，为了保证其具有一定顺序，我们根据时间的升序来对数组进行排序。

```
    labels.sort(function(a,b) {return a.minutes -b.minutes;})
```

要使用这个新的函数，就要对所有待实现动画效果的路线进行调用，并将其作为参数传入函数。

```
var labels = buildLabelAnimation(seaboard, southern);
```

由于我们不会对任意一条线路的起点（Washington D.C.）和终点（Atlanta）添加动画效果，所以一开始我们就可以直接将这两个站点在地图上展示出来。

我们可以从任意一条路线中获取这两个站点的坐标信息。下面的例子使用了seaboard数据集去实现我们的目的。

```
var start = seaboard[0];
var label = new L.Label(
    [start.latitude, start.longitude],
     start.stop,
    {offset: new L.Point(start.offset[0], start.offset[1])}
);
map.addLayer(label);
label.setStatus("shown");

var finish = seaboard[seaboard.length-1];
label = new L.Label(
    [finish.latitude, finish.longitude],
    finish.stop,
    {offset: new L.Point(finish.offset[0], finish.offset[1])}
);
map.addLayer(label);
label.setStatus("shown");
```

6.4.10 第10步 将标签动画整合进整个动画的步骤之中

现在，标签动画的数据已经准备完毕了。我们就可以对动画函数做出一些调整，以像之前整合路线动画一样，把标签也整合进动画函数里来。这项工作的第一个任务，就是要决定动画在何时结束。由于路线上的动画在每经过一个站点的时候具有一个淡出效果，我们不能像之前一样，在绘制完成所有线路之后，就终止我们的动画，因为那时一定还有淡出效果还没来得及执行呢。我们需要一些独立的变量，以存放每一次动画执行的步骤。而动画的所有的步骤总数，将以每次动画执行步骤总数中最大的那个为准。

```
var maxPathSteps = Math.min.apply(null,
    routeAnimations.map(function(animation) {
        return animation.length
    })
);
var maxLabelSteps = labels[labels.length-1].minutes;
var maxSteps = Math.max(maxPathSteps, maxLabelSteps);
```

现在我们还需要备份一份标签动画的数据，以便在动画执行过程中，我们可以随时删去用过的数据，同时保持原数据的完整。为了方便用户对动画进行重播操作，我们会避免彻底删除原数据。复制JavaScript数组的最简单的方式，就是调用它本身的slice(0)方法。

*** 注意：**在代码中，我们不能通过一个简单的赋值（var labelAnimation = labels）来给数组备份。在JavaScript中这句代码将会把标签中当前的数组的引用赋给labelAnimation。而任何变化都会影响到其随后的变化。

```
var labelAnimation = labels.slice(0);
```

动画步骤函数本身还需要一些用来处理标签的代码。它主要有5个步骤；而我们会在下面的代码中逐一讲解这些步骤。第1步，我们需要确认当且仅当我们要向地图中加入新的路径时，代码中要删去之前的线段。只有当step小于maxPathSteps的时候，这一步骤会返回true。

```
if (step > 0 && step < maxPathSteps) {
    routeAnimations.forEach(function(animation) {
        map.removeLayer(animation[step-1]);
    });
}
```

第2步，满足用户重播动画的需求。

```
if (step === maxSteps) {
❶    routeAnimations.forEach(function(animation) {
        map.removeLayer(animation[maxPathSteps-1]);
❷    });
❸    labelAnimation = labels.slice(0);
❹    labelAnimation.forEach(function(label) {
        label.label.setStatus("hidden");
❺    });
❻    step = 0;
}
```

当动画重播的时候，step的值将从上一个动画结束后的值变成了maxSteps的值。要重置动画设置，我们就要在每一条路线上删掉上一段路段（代码❶到❷之间），并给标签动画数据做出一个新的备份（代码❸处），同时隐藏所有的标签（代码❹到❺之间）。接下来我们把step变量设成0(代码❻处)。

第3步，我们为标签动画写了一些新的代码。

```
while (labelAnimation.length && step === labelAnimation[0].minutes) {
    var label = labelAnimation[0].label;
    if (step < maxPathSteps || label.getStatus() === "shown") {
        label.setStatus(labelAnimation[0].status);
    }
    labelAnimation.shift();
}
```

上面的代码主要关注的是数组labelAnimation的第一个元素（如果有的话）。如果该元素的时间值（即minutes属性）和动画步骤的对应值相同，就要检查我们是否有必要进行一些处理。当我们持续添加路径的时候我们总是会对标签的动画进行即时处理，那么如果路径添加完毕之后，我们就只需要对已经显示过的标签进行处理。一旦我们完成了对labelAnimation的第一个元素的处理之后，就要将它从数组中删去（使用shift()方法），并再一次对其进行检查。凡出现多个标签动画的变化在同一个时刻出现这样一种情况的时候，我们要始终保持对整个过程的校验。

上面的代码对标签动画准备的过程中的一些细节进行了解释。首先，因为我们对其进行了排序，所以我们只需要观察该数组中的第一个元素即可，这很显然比查询整个数组效率要高得多。第二，因为我们要处理的是标签动画的数组的副本，而非原数组，所以当我们处理完毕之后，出于安全起见，要把所有元素删去。

第4步，既然所有的标签动画都已经处理完毕了，我们就可以返回去研究线路的路径了。只要还有路径需要添加动画，我们就会像之前那样，将其添加到地图中。

```
if (step < maxPathSteps) {
    routeAnimations.forEach(function(animation) {
        map.addLayer(animation[step]);
    });
}
```

第5步，与之前一样，我们动画步骤函数返回了动画是否结束的提示。

```
return ++step === maxSteps;
```

我们可以用一些CSS代码让动画更美观。因为改变标签状态的时候我们使用的是opacity属性，那么我们可以通过定义CSS的transition属性，让动画过程显得更平滑流畅。

```
.leaflet-label {
   -Webkit-transition: opacity .5s ease-in-out;
      -moz-transition: opacity .5s ease-in-out;
       -ms-transition: opacity .5s ease-in-out;
        -o-transition: opacity .5s ease-in-out;
           transition: opacity .5s ease-in-out;
}
```

为了让这段代码能够适应所有当前较流行的浏览器版本，我们会在属性之前添加一些不同的表示浏览器厂商的前缀，但是这些代码要实现的效果和目的都是一致的。一旦浏览器改变了leaflet-label类元素的透明度，浏览器就会在应用500毫秒的时间去建立一个平滑过渡的透明度变化补间。这个过渡动画让我们的动画看起来更流畅，效果更优雅。

6.4.11 第11步 加上标题

要最终完成我们的可视化工作，我们需要给整个视图添加一个标题，并加上一小段注解。我们可以使用Leaflet的配置项建立一个标题，就像我们在动画控制的时候所做的一样。做这段工作的代码，看上去就非常清晰直接。

```
L.Control.Title = L.Control.extend({
    options: {
❶       position: "topleft"
    },

❷   initialize: function (title, options) {
        L.setOptions(this, options);
        this._title = title;
    },

    onAdd: function (map) {
        var container = L.DomUtil.create("div", "leaflet-control-title");
❸       container.innerHTML = this._title;
        return container;
    }
});

L.control.title = function(title, options) {
    return new L.Control.Title(title, options);
};
```

我们提供了一个位于地图左上端的默认位置（如代码❶处所示），并接受一个表示标题的字符串作为初始参数（代码❷处）。在代码❸处，我们通过innerHTML方法将标题字符串添加进地图中。

现在我们可以使用如下代码去随心所欲地创建我们所需的标题对象了，而且我们还可以立即将它加到地图里去。下面的代码是简单的实现方法。在图6-13中，我们写入了一些额外的文本信息。

```
L.control.title("Geography as a Competitive Advantage").addTo(map);
```

为了设置标题的外观，我们可以定义一个leaflet-control-title子类，并根据需要去应用CSS规则。

至此，我们拥有了一个具有两条路线的，可交互的可视化视图（见图6-13）。用户可以很清楚的看到，从Washington到Atlanta，Southener公司的线路明显更快。

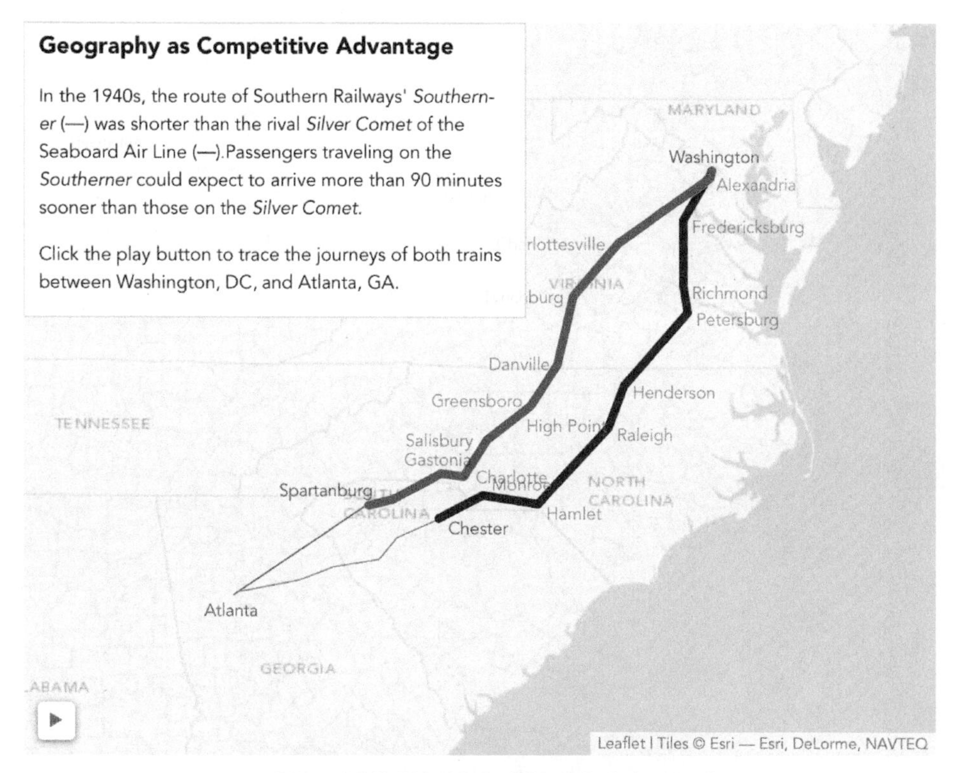

图6-13　我们可以在使用地图库在浏览器中创建地图的时候，加入一些交互功能，让视图变得更具有吸引力

6.5 小结

在本章中我们了解了很多基于地图的可视化设计，在前两个例子中，可视化的主题是“地理区域”，我们运用了等值线图，对不同的区域进行了对比。字体格式的地图虽然是一种非常方便快捷的工具，但只有应用在地理区域的可视化需求上的时候，这一优势才能够体现。虽然比较耗费精力，但是SVG给予我们更多的自由去添加我们需要的地图控制，以创建我们专有的地图。谈到SVG，与其他的图片格式不同的是，只要辅以CSS和JavaScript,SVG就很容易在网页中使用，并且可以实现更多的效果。在本章中我们还了解了一些基于传统地图库所衍生出来的案例。当你的数据集里面包含了对应的经纬度信息的时候，使用地图库就特别的方便，因为这些地图库擅长的就是运用二维空间中的各个点的位置信息，进行相应的复杂的运算。正如我们所看到的那样，有一些库还能以一种相对简单的方式，完成对数据集的映射工作。诸如Leaflet那样的一些功能完备的库，会给用户提供更强大的功能和可定制化的自由，我们通过这样的库，构建了一个可定制的、具有动画效果的地图。

第7章 用D3.js自定义可视化数据视图

通过本书，我们已经了解了很多专为某种可视化类型定制的JavaScript组件库。如果你需要为你的网页添加一个指定类型的可视化效果，而且恰好你知道有一个JavaScript库能帮你实现你需要的功能，那么直接引用组件完成设计开发是最方便快捷的方法。当然，这么做也有缺点，尽管这些组件库提供了一些设置选项，当你想改变一些设计细节，你会发现自己无能为力。

在本章中，我们将会了解到一种完全不同的通过JavaScript实现可视化的方法，这种方法会解放我们的创意，将设计的主导权交回我们的设计师和开发人员。你可能会认为，高定制化的方案一定意味着技术难度的增加，别怕，我们现在有了一种功能强大的JavaScript库能够帮助我们实现高定制化的设计，这就是D3.js（http://d3js.org/）。D3.js不提供任何预定义的可视化效果，如图表、图形、地图等。事实上，它只是数据可视化的一个支持工具，你可以利用这个工具，创建属于自己的表格、图形、地图等。

为了介绍基本的D3.js的功能，我们会结合几个例子来进行说明。本章中的案例包括以下内容。

- 让实际数据与传统图表类型相适应。
- 通过建立力导向图表向用户提供交互反馈。
- 使用高质量的SVG图形展示地图上的数据。
- 构建一个完全自定义的可视化方案。

7.1 适应传统的图表类型

D3.js与其他的JavaScript库的最大区别在于原理的不同。D3.js不是一个真正意义上的对图表和视图预定义的工具。相反，它是一个可以帮助你创建任意类型的可视化视图，并能够将可定制化和丰富的表现方式融为一体的库。尽管使用D3.js创建一个普通图表可能需要更多的配置，但如果我们一旦在项目中使用了它，那么我们设计图表的时候就不会受到传统图表思维的限制。为了了解D3.js的工作原理以及体验它的强大功能，我们可以创建一个与传统的图表库大相径庭的自定义图表。

在本例中，我们将把现代物理学最重要的发现之一——哈勃定律——的效果用可视化实现出来。根据此定律，宇宙是无限延展的，由此，我们所能感知到的遥远的星系的移动速度，随着它距离我们的距离的变化而变化。更准确地说，哈勃定律提出，对于这一速度的任何的变化和转移，都与距离呈线性函数关系。为了更直观地观察这一定律，我们可以将速度的变化（也被称作是"红移光谱速度"）和几个星体之间的距离的关系制成图表。如果哈勃定律是正确的，那么这个图表看上去应该就是一条直线。而对于我们的数据，我们要使用的，是来自于哈勃于1929年发表的论文（http://www.pnas.org/content/15/3/168.full），以及各星体距离和红移光谱速度而即时更新的值。

所以到现在为止，这个任务所反映的结果看上去更像是一个散点图，其横坐标表示距离而纵坐标表示速度。然而奇怪的是，物理学家们对我们想要表现在图表中的速度和距离并不是特别的了解，至少并不知道这两个指标的准确值。他们所能做的就是对这些值进行预估，而两个值中不论哪一个值，都会有潜在的错误。但是我们还是要持续这样的尝试。实际上，这些值可能出现的预估错误，比起我们在可视化视图中选择着重高亮标出的点可能会比较重要。所以为了实现这项任务，我们不会将每个值都画成点。我们倒会将它们以一个类似于盒子的形式呈现，而盒子的大小则与该值的潜在的错误相关。这一方法在散点图中并不通用，但D3.js库对其倒是能很容易适应。

7.1.1 第1步 准备数据

根据最新的估计结果，我们将会在图表中输入表7-1所示数据。

表7-1 星云（Nebulae）和星团（Cluster）的距离以及红移速度

Nebulae/cluster	Distance (Mpc)	Red shift velocity (km/s)
NGC 6822	0.500 ± 0.010	57 ± 2
NGC 221	0.763 ± 0.024	200 ± 6
NGC 598	0.835 ± 0.105	179 ± 3
NGC 4736	4.900 ± 0.400	308 ± 1
NGC 5457	6.400 ± 0.500	241 ± 2
NGC 4258	7.000 ± 0.500	448 ± 3
NGC 5194	7.100 ± 1.200	463 ± 3
NGC 4826	7.400 ± 0.610	408 ± 4
NGC 3627	11.000 ± 1.500	727 ± 3
NGC 7331	12.200 ± 1.000	816 ± 1
NGC 4486	16.400 ± 0.500	1307 ± 7
NGC 4649	16.800 ± 1.200	1117 ± 6
NGC 4472	17.100 ± 1.200	729 ± 2

我们可以通过JavaScript，以如下数组的形式将上述内容表示出来。

```
hubble_data = [
    { nebulae: "NGC 6822", distance: 0.500, distance_error: 0.010,
      velocity: 57, velocity_error: 2, },
    { nebulae: "NGC 221", distance: 0.763, distance_error: 0.024,
      velocity: 200, velocity_error: 6, },
    { nebulae: "NGC 598", distance: 0.835, distance_error: 0.105,
      velocity: 179, velocity_error: 3, },
    // Data set continues...
```

7.1.2 第2步 建立Web页面

D3.js的使用并不用依赖其他任何一种库，而且它可以在大多数CDN里面获取。我们所需做的，就是将其引入到页面中去。

```
<!DOCTYPE html>
<html lang="en">
  <head>
    <meta charset="utf-8">
    <title></title>
```

```
  </head>
  <body>
❶    <div id="container"></div>
❷    <script
       src="//cdnjs.cloudflare.com/ajax/libs/d3/3.4.6/d3.min.js">
     </script>
  </body>
</html>
```

在代码❷处中我们引入D3.js，同时，在代码❶处，我们创建了一个id为“container”的<div>元素，以容纳我们的可视化视图。

7.1.3 第3步 为可视化视图创建一个平台

和很多高级的库不同，D3.js不会在页面上主动将可视化视图画出来，这个效果还是要我们一点一点实现。尽管有这样额外的工作，看上去工作量增大了，但随之而来的好处就是我们可以自主选择画出视图的技术。我们可以沿用与本书中所提到的很多类型的库所含的同样的方法，并结合HTML5的元素实现，或者我们还可以直接用原生的HTML进行实现。当然，既然我们已经在第6章中了解了操作过程，我们就应该知道对于构建图表而言，SVG还是最好的办法。因此，图表代码的根元素就应该是<svg>，我们把它加在页面上。而我们可以在使用属性的同时，定义图表的大小。

如果我们使用的是jQuery，我们可能会需要以下的代码。

```
var svg = $("<svg>").attr("height", height).attr("width", width);
$("#container").append(svg);
```

而使用D3.js的时候代码也是类似的。

```
var svg = d3.select("#container").append("svg")
    .attr("height", height)
    .attr("width", width);
```

在这段代码中我们对容器进行了选择，并在其间加入了<svg>标签，并为该<svg>标签添加了属性。这段语句很明显地展示了D3.js和jQuery之间最重要的不同，而这一差异往往会给刚刚着手使用D3.js的开发者们造成困扰。在jQuery中方法append()返回的是最初指定的选择器，你可以在那个选择器之上继续进行链式操作。具体而言，当我们执行了 $("#contaier").append(svg)，返回的选择器对象是 $("#container")。

而如果使用D3.js，那么函数append()返回的选择器却完全不同，它会返回新添加的元素。所以语句d3.select("#container").append("svg")就不会再返回#container，而是返回新添加的<svg>元素。于是，随后的attr方法将一系列属性赋到了<svg>元素，而非"#container"元素之上。

7.1.4 第4步 控制图表的尺寸

到现在为止我们尚未给图表的高度和宽度设定具体的值，我们只是设置了height和width两个变量。现在，我们打算为这些变量赋值，同时，我们还可以设置图表距离可视化区域边缘的边距。以下的代码采用了D3.js中常见的一种格式。

```
var margin = {top: 20, right: 20, bottom: 30, left: 40},
    width = 640 -margin.left -margin.right,
    height = 400 -margin.top -margin.bottom;
```

接下来我们将对代码进行一些调整，添加一个<svg>容器作为主容器以应用对边距的设置。

```
var svg = d3.select("#chart1").append("svg")
    .attr("height", height + margin.left + margin.right)
    .attr("width", width + margin.top + margin.bottom);
```

为了保证图表的边距设置有足够的兼容性，我们将通过SVG中的<g>元素去应用边距设置。和HTML中的<div>元素类似，<g>元素是SVG图形中的一个基本元素。我们可以使用D3.js来创建这个元素，并且把它继承在<svg>主元素下面。

```
var chart = svg.append("g")
    .attr("transform",
        "translate(" + margin.left + "," + margin.top + ")"
    );
```

在数据可视化中，数据的显示一定会按照可视化范围进行一定的缩放。在本例中，为了和图表的大小相适应，我们也需要重新调整数据的显示比例。例如，银河系在图中的尺寸应该被缩放为0~920像素之间的区间，而不是实际的0.5–17Mpc（Mpc即"百万秒差距"，1Mpc约等于326万光年——译者注）。因为这种需求在可视化实现的操作中非常普遍，所以D3.js对此提供了专门的工具，即一些scale对象。我们接下来将在x轴和y轴上缩放数据的显示比例。

正如以下代码所显示的那样，纵向和横向上的缩放都是线性的。线性变化本身非常简单（实际上在这里甚至可以不需要D3.js支持）。当然，D3.js会支持一些更复杂的其他类型的缩放。如果我们使用了D3.js，那么操作这些复杂的缩放方法，就和操作线性缩放一样简单。

```
var xScale = d3.scale.linear()
    .range([0,width]);
var yScale = d3.scale.linear()
    .range([height,0]);
```

我们将x轴和y轴的数据显示范围设置为期望的像素范围。x轴的范围从0开始，于图表最右边结束（整个width的距离），而y轴的范围则从0开始，到图表最下方结束（整个height的距离）。需要注意的是，我们颠倒了y轴的常规顺序，这是因为SVG的坐标规定顶端的位置是0。这一规则和HTML一致，却和传统的图表规则是不一样的，传统图表规则指定的0位置是区域的底部。为了与这一反转相适应，在定义范围的时候，我们会将显示的值也进行处理。

在此处，我们会给每一个scale设定范围，而这些范围决定了我们想要的输出。我们还需要指定每一个scale的可能输出，这在D3.js中叫做“域”（domain）。这些输入分别就是距离和速度的最大值和最小值。我们可以使用D3.js直接从数据中提取出这些值，以下是我们提取最小距离的代码。

```
var minDist = d3.min(hubble_data, function(nebulae) {
    return nebulae.distance -nebulae.distance_error;
});
```

当然，我们不能只是找出这些数据里面的最小值，因为我们还要考虑到距离上的误差。在前面的片段中我们可以看到，D3.js在函数d3.min()中的其中一个参数实际上也是一个函数，而这个函数可以做出一些相应的必要的调整。在考虑最大值的时候我们也可以使用同样的方法。以下就是定义每一个scale的域的具体代码。

```
xScale.domain([
        d3.min(hubble_data, function(nebulae) {
            return nebulae.distance -nebulae.distance_error;
        }),
        d3.max(hubble_data, function(nebulae) {
            return nebulae.distance + nebulae.distance_error;
```

```
        })
    ])
    .nice();
yScale.domain([
        d3.min(hubble_data, function(nebulae) {
            return nebulae.velocity -nebulae.velocity_error;
        }),
        d3.max(hubble_data, function(nebulae) {
          return nebulae.velocity + nebulae.velocity_error;
        })
    ])
    .nice();
```

7.1.5 第5步　画出图表框架

坐标轴是可视化图表中的常用元素，对此，D3.js也有针对性的处理工具。为了给图表创建出坐标轴，我们需要制定合适的大小和坐标轴的方向。从下面的代码中你可以看到，D3.js将坐标轴作为它本身的SVG工具的一部分，为其提供支持。

```
var xAxis = d3.svg.axis()
    .scale(xScale)
    .orient("bottom");
var yAxis = d3.svg.axis()
    .scale(yScale)
    .orient("left");
```

在定义了坐标轴之后，我们就可以将对应的SVG元素使用D3.js添加在页面中。我们将使用<g>元素去包含每一条坐标轴。对于x轴，我们需要将其对应的<g>元素放置在图表的底部。

```
var xAxisGroup = chart.append("g")
     .attr("transform", "translate(0," + height + ")");
```

要创建一个用于构建坐标轴的SVG元素，我们可以调用xAxis对象，并将下面的参数传给它。

```
xAxis(xAxisGroup);
```

既然我们有了D3.js库，那么我们还可以让表达方式更简洁一些，既能让我们免于频繁使用局部变量，还能使用链式操作去应用每个方法。

```
chart.append("g")
    .attr("transform", "translate(0," + height + ")")
    .call(xAxis);
```

我们还可以继续使用链式操作，在图表上添加一些其他的元素，比如在这里添加一个坐标轴的标签。

```
chart.append("g")
    .attr("transform", "translate(0," + height + ")")
    .call(xAxis)
  .append("text")
    .attr("x", width)
    .attr("y", -6)
    .style("text-anchor", "end")
    .text("Distance (Mpc)");
```

如果你仔细观察，你会发现在创建坐标轴，添加刻度线，甚至创建标签的过程中，D3.js都为我们提供了便利。这是所创建的SVG的一部分代码。

```
<g class="x axis" transform="translate(0,450)">
    <g class="tick" transform="translate(0,0)" style="opacity: 1;">
        <line y2="6" x2="0"></line>
        <text y="9" x="0" dy=".71em" style="text-anchor: middle;">0</text>
    </g>
    <g class="tick" transform="translate(77.77,0)" style="opacity: 1;">
        <line y2="6" x2="0"></line>
        <text y="9" x="0" dy=".71em" style="text-anchor: middle;">2</text>
    </g>
    <!-- Additional tick marks... -->
    <path class="domain" d="M0,6V0H700V6"></path>
  <text x="700" y="-6" style="text-anchor: end;">Distance (Mpc)</text>
</g>
```

现在我们添加一些关于y轴的代码，我们的图表框架就差不多完成了。

```
chart.append("g")
    .attr("transform", "translate(0," + height + ")")
    .call(xAxis)
  .append("text")
    .attr("x", width)
    .attr("y", -6)
```

```
    .style("text-anchor", "end")
    .text("Distance (Mpc)");

chart.append("g")
    .call(yAxis)
  .append("text")
    .attr("transform", "rotate(-90)")
    .attr("y", 6)
    .attr("dy", ".71em")
    .style("text-anchor", "end")
    .text("Red Shift Velocity (km/s)")
```

如图7–1所示，此刻坐标轴上还没有任何数据，但是，重要的是它为我们的图表提供了一个框架。

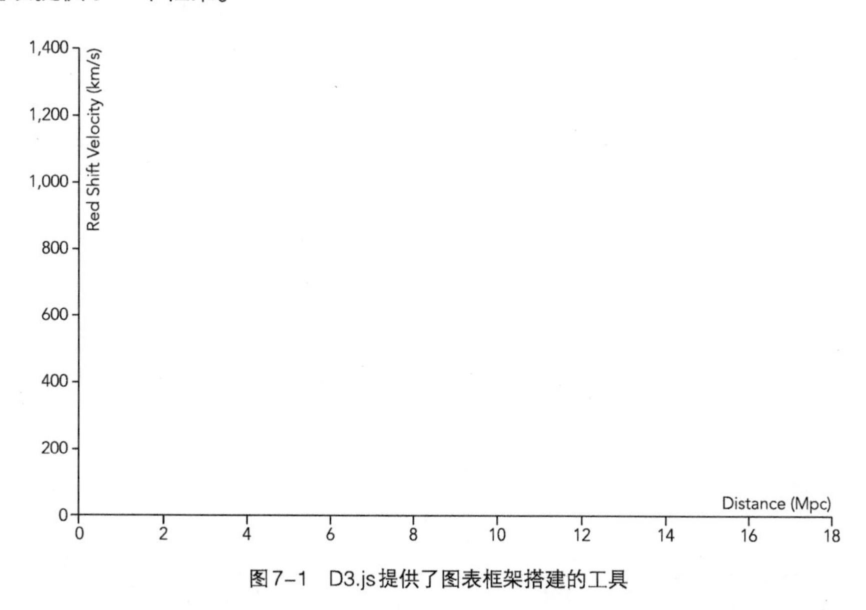

图7–1　D3.js提供了图表框架搭建的工具

你可以抱怨说，只是创建一个坐标框架，我们还是要写很多代码。这对于使用D3.js创建可视化视图来说，太正常不过了。它毕竟不是那种简单传入一个数据集就能够输出一个图表的那种库。相反，它更类似于一种工具包，里面都是些对创建图表非常有用的工具。

7.1.6　第6步　在图中加入数据

既然图表框架已备好，我们就可以往里面加入一些实际数据了。因为我们想要把数据中的距离和速度的误差也体现出来，所以需要将图中的每一个点改成矩形。我们可以在图表中添加一个普通的SVG元素<rect>去实现我们的需求。我们还可以利用x和y坐标的刻度去计算这个矩形的尺寸。

```
hubble_data.forEach(function(nebulae) {
    chart2.append("rect")
      .attr("x", xScale(nebulae.distance - nebulae.distance_error))
      .attr("width", xScale(2 * nebulae.distance_error))
      .attr("y", yScale(nebulae.velocity - nebulae.velocity_error))
      .attr("height", height - yScale(2 * nebulae.velocity_error));
});
```

上面的代码实现了如图7-2所示的效果。当然，通常情况下，D3.js的可视化视图是通过各种标记元素以及enter、update和exit等功能项处理数据集并将数据添加到页面中的。我们会在后面的案例中讲解另一种处理方法。

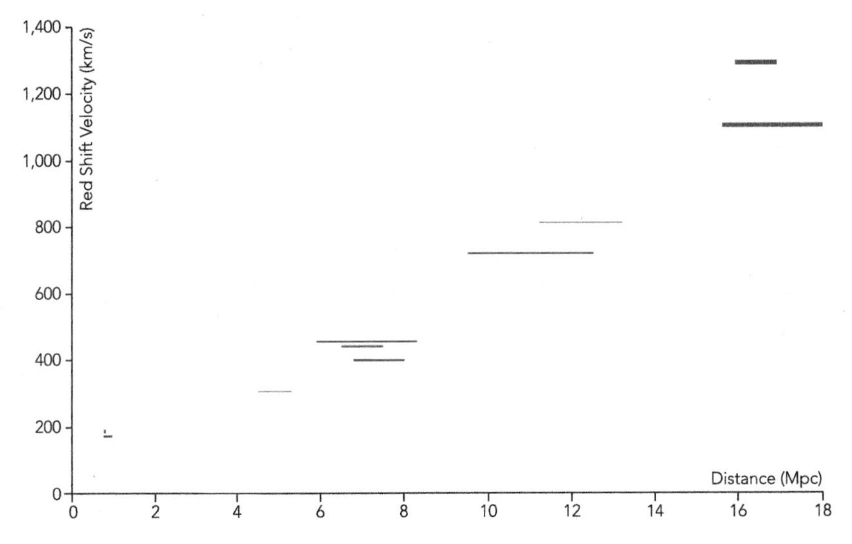

图7-2　D3.js可以用任何有效的标记来渲染数据元素，包括具有固定尺寸的SVG<rect>元素

7.1.7　第7步　解答用户的问题

不论何时，当你要创建一个可视化视图，你最好事先想好，当用户看到你的作品时，他们会提出什么问题。到目前为止，我们在本例中展示了一个可以用来表示哈勃定律的数据集。但是用户在我们的图表中还看不到我们的数据和哈勃定律之间存在什么样的联系。我们会通过下面的一系列步骤解决用户心中的这个疑问。

根据学界的测量记录，哈勃常数（H_0）的值约为70km/s/Mpc。为了表现出这个测量值和图中数据集的吻合程度，我们可以使用SVG的<line>元素从坐标原点（0,0）处开始画一根折线。这里我们再一次使用了D3.js提供的刻度，目的是定义折线的坐标。

```
chart.append("line")
    .attr("x1",xScale(0))
    .attr("y1",yScale(0))
    .attr("x2",xScale(20))
    .attr("y2",yScale(1400));
```

从图7-3中我们可以看出，我们的数据集是可以反映哈勃定律的。

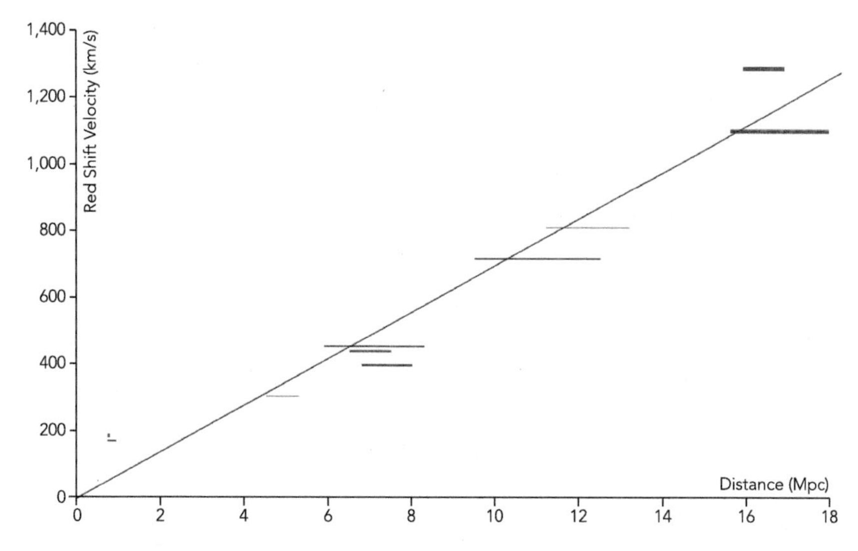

图7–3　完成后的自定义图表所展示的数据集完全符合我们预期效果

7.2　创建一个力导向网络图

和我们在之前的章节中所讨论过的JavaScript库有所不同，D3.js不仅能制作传统的标准化图表，它更擅长的是绘制特殊的自定义图表。为了更好地了解它强大的功能，我们将使用D3.js重绘我们在第4章制作过的一个网络图。此前我们的解决方案是使用一个名叫sigma的JavaScript库，我们主要的工作内容就是把数据整理成sigma库所要求的格式，而并不需要去思考去如何描绘图表的细节。

因为关于绘图的细节，sigma库都替我们做好了。我们可以方便地使用，但是也因此失去了定制化的自由。在接下来我们将学习的内容中，我们会看到,D3.js并不会提供现成的可视化布局，我们需要自己完成诸如元素绘制以及页面布局之类的视觉工作。听起来仿佛工作量挺大，但是我们也发现，其实D3.js已经为我们准备好了很多工具去减轻我们的工作量。

7.2.1 第1步 准备数据

由于我们的目标是重绘第4章中的网络图，我们直接使用同样的数据集就好了。

```
var albums = [
  {
    album: "Miles Davis - Kind of Blue",
    musicians: [
      "Cannonball Adderley",
      "Paul Chambers",
      "Jimmy Cobb",
      "John Coltrane",
      "Miles Davis",
      "Bill Evans"
    ]
  },{
    album: "John Coltrane - A Love Supreme",
    musicians: [
      "John Coltrane",
      "Jimmy Garrison",
      "Elvin Jones",
      "McCoy Tyner"
    ]
  // Data set continues...
```

对于这个数据可视化方案，最好准备两个专门的数组，一个用于图表中节点，而另一个则用于图表中的连线。我们可以直接从原始数据中提取这两类数组，方法在本章中就不再详述了。当然，你可以从本书的源代码中查看完整的实现方法，结果如下所示。

```
var nodes = [
  {
    "name": "Miles Davis - Kind of Blue",
    "links": [
      "Cannonball Adderley",
      "Paul Chambers",
```

```
      "Jimmy Cobb",
      "John Coltrane",
      "Miles Davis",
      "Bill Evans"
     ],
     "x": 270,
     "y": 200
  },
  {
    "name": "John Coltrane - A Love Supreme",
    "links": [
      "John Coltrane",
      "Jimmy Garrison",
      "Elvin Jones",
      "McCoy Tyner"
    ],
    "x": 307.303483,
    "y": 195.287474
  },
  // Data set continues...
];
```

对于节点，我们可以通过增加x、y两个属性去定义其在地图上的位置。节点的初始化位置的定义可以是随意的，在本例中，我们将它们排列成圆环状。

```
var edges = [
  {
    "source": 0,
    "target": 16,
    "links": [
      "Cannonball Adderley",
      "Miles Davis"
    ]
  },
  {
    "source": 0,
    "source": 6,
    "links": [
      "Paul Chambers",
      "John Coltrane"
    ]
  },
  // Data set continues...
];
```

上面的代码中，每条连线按照nodes数组中的关系连结了两个节点，同时还通过数组的形式体现了不同的专辑所包含的相同的音乐人的信息。

7.2.2 第2步 创建页面

如前所述，D3.js并不依赖其他的JavaScript库，而且我们实际上可以通过大多数CDN站点找到引用它的方法。我们只要找到一个可以访问的在线CDN地址，然后把它引入到页面中就可以了。

```
<!DOCTYPE html>
<html lang="en">
  <head>
    <meta charset="utf-8">
    <title></title>
  </head>
  <body>
    <div id="container"></div>
    <script
     src="//cdnjs.cloudflare.com/ajax/libs/d3/3.4.6/d3.min.js">
    </script>
  </body>
</html>
```

正如之前的例子一样，我们创建了一个id为“container”的<div>标签作为可视化视图的容器。

7.2.3 第3步 创建展示平台

这个步骤和之前的例子中的对应步骤也是相同的。

```
var svg = d3.select("#container").append("svg")
    .attr("height", 500)
    .attr("width", 960);
```

我们使用D3.js的select方法去选择了容器元素，并在其中插入一个<svg>元素。同时，我们通过设置height和width属性的值定义了<svg>元素的尺寸。

7.2.4 第4步 绘制节点

通过在<svg>元素内部插入<circle>元素，我们将每一个节点定义为了一个圆形。跟上一步类似，我们可以根据自己的需要去执行若干次svg.

append(“circle”) 方法，但是，这么做并不是最好的方法。

```
nodes.forEach(function(node) {
    svg.append("circle");
});
```

上面的代码确实能够在视图中添加25个 <circle> 元素，但是它并没有做到将数据（数组中的节点）和文档（页面中的圆形元素）联系起来。D3.js 库提供了另一种方法，能够在将圆形元素添加到页面的同时建立起两者之间的联系。实际上，D3.js 不仅仅会创建这样的联系，而且还提供了管理这些联系的方法。尤其是在数据可视化视图较为复杂的情况下，D3.js 提供的这一方法会变得愈加方便和重要。

*** 注意：**上面提到的这个特性是D3.js的核心特性，这个特性决定了D3.js为什么会被叫做“D3”——即data-driven documents(数据驱动文档)。这个特性体现了数据驱动文档的核心思想。

下面的代码向我们展示了如何更高效地运用D3.js来向图中添加 <circle> 元素。

```
var selection = svg.selectAll("circle")
    .data(nodes);

selection.enter().append("circle");
```

如果你之前没有见过D3.js风格的代码，那这段代码你看起来肯定会觉得非常奇怪。我们还没有创建任何 <circle> 元素，怎么就先来了一个选择器把这些元素凭空选中了？选择器返回的结果难道不会为空吗？还有里面的 data() 函数，这又是什么？为了回答这些问题，我们需要先了解，D3.js和一些像jQuery那样的传统的JavaScript库之间到底有些什么不同。在平时我们常用的JavaScript库里，选择器返回的一般都是HTML标签，拿jQuery为例，$(“circle”) 对应的就是页面中所有 <circle> 元素的集合。然而，对于D3.js来说，选择器选中的内容不仅仅是HTML元素，每个选择器能够在获取HTML元素的同时，还能操作其中的数据。

D3.js 使用 data() 函数去管理HTML元素和数据对象，而它所操作的对象（即上面代码中的svg.selectAll(“circle”)）会向数据提供相应的元素及参数（在这里即nodes参数）。在上面代码段的第一句中，我们告诉D3.js我们需要让视图中的每个节点匹配相应的 <circle> 元素，换句话说，我们希望每个 <circle> 标签去匹配nodes数组中的每个值。

当数据的值和元素的个数能够准确地匹配的时候，这一结果就非常好理解了。图7–4展示了4个<circle>元素和4张专辑。D3.js将HTML元素和专辑彼此对应，形成了四个对象。每一个对象都包含一个<circle>元素和一张专辑。

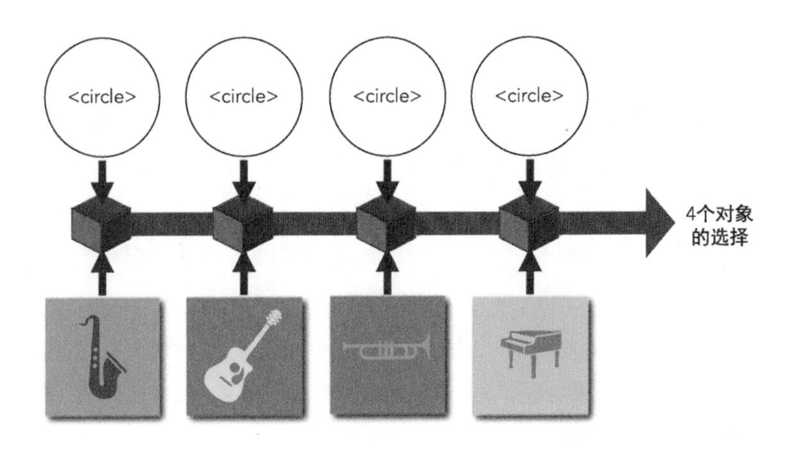

图7–4 D3.js的选择器可以将代表页面内容的<circle>元素和代表数据的专辑联系起来，合并成为可操作的对象

当然，一般而言，我们并不能保证元素的数量和数据项的数量能够完全一致。比方说，如果我们拥有4张专辑的数据量，却只有两个<circle>元素，就像图7–5所示的那样——即便我们并没有那么多的<circle>元素足以让每一个对象都匹配上，D3.js依然会创建4个选择器对象。这样的话，有两个对象将只有数据值而没有对应的<circle>元素。

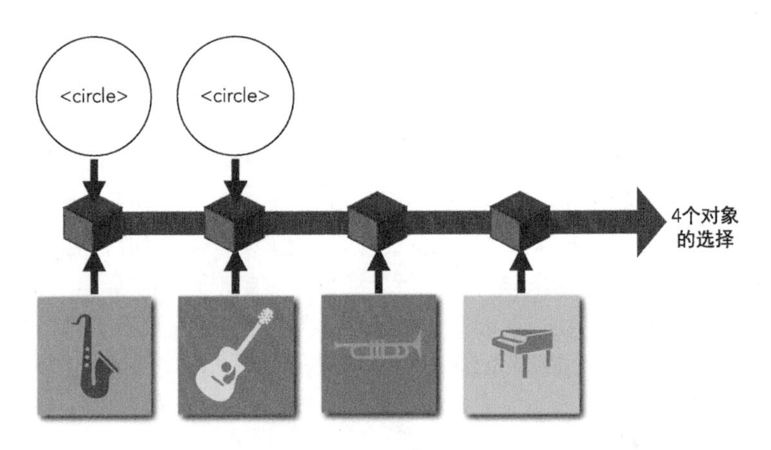

图7–5 如果页面中没有足够的元素，并不影响D3.js根据数据项的数量创建选择器对象

在我们之前的代码中，我们采用了更极端的做法，当代码执行的时候，页面中甚至一个<circle>都没有，我们仅仅是告诉了D3.js，我们拥有nodes数组中的一些值，希望D3.js使用这些值去创建选择器对象。所以，我们就不需要手动去创建一个个<circle>元素了。

（休息一下，让我们等待奇迹的发生。）

现在我们可以看一下代码段中的第二行代码，这行代码以selection.enter()开始，这是一个特殊的D3.js函数，它让D3.js遍历所有的选择器对象，并找到其中所有具有数据值而没有标记元素的对象。接下来我们通过这个遍历后得到的数据子集，并通过append(“circle”)方法去完成我们的代码。通过这个方法的调用，D3.js会把所有不包含标记元素的选择器对象的<circle>元素补齐，这就是我们如何在视图中添加<circle>元素的方法。

为了使整体看起来更加简洁，我们把两句代码合为一句。

```
var nodeSelection = svg.selectAll("circle")
    .data(nodes)
    .enter().append("circle");
```

这段代码在整个可视化过程的作用，就是在可视化视图的<svg>元素中，为每一个节点添加一个对应的<circle>元素。

7.2.5 第5步 绘制连线

绘制连线的工作和绘制节点的工作比较类似，不同的是，我们在页面中添加的是<line>元素，而不是<circle>。

```
var edgeSelection = svg.selectAll("line")
    .data(edges)
    .enter().append("line");
```

尽管在本例中我们没有用到，我要提一下，在D3.js中还有一些和enter()函数对应的函数。首先是exit()，它的作用和enter()相反，是在选择器对象中找到那些只含有标记元素而不含有数据值的对象。然后是update()，如果你要查找那些含有标记元素，而数据值被更新了的对象，可是使用update()去完成任务。至于enter和exit这两个函数为什么叫这两个名称，其实源自剧场舞台进口和出口的比喻。enter()意味着我们将在页面视图中引入一些新元素，像是进入了剧场舞台一样，而exit()则意味着我们要把一些元素从视图中取出，就好像是离开了剧场的舞台。

因为我们对节点和连线都使用了SVG元素，所以我们就可以使用CSS去改变它们的视觉效果。对于连线来说，通过CSS调整视觉样式是很有必要的，因为在默认情况下，其SVG元素line的宽度为0。

```
circle {
    fill: #ccc;
    stroke: #fff;
    stroke-width: 1px;
}

line {
    stroke: #777;
    stroke-width: 1px;
}
```

7.2.6 第6步 将元素定位

到目前为止，我们已经在可视化视图中添加了必要的标记元素，但我们尚未规定这些元素在视图中的位置。如前所述，D3.js并不会主动替我们完成绘图任务，所以我们只能通过自己写代码去完成这项工作。我们在第1步中，将节点排列成了一个圆环，现在，我们将会在页面中应用我们的位置设置。

要定义一个SVG的圆形，我们需要通过设置cx和cy属性去定义圆心坐标，同时需要通过属性r去定义圆的半径。我们可以先从定义半径开始，我们可以为每一个节点设置一个统一的固定的半径。由于对于每一个节点，我们都已经创建了相应的D3.js选择器，所以我们只需要很简单的一行代码就可以完成半径r属性的设置。

```
nodeSelection.attr("r", 10);
```

圆心坐标cx和cy的处理稍微麻烦一些，因为每个节点的圆心坐标是不一样的。这两个值取决于与节点相关联的属性数据。更具体地说，nodes数组中每一个元素都有x和y属性。幸运的是，D3.js可以很容易地访问这些属性。

```
nodeSelection
    .attr("r", 10)
    .attr("cx", function(dataValue) { return dataValue.x; })
    .attr("cy", function(dataValue) { return dataValue.y; });
```

在这里我们并没有给每一个属性赋上一个常量值，而是写了一些相对应的函数。接下来D3.js将会调用这些函数并将数据值作为参数传进去。而这些函数将会为每一个属性返回合适的值。

处理完节点的定位之后，连线的定位的方法大体也是一样的。我们需要将连线的端点设在所有相关节点的中心。这些端点分别用<line>元素中的x1,y1和x2,y2等属性来表示。以下是设置这些属性的代码。

```
edgeSelection
    .attr("x1", function(d) { return nodes[d.source].x; })
    .attr("y1", function(d) { return nodes[d.source].y; })
    .attr("x2", function(d) { return nodes[d.target].x; })
    .attr("y2", function(d) { return nodes[d.target].y; });
```

按照D3.js的惯例，参数d代表的是数据值。

当所有的SVG元素在页面中呈现出来，并合理定位之后，我们得到了可视化视图最初的版本，效果如图7–6所示。

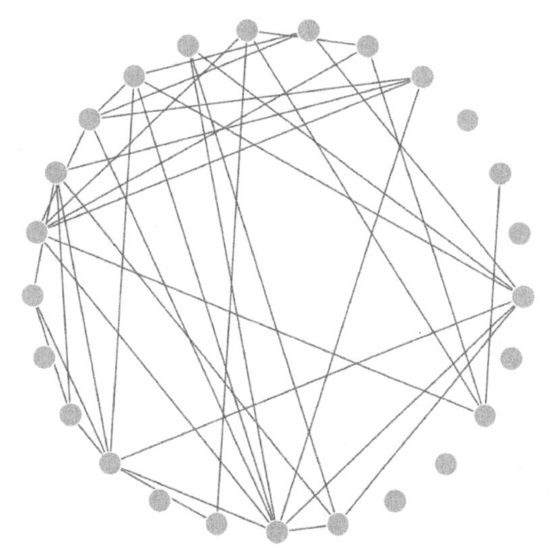

图7–6　D3.js提供了一些工具，帮助我们画出了网络图中的圆形节点和连线

7.2.7　第7步　加入力导向

现在图中已经具备了所有基本的组成部分，但是这种静态的布局并不能让节点的连接关系更加突出地显示出来。在第4章中，Sigma库可以在只依赖寥寥几行JavaScript代码的情况下将静态布局改为动态布局。实际

上sigma是使用了力导向算法去实现这一功能的。力导向算法把节点看作是一类物理对象，并通过算法模拟各种力（比如重力、电磁力等）的物理效果。

如果使用D3.js，我们就不能依赖Sigma库中的算法去实现力导向动态布局了。如我们之前说过的，D3.js并不会主动绘制图中任何一个元素，所以它不能依赖自身去去设置元素的尺寸和位置。但是，D3.js却能够提供了很多工具来帮助我们为视图创建独特的布局。其中一个工具就是“力布局工具”。也许你已经猜到了，力布局工具会帮我们绘制出我们自己的力导向图。它会处理所有对力导向起到决定作用的那些庞大而复杂的运算，并能给出一个我们能在代码中直接使用的值，帮助我们将图绘制出来。

要开始布局，我们就要定义一个新的force对象。该对象可接受很多配置参数，但对于我们的可视化视图来说，只有5个是重要的。

- 视图的尺寸。
- 视图中的节点。
- 视图中的连线。
- 两个相连节点的间距。
- 节点之间的互斥强度，这个参数在D3.js中叫做charge。

对于最后一个参数，在任何一种实际的可视化过程中，我们都需要进行一些试验来对其进行优化。在本例中，我们希望它从其默认值开始递增，因为本例中的节点较多，且它们同时放置在一个狭小的空间里（如果charge值为负，则意味着两个节点之间排斥）。以下是设置这些值的代码。

```
var force = d3.layout.charge()
    .size([width, height])
    .nodes(nodes)
    .links(edges)
    .linkDistance(40)
    .charge(-500);
```

当我们使用D3.js来进行力导向计算的时候，它会在中间步骤进行时，以及计算完成之后生成一系列事件。力导向运算过程一般需要几秒钟才能计算完毕，而如果我们一直等着运算完毕才开始绘图的话，那么用户可能会认为，浏览器是不是卡住了？所以一般情况下最好是在每一步迭代的时候就把图也更新一下，也能让用户看到整个过程的每一步的细节。要实现这一操作，我们就要添加一个函数对每一次即时的力导向计算进行响应。这一切发生在D3.js一个叫做tick的事件中。

```
force.on("tick", function() {
    // Update graph with intermediate results
});
```

每当D3.js调用到我们的事件处理函数，它就会即时更新nodes数组中的x和y属性。更新后的新值会直接通过力导向算法去影响节点显示位置的变化，并显示在视图之中。当然，我们可以通过改变节点和连线的SVG属性，有针对性地对视图进行更新。但是在我们进行这些操作之前，我们可以充分利用D3.js的力导向算法去改善我们的视图。我们在这里可能会遇到一个问题：如果一个节点对其他的节点的斥力过强，它有可能从我们的视图范围内消失，当我们设置了过高的charge值的时候，这种情况就很容易发生。我们可以通过调整参数，保证每一个节点的位置都和视图边缘保持一定的距离，以尽量避免这一情况的发生。

```
force.on("tick", function() {
    nodeSelection.each(function(node) {
        node.x = Math.max(node.x, 5);
        node.y = Math.max(node.y, 5);
        node.x = Math.min(node.x, width-5);
        node.y = Math.min(node.y, height-5);
    });
    // Update graph with intermediate results
});
```

我们通过上面的代码限制了节点的运动范围。

当我们做完上述调整之后，我们就可以更新它们的当前位置了。这里的代码和我们一开始对其初始化定位的代码是一样的。

```
nodeSelection
    .attr("cx", function(d) { return d.x; })
    .attr("cy", function(d) { return d.y; });
```

下面我们还要调整一下连线和节点相连接的端点。但是我们可能会遇到一点小问题。当我们初始化edges数组的时候，我们将source和target属性的值指向了nodes数组中所对应的节点的索引。当D3.js的力布局工具开始工作的时候，这些索引将会被替换为节点本身。这种处理将使我们寻找连线坐标位置的工作变得稍微容易了一些。

```
edgeSelection
    .attr("x1", function(d) { return d.source.x; })
    .attr("y1", function(d) { return d.source.y; })
    .attr("x2", function(d) { return d.target.x; })
    .attr("y2", function(d) { return d.target.y; });
```

既然我们的函数已经做好了对力导向的运算结果进行更新的准备，我们就可以让D3.js去开始这项工作了。以下是在force对象上应用的一个很简单的方法。

```
force.start();
```

执行上面的语句后，我们发现我们的网络图运动起来了，整个动画的过渡状态即从节点的初始化状态到达一种节点斥力的平衡状态，如图7-7所示。

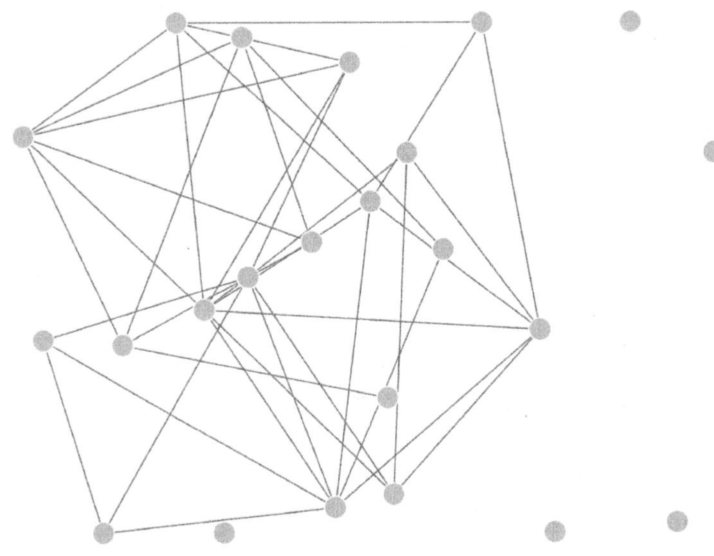

图7-7　D3.js的力布局工具提供了网络图中节点和连线重新定位的信息

7.2.8　第8步　添加交互效果

由于D3.js是一个JavaScript库，你可能会想，它是否能向用户提供交互效果呢？是的，当然可以。我们现在就可以给图表加上一个简单的交互：当一个用户单击图上的一个节点的时候，我们会将该节点和它相邻的节点突出显示。

D3.js中的事件处理器和其他JavaScript库中的事件处理器（如jQuery）很相似。我们将在节点选择器上应用on()方法去定义一个事件选择器，如以下代码所示。

```
nodeSelection.on("click", function(d) {
    // Handle the click event
});
```

on()函数的第一个参数是事件类型，第二个参数是在事件发生的时候D3.js将会调用的函数。而这个函数的参数则是与选项元素相关联的数据对象，按照惯例，它会被命名为d。因为我们将在节点选择器（nodeSelection）上加入事件，所以d将作为一个参数，传递视图中的任意一个节点对象。

对于我们的可视化视图来说，我们会在对应的<circle>元素上添加一个提供给CSS访问的class，同时增大circle的大小，来着重显示我们单击了的节点。通过添加class属性，我们可以针对当前节点单独定义样式，但是节点的圆形尺寸却是不能由CSS规则来指定的。因此最终我们必须对节点做出如下两件事情：添加selected类，并使用r属性扩大半径。当然，为了实现这两个目的，我们必须先选择<circle>元素。当D3.js调用了一个事件处理器的时候，this变量就指向了事件的目标，所以我们可以用d3.select(this)来选择我们需要的元素。下面代码显示了我们单击节点后应用的所有操作。

```
d3.select(this)
   .classed("selected", true)
   .attr("r", 1.5*nodeRadius);
```

我们可以利用和上面相似的办法，设置触发事件的节点所引申出的连线，即在这些连线上也定义一个selected类。我们可以通过迭代全部的连线去选择到我们需要的连线对象。我们这里利用了D3.js提供的each()函数去实现我们的操作。

```
edgeSelection.each(function(edge) {
    if ((edge.source === d) || (edge.target === d)) {
❶          d3.select(this).classed("selected",true);
  }
});
```

在观察每条连线的时候，我们要检查它的source和target属性，来观察它们是否匹配了被用户单击的节点。一旦我们发现存在对应关系，我们的代码就会在这条连线所对应的元素上添加一个selected类。注意在代码❶处，我们再一次用到了d3.select(this)。因为这句代码是在each()函数之内的，所以this将会指向当前处于循环中的对应元素。在这里，即代表连线的<line>元素。

上面的代码决定了何时添加selected类，但我们还需要在必要的时候将这个类删除。我们可以在选中一个节点的时候删去其他节点上的selected类（同时记得重置其他节点的半径为默认值）。

```
nodeSelection
❶    .filter(function(node) { return node !== d; })
     .classed("selected", false)
     .attr("r", nodeRadius);
```

这段代码和我们之前看到的很像，唯一的区别是在代码❶处，我们使用了D3.js库里的filter()函数，区分了其他未被单击的节点。

至于重置和当前单击的节点没有关系的连线上的selected类的办法则与上述方法类似。我们可以在向对应的连线上添加需要的selected类之前，先删除所有的连线上的selected类。以下是删除selected类的代码。因为有了D3.js库，所以这段代码只需要一行。

```
edgeSelection.classed("selected", false);
```

最后，如果用户单击了一个已经被选中的节点，我们可以将节点还原至默认状态。具体如下所示。

```
    d3.select(this)
        .classed("selected", true)
        .attr("r", 1.5*nodeRadius);
```

现在把之前所有相关的代码块集合在一起，就形成了一套完整的事件处理代码。

```
nodeSelection.on("click", function(d) {

     nodeSelection
            .filter(function(node) { return node !== d; })
            .classed("selected", false)
            .attr("r", nodeRadius);

     edgeSelection.classed("selected", false);

     if (d3.select(this).classed("selected")) {
         d3.select(this)
             .classed("selected", false)
             .attr("r", nodeRadius)
    } else {
```

```
            d3.select(this)
                .classed("selected", true)
                .attr("r", 1.5*nodeRadius);

        edgeSelection.each(function(edge) {
            if ((edge.source === d) || (edge.target === d)) {
                d3.select(this).classed("selected",true);
            }
        });
    }
});
```

同时我们可以利用一些CSS样式来着重标出已选中的节点和连线，代码最终产生的交互效果就如图7-8所示。

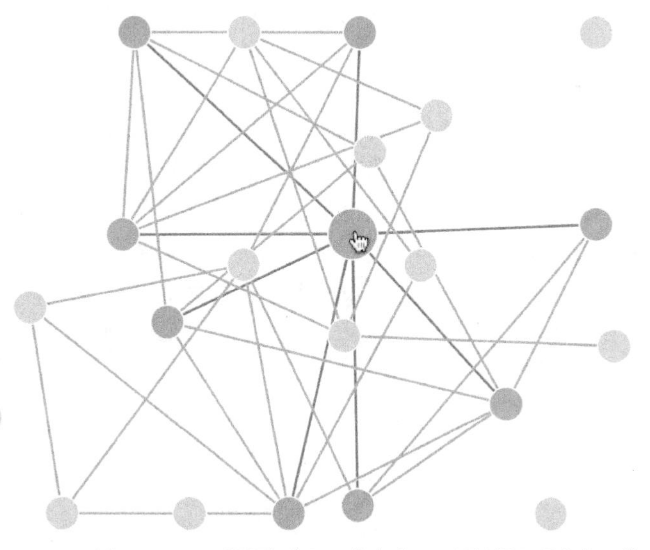

图7-8　D3.js里面包含了一些方法，可以让视图具有交互效果

7.2.9　第9步　一些其他方面的体验改进

在本例中我们已经研究了很多D3.js提供的用来创建自定义可视化视图的方法。但是到目前为止，我们的代码只涉及了D3.js的一些基础功能。我们还没有给图表加上标签，也还没有让图表实现复杂的动画变换。实际上，有一点我们可以确信，那就是无论你想在视图中加入什么，D3.js都有相应的工具可以帮我们实现。而且就算是我们可能没有多余的时间和空间对图表考虑更多的优化，本书的源代码里也包含了很多功能完备的，利用了其他的一些D3.js特性的实现的案例。

7.3 创建可缩放的地图

前两个例子只涉及到了D3.js的一部分功能，但是实际上D3.js能做的远不止这些。通过第6章中的例子，我们知道了一些可视化效果是基于地图的。而D3.js——作为一个通用的可视化工具——对于地图也提供了很棒的支持。在这里，我们创建了一个显示美国本土的龙卷风爆发情况的地图，来对这类功能做出具体的介绍。

7.3.1 第1步 准备数据

美国国家海洋和大气管理局（http://www.noaa.gov/）在气候数据在线平台（http://www.ncdc.noaa.gov/cdo-Web/）上公布了一组关于天气和气候数据的较大范围的统计数据集。这份数据包括了发生在美国及其附属领土的风暴事件的报告。我们可以以CSV文件的形式下载一份2013年的数据集。由于这份文件过大，而且还包括了很多和龙卷风无关的数据，所以我们可以使用电子表格工具——例如微软的Excel，或者是Mac里面的Numbers——来对其进行重新编辑以去除那些多余的数据。对于这样的视图，我们只需要那些event_type属性等于“Tornado”的数据，另外，我们只需要关注那些与龙卷风发生地点的经纬度、以及龙卷风的改良藤田级数（一种评估龙卷风强度的指标）相关的列。当我们把得到的CSV文件进行了合适的删减之后，该文件看上去就像如下显示的那样：

```
f_scale,latitude,longitude
EF1,33.87,-88.23
EF1,33.73,-87.9
EF0,33.93,-87.5
EF1,34.06,-87.37
EF1,34.21,-87.18
EF1,34.23,-87.11
EF1,31.54,-88.16
EF1,31.59,-88.06
EF1,31.62,-87.85
--snip--
```

因为我们打算使用JavaScript去访问这些数据，所以你可能会尝试把它们从CSV格式转换成JSON的格式。然而，最好的方法却是继续使用CSV格式。D3.js对CSV提供了很完备的支持，所以将文件转换成JSON格式，实际上对我们而言也并没有多少好处。更重要的是，JSON文件的尺寸可能会比相同数据的CSV文件要大上四倍，这会影响网页的载入速度。

7.3.2 第2步 建立页面

构建我们可视化视图的基础Web页面和其他的D3.js的例子基本无异。我们首先建立一个放置地图的容器，然后引入D3.js库。

```
<!DOCTYPE html>
<html lang="en">
  <head>
    <meta charset="utf-8">
    <title></title>
  </head>
  <body>
    <div id="map"></div>
    <script
      src="//cdnjs.cloudflare.com/ajax/libs/d3/3.4.6/d3.min.js">
    </script>
  </body>
</html>
```

7.3.3 第3步 创建地图投影

如果你忘记了地理课上曾经学过的地图投影知识，也不用担心，因为D3.js可以轻松处理这种麻烦的事情。它不仅对通用的投影方法有广泛的支持，而且还能根据具体的可视化视图定制自己特殊的投影方式。例如，它提供了一个针对全美等值线图的优化而改进的阿尔伯斯投影方法。它将阿拉斯加州和夏威夷的位置和大小都重新调整了一下，以便给出一个涵盖全美50州的地图。在我们的例子中，由于2013年阿拉斯加和夏威夷并未发生龙卷风灾害，所以我们可以使用标准的阿尔伯斯投影。

我们用如下代码来建立这个投影。

```
❶ var width = 640,
❷     height = 400;

❸ var projection = d3.geo.albers()
❹     .scale(888)
❺     .translate([width / 2, height / 2]);

❻ var path = d3.geo.path()
❼     .projection(projection);
```

首先，在代码❶和❷处，我们以像素为单位定义了地图的尺寸。接下来在代码❸处，我们开始创建阿尔伯斯投影。D3.js提供了很多特定投影方式下将地图展现在页面上的调整方法，但在本例中，我们使用默认方式就足够了。接下来我们只需要在代码第❹行设定地图的缩放级别，并在代码第❺行使地图居中。

为了在页面上绘制出地图，我们将会使用SVG中的<path>元素，鉴于我们的地图的数据提供了经纬度格式的位置数据，D3.js本身提供了一个path对象，可以基于地图投影，将地理坐标转换为SVG路径。我们在代码❻和❼处创建了path对象。

7.3.4 第4步 初始化SVG容器

正如在上一个介绍D3.js的例子中那样，我们要为视图创建一个SVG容器。

```
var svg = d3.select("#map").append("svg")
    .attr("width", width)
    .attr("height", height);

❶ var g = svg.append("g");
```

正如在接下来的几个步骤中将要看到的那样，在内部创建一个组（group）的办法对放置我们的地图是很很有帮助的。SVG内部的组（用<g>元素定义）的功能很像HTML里面的<div>标签。我们在上面代码❶处创建了这样一个内部的组。

7.3.5 第5步 取回地图数据

对于我们的可视化视图，地图数据所包含的信息仅有包含州信息的美国地图数据。D3.js会通过GeoJSON(http://geojson.org/ ）方法去处理这些数据。和我们在第6章中使用地图切片方法不同，GeoJSON是矢量的，所以它在任何缩放比例下都不会失真。GeoJSON数据也是JSON格式的，这让它能够很好地与JavaScript兼容。

由于我们的数据是JSON格式的，所以我们可以使用d3.json()去将其取回。这一函数与jQuery里面的$.getJson()函数几乎是相同的。

```
d3.json("data/us-states.json", function(map) {
    // Process the JSON map data
});
```

7.3.6 第6步 绘制地图

既然我们已经准备好了数据，就可以在页面上将地图绘制出来了。这部分的代码和上一个例子中的对应部分的代码非常相似。每一个州都用<g>容器内的一个<path>元素来表示。

```
❶ g.selectAll("path")
❷     .data(map.features)
❸   .enter().append("path")
❹     .attr("d", path);
```

根据D3.js的惯例，在代码❶处我们创建了一个包含所有<path>元素的选择器，并在第❷行将这些元素和我们的数据一一绑定。如果发现有数据对象缺少对应的SVG元素，我们就会通过代码❸处创建一个元素，并将其d属性设为与数据相关联的，由投影方法给出的路径。注意到在第❹行的path变量正是我们在第3步创建的对象。这实际上是一个将经纬度信息转换成合适的SVG坐标的一个函数。

正如我们从图7-9中所能看到的那样，D3.js帮我们建立好了创建一个不错的SVG地图所需的路径。

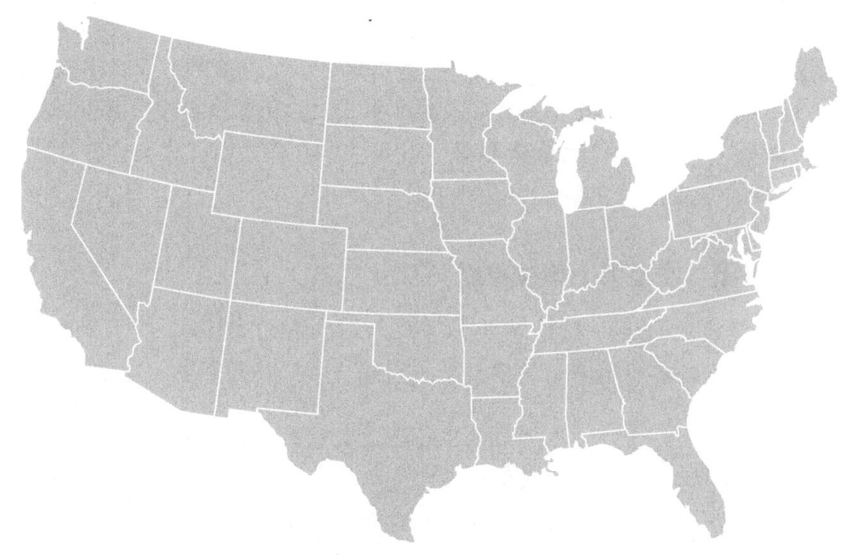

图7-9　D3.js根据JSON格式的地理数据，创建了一张矢量地图

7.3.7　第7步　取回天气数据

现在我们的地图已经就绪，就差导入数据了。我们可以通过D3.js的另一个实用工具去引入CSV文件中的数据。然而，我们要注意,CSV文件中的所有属性都是以文本字符串的形式存在的，而我们希望将这些字符串转换为数字格式。同时，我们还需要过滤掉那些极个别的不含有经纬度信息的龙卷风发生地点。

```
d3.csv("tornadoes.csv", function(data) {
❶    data = data.filter(function(d, i) {
❷         if (d.latitude && d.longitude) {
❸             d.latitude = +d.latitude;
❹             d.longitude = +d.longitude;
❺             d.f_scale = +d.f_scale[2];
❻             d.position = projection([
❼                 d.longitude, d.latitude
         ]);
❽         return true;
      }
   });
   // Continue creating the visualization...
});
```

一旦浏览器从服务器中取回了CSV文件，我们就可以从代码❶处开始执行我们的代码。在这里我们使用数组的.filter()方法来迭代所有的数据值。.filter()方法会去掉那些没有经纬度信息的数据点。只有在经纬度值都存在（代码❷处的条件）的时候，才会返回true。当我们检查数据点中的经纬度的时候，在代码❸至代码❹处，我们会将文本字符串转换成数字格式，并提取出其改良藤田级数的值（如代码❺处），然后在代码❻至❼处，使用我们在第3步创建的投影函数，计算SVG坐标的位置。

7.3.8 第8步　在地图上体现数据

当数据已经被取回、筛选，并且转换成合适的格式了以后，接下来在地图上把这些点绘制出来就是很容易的事情了。当然，我们还要用到一些D3.js常用的方法。

```
g.selectAll("circle")
    .data(data)
  .enter().append("circle")
    .attr("cx", function(d) { return d.position[0]; })
    .attr("cy", function(d) { return d.position[1]; })
❶   .attr("r", function(d) { return 4 + 2*d.f_scale; });
```

每一个数据点实际上都是一个SVG的<circle>元素，所以我们选择了这些元素，并将数据与其绑定，然后使用.enter()函数来创建新的<circle>元素以匹配数据。

正如我们所看到的，我们使用在之前步骤中创建的position属性去设置圆点的位置。同时我们还可以通过改变圆点的大小去体现每次台风的强度，圆点的大小比例我们可以遵照改良藤田级数的比例去计算（如代码❶处所示），这样，我们就可以看到每个圆点的大小是不一样的。图7-10所示的结果，就是一张很好地反映了美国本土2013年龙卷风发生情况的地图。

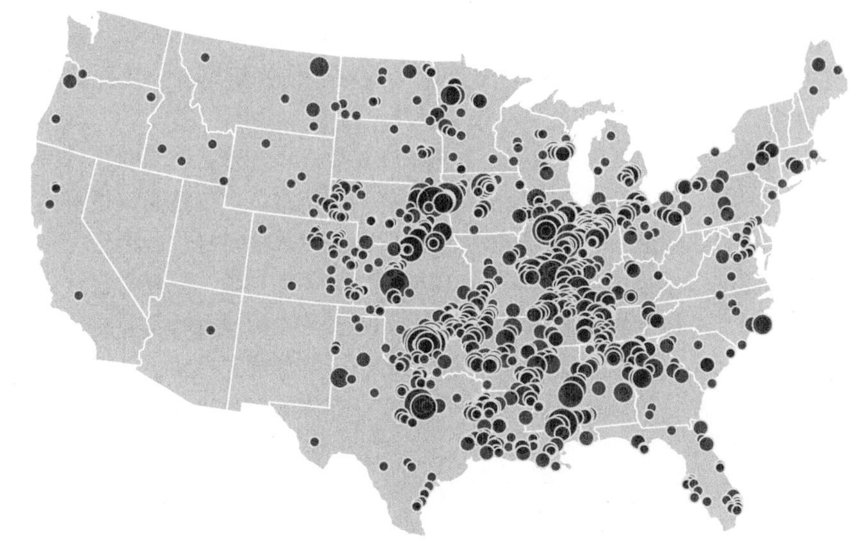

图7-10　通过D3.js投影可以很容易地给地图加上圆点状标记

7.3.9　第9步　添加交互效果

用户看到地图，自然有想要放大及平移的需求，而D3.js则能很容易地支持标准的地图交互。实际上，D3.js给了我们完全的控制权，所以我们不会只局限于传统的标准地图交互，可以在地图上做出一些特别的交互效果，比如，我们可以通过单击任意一个州去放大它的比例，如果单击了一个已经被放大的州，将会使其还原成初始状态。因为我们有了D3.js的支持，这些交互效果的实现并不复杂。

在代码的开头，我们先要加一个变量，以跟踪地图中的某个特定州的缩放状态。一开始，用户不会对任何一个元素进行缩放，所以该变量是空的。

```
var active = d3.select(null)
```

接下来我们向每一个州的<path>元素都加上事件处理器。我们可以在创建元素的时候就完成这个操作，所以我们来补充一下第6步时写下的代码。

```
g.selectAll("path")
    .data(map.features)
  .enter().append("path")
    .attr("d", path)
❶   .on("click", clicked);
```

我们在❶处添加了新的代码。和jQuery一样，D3.js给了我们一种很容易的方式去向HTML和SVG元素添加事件处理器。现在我们开始写这个事件处理器的clicked函数。

处理器首先要识别被用户单击过的州，计算该州的位置（用SVG坐标表示），并将地图放大以足以让用户清晰地辨别出这些州的位置。在了解实现过程的具体细节之前，有必要提示一下，D3.js事件处理器是针对数据可视化的展示优化过的（这应该不会出乎大家意料）。实际上，传到处理器中的参数，就是与目标元素相关联的数据项（一般会被命名为d）。JavaScript上下文的this对象指向的是接受事件的元素。如果事件处理器需要访问JavaScript事件的其他属性，它就可以通过d3.event的全局变量对其获取。以下代码显示了在实际的事件处理器中这一切是如何工作的。

```
var clicked = function(d) {
❶   active.attr("fill", "#cccccc");
    active = d3.select(this)
        .attr("fill", "#F77B15");
❷   var bounds = path.bounds(d),
        dx = bounds[1][0] - bounds[0][0],
        dy = bounds[1][1] - bounds[0][1],
        x = (bounds[0][0] + bounds[1][0]) / 2,
        y = (bounds[0][1] + bounds[1][1]) / 2,
❸       scale = .9 / Math.max(dx / width, dy / height),
❹       translate = [
            width / 2 - scale * x,
            height / 2 - scale * y];

❺   g.transition()
        .duration(750)
        .attr("transform", "translate(" +
            translate + ")scale(" +
            scale + ")");
};
```

从代码❶处开始，我们改变了地图的颜色。之前若有已经放大的州，其颜色被重置成了暗灰色，而此刻正在被单击的州则呈亮橙色。注意到此处的代码还重置了active变量，以致能够准确地定位被放大的州。接下来，由代码❷处开始，我们计算了被放大的州的边界，当然，D3.js可以帮助我们进行计算工作，这一计算过程是通过我们在第❷行所调用的函数bound()完成的。至于其他的线段，基本上只需要提取此次计算中的特定部分就可以得到。在代码❸处，我们计算了地图的放大模式，设置了放大的州占据了整张地图的90%的方案。接下来，从代码❹处开始，我们通过计算将地图居中显示。在代码的最后，从代码❺处开始，通过对SVG的缩放和位置调整，确定了地图的位置和显示效果。正如你能看到的，我们利用D3.js的动画过渡方案，在视图中实现了动态的变化效果。

至今为止我们所看到的代码，还需要进行小小的加工来解决一些被我们疏忽的细节。我打算将优化的代码放在本书的源代码中进行展示。如图7-11所示，输出的结果，就是一个体验还不错的基于现有数据的交互式地图。

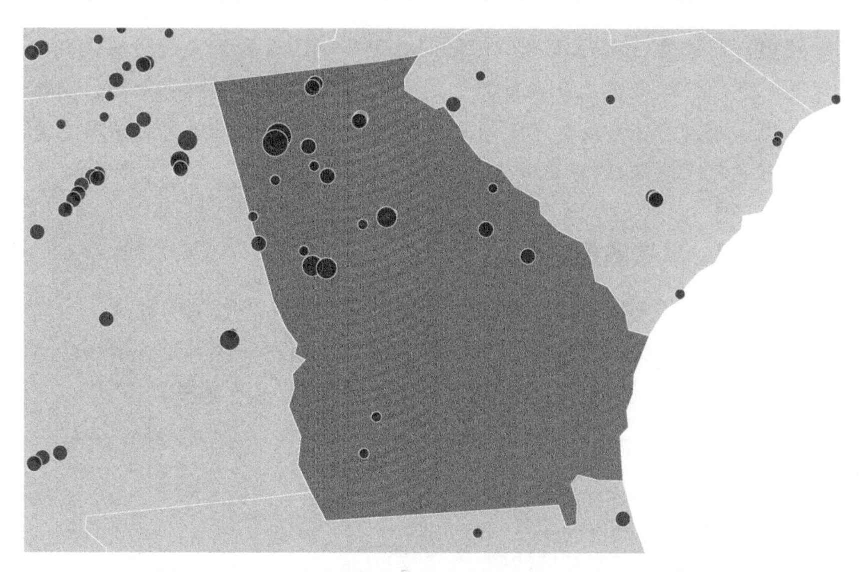

图7-11　D3.js让我们很方便地在地图中加入自定义交互效果

7.4　创建一个特殊的可视化视图

如果你认真地看完了本章的前3个例子，你很有可能已经为D3.js这种相对于传统JavaScript库更灵活的数据可视化方案所折服了。与其说它能够为你创建一张可视化视图，不妨说它提供了很多实用工具，让你可以随心使用，以实现自己独一无二的数据可视化方案。在前面的例子中，我们利用了D3.js的灵活性，在直角坐标系中建立了条状误差视图，在网络图中建立了力导向交互行为，还在地图中添加了自定义的交互行为。有了D3.js，我们的想象力就不会受到传统图表格式的限制，我们终于可以利用D3.js的优点去创造一些通过传统图表无法实现的可视化方案。

在本例中，我们将会使用和前例相同的数据——来自于国家海洋与大气委员会的在线气候数据站（http://www.noaa.gov/cdo-Web）的2013年龙卷风事发情况数据。然而，相对于之前我们在地图上标注出事件的发生地，我们本次打算制作出一个具有交互性的，分层的，能够让用户了解不同地区、州县乃至乡镇发生龙卷风的概率的可视化视图。对于这一需求，我们认为使用一个能够体现层次的视图能够更好地表现数据，所以我们将创建一个能够自动旋转的放射状视图（sunburst图）。下面的代码源于Mike Bostock（一位D3.js的开发骨干）开发的一个例子（http://bl.ocks.org/mbostock/4348373）。

*** 注意：**网上有一些现成的库，它们通常可以通过自定义饼图的方式生成放射状视图。当然，这些库上手很简单，它们的目的是要快速解决问题，而非满足多种定制化需求。D3.js是为自定义图表而生的，如果我们使用现成的库去建立放射状视图，一定比使用D3.js来得快。

7.4.1 第1步 准备数据

正如前例一样，我们将会抽取并过滤2013年龙卷风发生的数据。当然，除了显示出经纬度、改良藤田级数之外，我们还要保留龙卷风发生的政区地理位置（地区、州县、乡镇）的数据。这一次我们输出的CSV文件格式如下。

```
state,region,county
Connecticut,New England,Fairfield County
Connecticut,New England,Hartford County
Connecticut,New England,Hartford County
Connecticut,New England,Tolland County
Maine,New England,Somerset County
Maine,New England,Washington County
Maine,New England,Piscataquis County
--snip--
```

7.4.2 第2步 设置页面

构建我们可视化视图的基础Web页面和其他的D3.js的例子基本无异。我们首先建立一个放置地图的容器，然后引入D3.js库。

```
<!DOCTYPE html>
<html lang="en">
  <head>
    <meta charset="utf-8">
    <title></title>
  </head>
  <body>
    <div id="chart"></div>
    <script
      src="//cdnjs.cloudflare.com/ajax/libs/d3/3.4.6/d3.min.js">
    </script>
  </body>
</html>
```

7.4.3 第3步 为视图建立一个舞台

如其他的D3.js例子一样，我们首先创建一个<svg>容器，然后在内部添加组元素<g>。

```
var width = 640,
    height = 400,
❶    maxRadius = Math.min(width, height) / 2;

var svg = d3.select("#chart").append("svg")
    .attr("width", width)
    .attr("height", height);

var g = svg.append("g");
❷    .attr("transform", "translate(" +
        (width / 2) + "," +
        (height / 2) + ")");
```

这段代码包含了一些比较值得注意的操作，首先，在代码❶处，我们为视图计算了最大半径。这个值取了宽度和高度中略小的那个值的二分之一——为什么这么做，在接下来的代码中我们会进一步说明。更有趣的是，从代码❷处开始，我们通过CSS的translate方法将<g>容器移至视图中央，这样坐标系的(0,0)原点也被我们定义在视图中央了。这样的处理让我们的放射状视图更好定位，同时也更方便计算将来会传入放射状视图中的参数。

7.4.4 第4步 创建比例

当前面的步骤完成以后，我们的视图中的各个区域将会对应美国各个地理区域；较大的区域面积意味着该地区龙卷风出现的次数更为频繁。因为我们需要比较各区域的面积，所以需要知道每一个区域在坐标系中的向量尺寸。但我们的绘图并不是一个矩形，而是一个个弧形，这就需要运用一些三角函数的知识了。幸运的是，D3.js也有对应的方法帮助我们进行三角函数的计算。现在，我们从定义一些scale对象开始。首先我们可以参看本书7.1.4小节中的比例定义的方式，我们使用scale方法将数据值转换成了可以使用的SVG坐标。下面的代码与之类似，唯一不同的就是，以下代码使用了极坐标绘图方式。

```
var theta = d3.scale.linear()
    .range([0, 2 * Math.PI]);
var radius= d3.scale.sqrt()
    .range([0, maxRadius]);
```

正如你所看到的，角度呈0至2π（360°）线性变化，而半径的范围则处于0和最大半径之间，按照平方根的比例进行计算；在计算结果输出之前，D3.js将获取输入值的平方根。扇形的面积的变化是和半径的平方成正比的，所以我们需要用计算平方根的方法得到需要的半径。

＊注意：在我们先前的例子中，我们为这些缩放比例同时设置了输出的范围和输入的域。然而在本例中，我们不再需要明确设置域，默认的域[0,1]就可以满足我们的需要了。

我们所定义的缩放比例的代码在下一段代码中马上就得以运用，在下面的代码中，我们将定义一个用于计算单个弧形的SVG路径的函数。大多数工作都由D3.js中用来计算弧形路径的函数d3.svg.arc()来执行。这个函数需要四个参数：弧的初始角度、结束角度、初始半径、结束半径。而这些参数的值由我们的比例设置来提供。

在稍后我们在代码中使用到arc()函数的时候，我们将会使用D3.js的选择器去调用它。该选择器的对象会有一个与之相关的数据值，而该数据值有以下4个属性。

- .x：数据初始的x轴坐标。
- .dx：数据在x轴上的长度（△x）。
- .y：数据初始的y轴坐标。
- .dy：数据在y轴上的长度（△y）。

在给定了这些属性之后，接下来就是生成这些弧形路径的代码。

```
var arc = d3.svg.arc()
    .startAngle(function(d) {
        return Math.max(0, Math.min(2 * Math.PI, theta(d.x)));
    })
    .endAngle(function(d) {
        return Math.max(0, Math.min(2 * Math.PI, theta(d.x + d.dx)));
    })
    .innerRadius(function(d) {
        return Math.max(0, radius(d.y));
    })
    .outerRadius(function(d) {
        return Math.max(0, radius(d.y + d.dy));
    });
```

代码非常简洁也非常直接，但是在这里我们还需要用一张图去说明为什么我们写这些代码的思路。假设这个数据与一个坐标（x,y）值为（12.5,10）的选择对象相关联，宽为25而高为30，那么数据属性的值就如下所示。

- .x = 12.5。
- .dx = 25。
- .y = 10。
- .dy = 30。

在直角坐标系中，我们可以把选择器对应的节点画成图7-12的左边显示的样子。我们通过比例的设置和弧度函数，将直角坐标系中的矩形转换成了扇形，如图7-12右边所示。

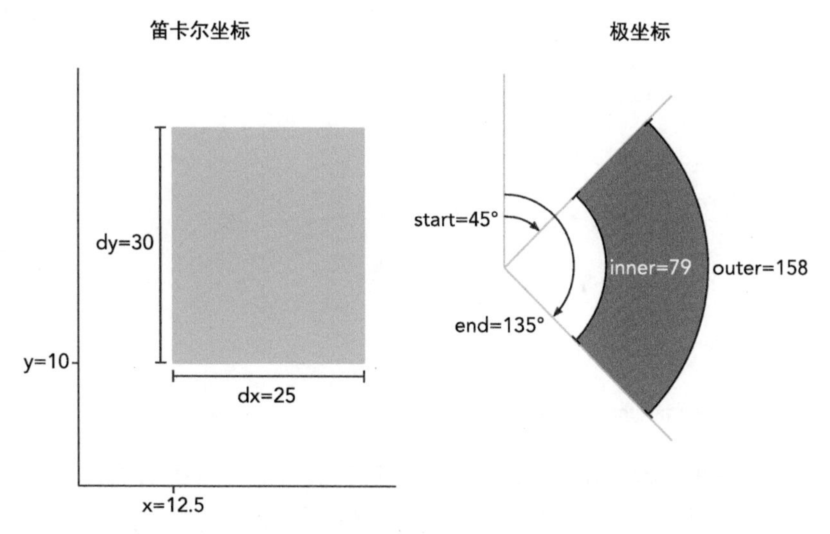

图7-12　D3.js帮助我们将长方形的面积转换成了扇形的面积

我们尚未定义x和y轴的取值范围，现在我们假设它们的范围都是从0至100。x值初始为12.5，对于取值范围为100的x轴来说，这个x值的起始点其实也就是整个x轴范围的12.5%。当我们把这一个值转换成极坐标的时候，结果将会转换为360° 的12.5%，也就是45° ，或者。随后,x值在直角坐标系内递增了25%，换成极坐标的显示方法,x值即又递增了90° ，或者 π/2。另一方面，对于y值来说，直角坐标系内的值将会以开平方根的方法转换为极坐标，并在0到250的范围内（maxRadius）取值。因为y值的初始值等于10，即（0.1），因此，y值的极坐标会转换为 $\sqrt{0.1}\times 250 \approx 79$。而对于y轴上递增的30，我们要和之前初始的10合并计算，即将 $\sqrt{0.4}\times 250$ 的值——158转换为极坐标。这就是为每个数据值建立SVG的全部处理过程。

7.4.5 第5步 取回数据

在初始的准备工作完毕之后，现在我们开始准备处理数据了。正如之前的例子所描述的那样，我们将会使用d3.csv()方法从服务器中取回CSV文件。

```
d3.csv("tornadoes.csv", function(data) {
    // Continue processing the data...
});
```

在D3.js取回文件之后，它会创建一种开头像下面一样的数据结构。

```
[ {
    "state":"Connecticut",
    "region":"New England",
    "county":"Fairfield County"
  },{
    "state":"Connecticut",
    "region":"New England",
    "county":"Hartford County"
  },{
    "state":"Connecticut",
    "region":"New England",
    "county":"Hartford County"
  },
// Data set continues...
```

上面的数据结构很好地反映的数据的实际情况，但它们并没有包含.x、.dx、.y、.dy4个我们用于画扇形的属性。为了计算这些属性的值，我们需要再另外做些工作。如果你回顾一下本章的第二个例子，你会发现我们之前是遇到过类似的状况的。我们有一组原始数据，但为了构建视图，我们需要在原始数据的基础上添加一些额外的属性以配合我们的可视化需要。在早前的例子中，我们使用D3.js的力布局工具来计算额外的属性值。在本例中，我们则可以使用分区布局方法去实现它。

在使用分区布局之前，我们需要对数据进行重构。分区布局方法需要我们提供分层级的数据，而现在我们只有一个一维数组。我们需要通过划分地域信息的方式重构这些数据，如区分地区、州县、乡镇等。在这里，D3.js同样能给我们提供帮助。d3.nest()操作符能够分析一组数据，并能够提取其层次结构。如果你对数据库的命令比较熟悉，那么这一操作符就相当于SQL语句里的GROUP BY，它可以将我们的数据整理成所需的样子。

```
❶ var hierarchy = {
      key: "United States",
      values: d3.nest()
❷         .key(function(d) { return d.region; })
          .key(function(d) { return d.state; })
          .key(function(d) { return d.county; })
❸         .rollup(function(leaves) {
❹             return leaves.length;
          })
❺         .entries(data)
  };
```

首先在代码❶处，我们定义了一个用以记录修改后的源数据的变量，它是一个含有两个属性的对象。属性.key被设置为“United States”，而属性.values则对应了d3.nest()的输出结果。从第❷行开始，我们使用了.nest()方法对数据进行分组，首先是通过.region分组，其次是.state，最后是.county。接下来，在代码❸和❹处，我们告诉操作语句，让它将最后的值设成是最后一个分组的索引数目。最后，在代码❺处，我们将初始数据集传给操作语句。当上面的语句执行完毕，hierarchy变量就包含了已经重构过的数据结构，数据的形式类似下面这样。

```
{
    "key": "United States",
    "values": [
        {
            "key": "New England",
            "values": [
                {
                    "key": "Connecticut",
```

```
                    "values": [
                        {
                            "key": "Fairfield County",
                            "values": 1
                        },{
                            "key": "Hartford County",
                            "values": 2
                         },{
// Data set continues...
```

这个结构就符合分区布局的需要了，但是我们还需要另外的一个步骤。d3.nest()操作语句在.values属性中建立了子数组和子级数据节点。而在默认情况下，分区布局希望我们的数据能够在不同类型的属性上使用完全不同的命名，尤其要注意的是，它会将子节点存储在.children属性里，而数据值存储在.value属性里。由于d3.nest()并没有按照这种严格的规则建立出完全符合要求的数据结构，所以我们需要把默认的分区布局方法扩展一下。以下是相应代码。

```
var partition = d3.layout.partition()
    .children(function(d) {                                        ❶
        return Array.isArray(d.values) ? d.values : null;          ❷
    })
    .value(function(d) {                                           ❸
        return d.values;                                           ❹
    });
```

在代码❶和❷处，我们提供了一个自定义函数以返回子节点。如果节点的.values属性是一个数组，那么这一属性就含有子节点。否则，该节点就不含子节点，且同时会返回null。在代码❸和❹处，我们提供了一个自定义函数以返回节点的值。由于只有在子节点存在的时候该函数才能发挥作用，所以属性.values必须要包含节点值。

7.4.6 第6步 绘制视图

在走到这一步之前，我们做了很多准备工作，现在我们终于要开始绘图了。在这里我们将看到我们的整个准备工作是有成效的。我们现在只需要寥寥几句代码，就可以把视图建立起来了。

```
var path = g.selectAll("path")                                     ❶
    .data(partition.nodes(hierarchy))
  .enter().append("path")                                          ❷
    .attr("d", arc);                                               ❸
```

这个代码的结构在我们之前讲的D3.js的例子中都出现过，想必大家已经很熟悉了。在代码❶处，我们创建一个SVG元素的选择器去容纳和表示数据；在这个例子中，我们会使用<path>元素去构建视图。接下来，我们使用自定义的分区布局，将元素选择器和分层数据绑定在一起。在代码❷处，我们将还没有匹配SVG元素的数据值识别出来，并在代码❸处为这些数据创建相应的元素。最后一步主要依赖在第4步中创建的.arc()函数。到现在为止，我们尚未给视图加上颜色以及标签，但是从图7-13中我们可以看出，我们的视图框架已经搭好了。

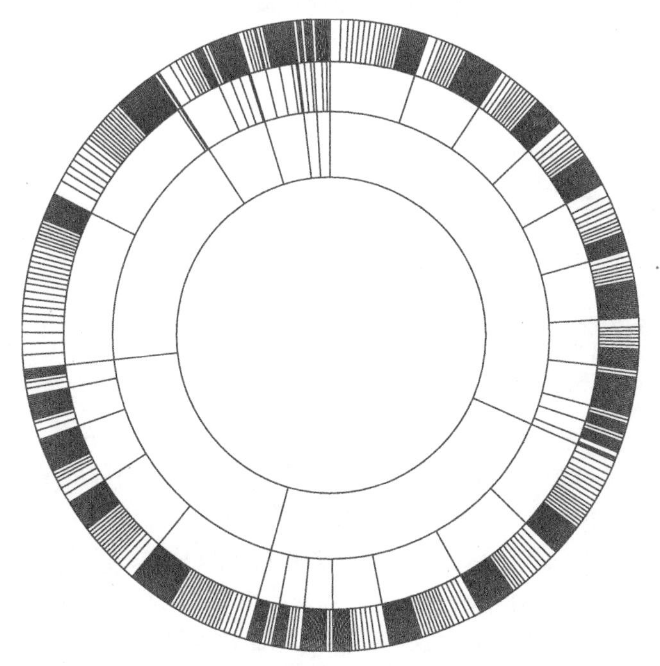

图7-13　D3.js解决了创建放射状视图过程中所遇到的数学计算

7.4.7　第7步　给视图上色

现在我们可以将注意力转移到给视图上色的问题上了。我们希望每一个区域都拥有独立的颜色，而在该区域内的所有地区、州县和乡镇都继承这个颜色。对于这个任务，使用D3.js的分类色标来对区域进行标记是一个不错的方式。到现在为止，我们接触过的所有的度量标准都是基于尺寸的度量标准，它们将视图上的属性与具体的数值相匹配。而分类色标度量标准并不是将数据值匹配为数字，这些色标会根据不同的数据类别，去呈现不同的视觉效果。在本例中，不同的区域会表示出不同分类信息。毕竟，对于美国东北部或西南部这些区域分类，本质上也不需要体现数值关系，只要让我们知道他们是不同的类别就可以了。

正如其名，分类色标将不同类型的数据和不同的颜色相对应。D3.js 包含了一些预定义的色标供我们使用。因为我们在数据中所包含的区域实际上不超过10个，方法 d3.scale.category10() 对于我们的例子来说足够使用了。图7-14 显示了 D3.js 提供给我们的色标方案。

图7-14 D3.js 为分类数据提供的色标

我们的下一个任务就是将这些色标与视图中的弧形相对应起来。为了实现这一点，我们会自定义一个color() 函数，这个函数将会接收一个来自于分区布局的数据节点。

```
❶ var color = function(d) {
      var colors;
      if (!d.parent) {
❷         colors = d3.scale.category10();
❸         d.color = "#fff";
      }

      // More code needed...
```

首先在代码❶处，我们创建了一个用于储存颜色的局部变量。接下来我们需要判断下当前节点是不是整个放射状结构的根节点。如果是，我们就需要在代码❷处为该节点的后代节点分配色标，并在代码❸处为该节点手动设置一个颜色。在我们的视图中，根节点代表整个美国地图的区域，我们设置整个区域的底色为白色。所有被分配的颜色最终都会由这个函数返回。

在为所有的后代节点分配了色标之后，我们还需要为这些节点单独上色。需要注意的是，d.children 中的节点，不一定是如我们所希望的那样按照顺时针布局的。为了保证我们的色标是按照预想的顺序分配的，首先我们就要对数组 d.children 进行排序。以下是这一步骤的完整代码。

```
  if (d.children) {
❶     d.children.map(function(child, i) {
          return {value: child.value, idx: i};
❷     }).sort(function(a,b) {
          return b.value -a.value
❸     }).forEach(function(child, i) {
          d.children[child.idx].color = colors(i);
      });
  }
```

在第一行，我们先要确认后代节点是否存在。如果存在后代节点，我们就要拷贝一份这样的后代数组，且这份拷贝的副本只包含节点值，以及原始数组的索引（如代码❶处所示）。接下来，在代码❷处，我们根据节点值对该副本数组进行排序。最后，在代码❸处，我们对这个排序好的数组进行迭代遍历，并给每一个子节点填充颜色。

到现在为止，我们已经创建了一个分类色标，并通过色标给第一层子节点都设置了颜色。这样，在地区一级的颜色已经处理完毕了，但是在接下来的州县和乡镇层级，我们也需要同样给它们填充颜色。对此，我们可以根据它们所属父级地区的颜色，来创建一个不同的色标。现在让我们回到之前定义的函数，针对所有的非根节点添加一个else分语句。在else分语句中，我们为后代节点建立了色标。这些子节点，我们指的自然就不是地区，而是州县和乡镇一级了。这里我们还要注意一点，无论乡镇之于其对应的父级州县，或是州县至于其对应的父级地区，我们并不希望它们的颜色完全不同，而希望这些有继承对应关系的行政区划的颜色存在一个内在关联性。所以，我们决定为这些直系继承的行政区划的颜色设置一个色相统一的线性明度渐变效果。

```
var color = function(d) {
    var colors;
    if (!d.parent) {
        // Handle root node as above...
    } else if (d.children) {

❶       var startColor = d3.hcl(d.color)
                            .darker(),
            endColor = d3.hcl(d.color)
                            .brighter();

❷       colors = d3.scale.linear()
❸               .interpolate(d3.interpolateHcl)
❹               .range([
                    startColor.toString(),
                    endColor.toString()
                ])
❺               .domain([0,d.children.length+1]);

    }

    // Code continues...
```

从代码❶处开始，我们定义了渐变的起始颜色和结束颜色。为了得到这些颜色，我们需要从父节点的颜色（d.color）开始，逐步变暗，或者逐步变亮。不论变暗还是变亮，我们都会通过色彩的三要素，即色相(H)、纯度(C)、明度(L)的调整来实现我们的变化。HCL是根据人类的视觉感受而定义的，不同于纯粹利用数学建模出来的RGB色彩标准，使用HCL作为色彩标准可以让色彩的渐变更加自然。

从代码❷处开始，我们创建了这样的渐变。我们使用了D3.js的线性标注为HCL颜色创建了一个插入算法（如代码❸处所示）。在代码❹处规定了我们的渐变的范围处于刚才定义的起始颜色和结束颜色之间，而它的域即子节点的索引（代码❺处）。

现在我们要做的事情就很简单了，我们只需要在创建每一个数据值所对应的<path>元素的时候为其分配合适的颜色。即在创建路径的时候，添加这样一句代码就可以了：.attr("fill",color)。

```
var path = g.selectAll("path")
    .data(partition.nodes(hierarchy))
  .enter().append("path")
    .attr("d", arc)
    .attr("fill", color);
```

填充颜色后的效果如图7–15所示。

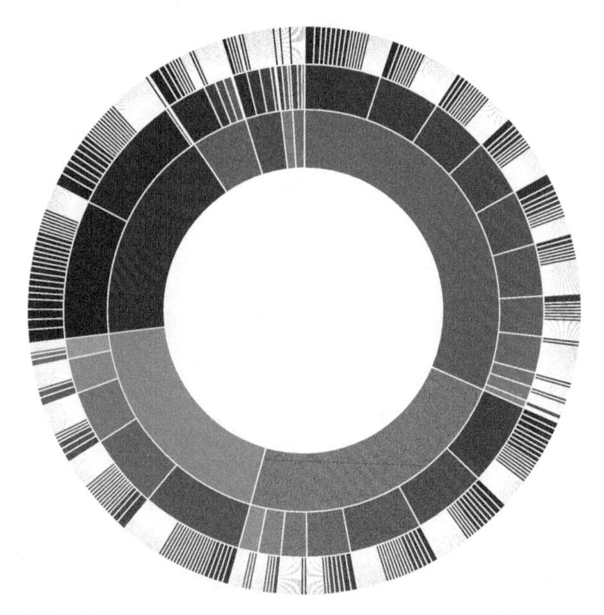

图7–15　D3.js对放射状视图这样的可视化图形提供了填充丰富色彩的工具

7.4.8 第8步 添加交互效果

为了让例子更完美，我们将为视图添加一些交互效果。当用户单击图中的一个区域时，视图会放大显示该地区的详细信息。另外，为了让效果更酷炫，我们会为缩放效果搭配附送一个自定义的旋转动画。本步骤最简单的部分就是添加处理单击事件的函数。我们可以在创建<path>元素的时候绑定这个事件行为。

```
var path = g.selectAll("path")
    .data(partition.nodes(hierarchy))
    .enter().append("path")
      .attr("d", arc)
      .attr("fill", color)
➊     .on("click", handleClick);
```

代码➊处中的handleClick函数就是我们要添加的事件处理器。总的来说，这个函数比较简单直接。当用户单击某个区域时，我们需要改变所有路径以突出显示用户单击的这个区域。函数的具体内容如下面代码所示。

```
function handleClick(datum) {
    path.transition().duration(750)
        .attrTween("d", arcTween(datum));
};
```

该函数唯一一个参数是被单击元素的数据值。一般而言，在D3.js中，这一个值用d来表示。当然在这里，为了避免与SVG中的d元素混淆，我们使用datum来表示。函数中的第一行代码引用了视图中的所有路径，并给这些路径都添加了一个动画变换的方法。接下来的一行告诉D3.js我们需要变换哪些值。在本例中，我们改变了<path>元素的一个属性（所以我们使用了函数attrTween），并指定了我们要改变的属性是“d”（该函数的第一个参数）。而其第二个参数，arcTween(datum)，是一个返回函数的函数。

以下是arcTween()的具体实现过程。

```
function arcTween(datum) {
    var thetaDomain = d3.interpolate(theta.domain(),
                          [datum.x, datum.x + datum.dx]),
        radiusDomain = d3.interpolate(radius.domain(),
                          [datum.y, 1]),
        radiusRange = d3.interpolate(radius.range(),
                          [datum.y ? 20 : 0, maxRadius]);

    return function calculateNewPath(d, i) {
```

```
        return i ?
            function interpolatePathForRoot(t) {
                return arc(d);
            } :
            function interpolatePathForNonRoot(t) {
                theta.domain(thetaDomain(t));
                radius.domain(radiusDomain(t)).range(radiusRange(t));
                return arc(d);
            };
    };
};
```

你可以看见这段代码定义了许多不同的函数。首先，就是arcTween()，它返回了另一个函数calculateNewPath()，而这个函数又返回了interpolatePathForRoot()或interpolatePathForNonRoot()中的一个函数。在我们对这段过程进行详细解读之前，先来了解一下这些函数。

- arcTween()在单击click事件处理中被调用一次（单击事件）。它的处理参数实际上是被单击元素的数据值。
- calculateNewPath()紧接着在每一个路径元素上都会被调用，每次单击事件被触发时，这个函数将被总计调用702次。它的处理参数是数据值和对应路径元素的索引。
- interpolatePathForRoot()或interpolatePathForNonRoot()在每个路径元素中都会被多次调用。每一次调用，该函数都接收参数t(时间)以记录当前动画变形的进程。时间参数介于0和1之间，分别按比例对应动画的开始和结束。举例来说，如果D3.js需要100个独立动画的步骤，那么这些函数在每一次单击的时候就会被调用70 200次之多。

现在我们了解了每一个函数是何时被调用的，就可以开始观察它们究竟做了哪些事情了。我们这里举一个具体的例子：当用户单击肯塔基州的时候，都会发生些什么？如图7-16所示，我们注意观察下右上角的蓝色区域。

与该区域<path>元素相关联的数据值会包含一些由分区布局计算得出的属性。具体如下。

- x值：0.051330798479087454。
- y值：0.5。
- dx值：0.04182509505703422。
- dy值：0.25。

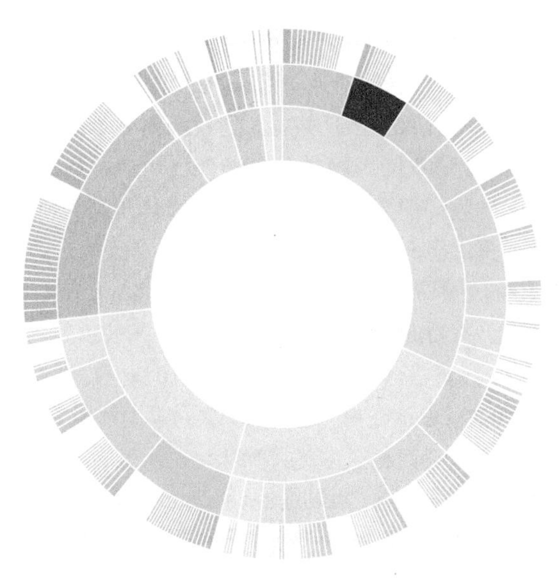

图7-16 在记录龙卷风事件的放射状视图中高亮显示表示肯塔基州的区域

根据我们的视图，该区域从角18.479°（x）开始，一直扩展到角15.057°（dx）。其内边缘距离圆心的距离为177像素。当用户单击肯塔基州的时候，我们希望该州及所属乡镇同时放大显示，在图7-17中所高亮标出的部分就是我们想要放大的部分。该角度从18.479° 开始，一直到15.057° 结束，半径从距离圆心177像素开始计算，直到整个视图的边缘结束，截取弧形直边长度为73像素。

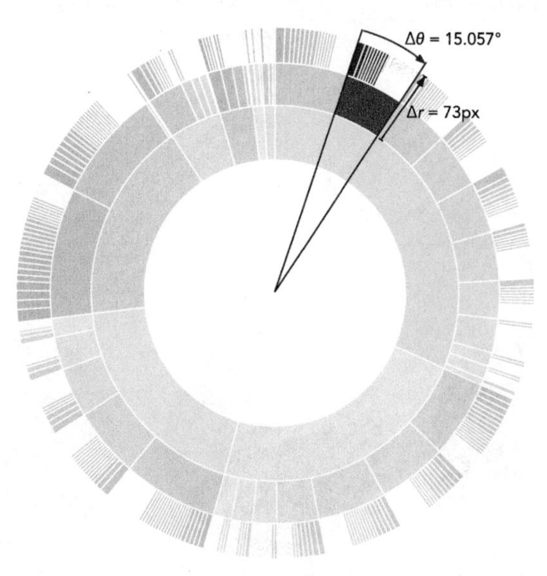

图7-17 当用户单击肯塔基州的时候，我们希望该区域可以在视图中重点显示

这个具体的例子方便了我们理解arcTween()的实现方式。该函数首先创建了3个d3.interpolate对象，这些对象为插值的数学计算提供了便利。第一个对象从开始的theta域（初始值0～1）中插入到我们需要的子集（对于肯塔基州是0.051～0.093）。第二个对象使用同样的方法处理半径，从开始的radius域（初始值为0～1）中插入到我们需要的子集（对于肯塔基州及其所属乡镇是0.5～1）。最后一个对象为半径提供了一个新的插值范围。如果被单击的元素含有一个非0的y值，那么这个新的范围将会从20开始计算，而非从0开始。如果被单击的元素是用来代表全美领土的<path>元素，则这个范围又会重置为从0开始。

arcTween()在创建了这些d3.interpolate对象之后，紧接着返回calculateNewPath()函数。D3.js在每一个<path>元素中都需要调用一下这个函数。当该函数执行时，它会检查其相关联的<path>元素是否是根元素（是根元素则意味着该元素代表着全美领土）。如果是的话，calculateNewPath()函数就会返回interpolatePathForRoot()函数。因为根元素中不需要插值，所以在这里，我们所期望得到的路径就是arc()函数创建的的常规路径（可以查看第4步的说明）。但是，对于其他所有的元素，我们都使用对象d3.interpolate来对theta和radius进行重新定义。我们将使用这些尺寸标注重设我们所关注的区域面积的大小，而不需要原先的0至2π或者0到maxRadius了。此外，我们使用了通过参数t定义的动画变换的进程去令我们的视图变化更加平滑。伴随着尺寸标注的重新定义，当我们再调用arc函数的时候，代码会返回一个适用于新尺寸的路径，随着变换的过程，路径会不断变换自己的形状，以适应视图效果的输出。图7-18展示了路径变化的步骤。

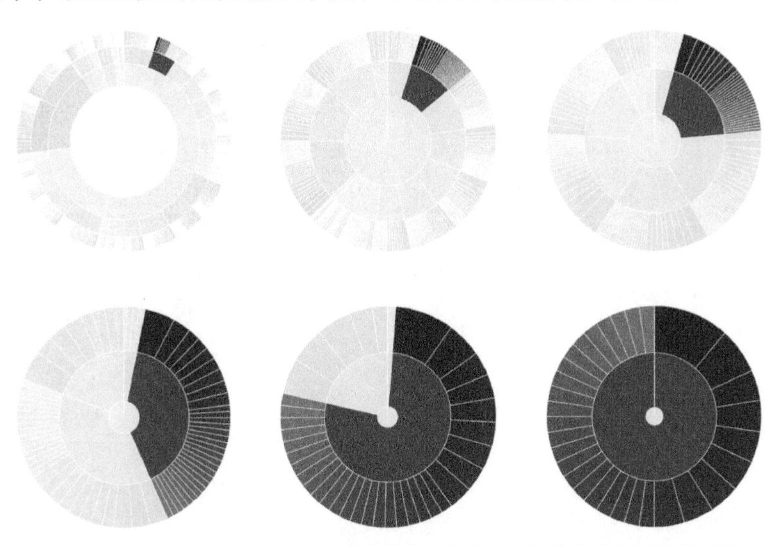

图7-18　整个视图会以一种平滑自然的动画方式，聚焦放大我们关注的区域

通过添加最后的代码，我们的可视化视图的实现工作就完成了。结果如图7–19所示。最终的结果还包含了一些鼠标经过触发的效果。你可以从本书的源码（http://jsDataV.js/source/）中看到完整的实现方案。

图7–19所示为2013年龙卷风目击事件（www.noaa.gov）。

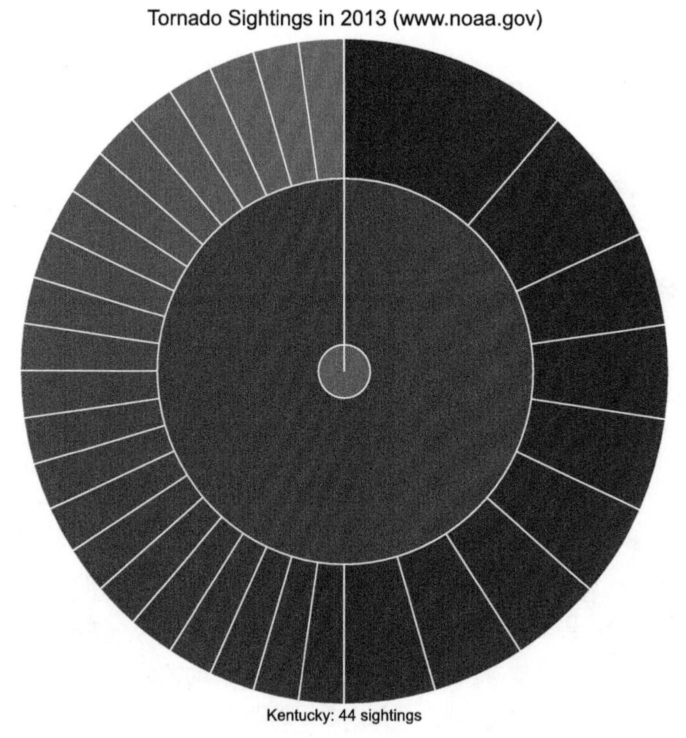

图7–19　D3.js提供了一整套可以利用的工具，足以完成复杂的自定义交互数据图表，就像这个可以动态缩放局部的放射状视图一样

7.5　小结

从上述这么多例子中我们可以看到，对于构建JavaScript可视化视图来说，D3.js是一个功能非常强大的库。然而要想高效地使用它，需要读者对JavaScript技术具有足够深刻的认识和理解，这个门槛比起本书所介绍的其他大多数库是要高的。然而，如果你愿意花时间和精力去全面地学习D3.js的话，你可以创造出功能更强大，设计更灵活的数据可视化效果。

第8章 在浏览器中管理数据

到目前为止，在本书中我们已经见识到了多种可视化工具和技术，但我们一直没有怎么花时间来考虑数据可视化中的数据部分。在多数情况下，把重点放在可视化上是合适的。尤其当数据是静态的时候，我们可以先从容的把数据清洗和整理好了再把它们转化为JavaScript可用的格式。但如果数据是动态的，我们只能直接在JavaScript程序中访问原始数据源怎么办呢？我们没法控制第三方数据的具体格式是REST接口还是谷歌文档表格（Google Docs spreadsheets）或者自动生成的CSV文件。我们经常需要在浏览器中对各种类型的数据进行验证、重新格式化、重计算或者其他类型的操作。

在本章中，我们会用到一个在浏览器中处理数据特别有用的JavaScript库：Underscore.js（http://underscorejs.org/）。我们会介绍Underscore.js的如下方面。

- 函数式编程，Underscore.js鼓励的编程风格。
- 利用Underscore.js中的实用函数处理简单的数组。
- 处理JavaScript对象。
- 处理对象的集合。

这一章的行文格式与本书中的其他章节略有不同。我们会使用大量的简洁明快的示例而非少数复杂的例子。每一节都会把几个相关的示例集合到一起，但每个小示例都是独立的。第一节甚至更特别，它一步一步的介绍了怎样从更普遍的指令式编程迁移到函数式编程上来。了解函数式编程是非常有用的，因为它的哲学思想几乎遍布于所有Underscore.js的实用函数之中。

本章是一个特别着重于数据处理部分的Underscore.js的教程（作为对于本书总的重点是数据可视化的回应，也包含了几幅插图）。我们将会看到很多介绍的Underscore.js中的功能函数在接下来章节中的更大型的网络程序中得到应用。

8.1 使用函数式编程

当我们处理需要可视化的数据的时候，我们经常需要挨个地遍历数据并对数据进行变换、提取或者其他的操作使之适合我们的程序。如果只是用JavaScript语言的原生方法[1]，我们的代码可能需要依赖大量类似这样的for循环。

```
for (var i=0, len=data.length; i<len; i++) {
    // Code continues...
}
```

虽然这种被称为指令式编程的风格是一种普遍的JavaScript用法，它可能会在一些大型、复杂的应用中导致一些问题。特别是它会导致代码更难以调试、测试和维护。这一节介绍一种可以解决大部分这些问题不同的编码方式：函数式编程。你会看到函数式编程带来更简练、可读性更高的代码，这样代码就更不容易出错。

为了比较这两种编码方式，让我们假设一个简单的编程问题：写一个计算斐波那契数列的函数。斐波那契数列的前两个数字是0和1，接下来的每一个数字是它前面的两个数字之和。这个数列开头如下：

0, 1, 1, 2, 3, 5, 8, 13, 21, 34, 55, 89, . . .

8.1.1 第1步 先来个指令式编程风格版本

让我们以一个传统的、指令式编程的风格来解决这个问题，这是一个初步的尝试。

```
var fib = function(n) {
    // If 0th or 1st, just return n itself
    if (n < 2) return n;

    // Otherwise, initialize variable to compute result
```

① 2009年12月公布的ECMAScript 5.0版本已经为JavaScript中的原生数组Array的原型链中加入了数组遍历方法等新特性，如今主流浏览器都已经支持（老版本IE除外）。

```
    var f0=0, f1=1, f=1;

    // Iterate until we reach n
    for (i=2; i<=n; i++) {

        // At each iteration, slide the intermediate
        // values down a step
        f0 = f1 = f;

        // And calculate sum for the next pass
        f = f0 + f1;
    }

    // After all the iterations, return the result
    return f;
}
```

这个fib()函数接受一个名为n的参数作为输入，返回的输出是第n个斐波那契数列中的数字（按照惯例，第0个和第1个斐波那契数列中的数字是0和1）。

8.1.2 第2步 调试指令式风格代码

如果你没有仔细的检查，你可能会很惊讶的知道先前的小例子中包含了3个bug(缺陷)。当然，这是一个人为的示例，这些bug也是故意的，但你能否不往下阅读就自己全部找出它们？更确切的说，如果这么简单的一个示例中就可以隐藏如此多的bug，你能想象复杂的网络程序中都潜伏着什么吗？

为了理解为什么指令式编程容易带来这些bug，让我们一个一个的解决它们。

第一个bug是for循环。

```
    for (i=2; i<=n; i++) {
```

循环终结的判断条件使用了小于等于（<=），然而这里其实应该使用小于（<）。

第二个bug发生在这一行。

```
      f0 = f1 = f;
```

虽然我们思考和阅读都是从左至右（至少在中文中是），JavaScript在执行连续赋值语句的时候是从右到左执行的。这里并没有把3个变量的值进行转移，而是简单的把它们都赋了同一个值。我们需要把这一行语句分割为两行。

```
    f0 = f1;
    f1 = f;
```

最后一个bug是最微妙的，它也在for循环中。我们使用了一个局部变量i，但我们并没有声明它。所以JavaScript把它作为一个全局变量来对待。这并不会导致函数返回错误的结果，但这可能会在程序别的地方导致冲突——而且是很难发现的那种。正确的代码应该把变量声明为局部变量。

```
    for (var i=2; i<n; i++) {
```

8.1.3 第3步 理解指令式编程可能带来的问题

这个简单而又直接的示例中的bug是用来说明指令式编程总体上来说具有的一些有问题的特性。特别是条件逻辑和状态变量，天生就容易带来一些错误。

回顾一下第一个bug，它的错误在于在终结循环的条件判断中使用了不正确的比较条件（<=而不是<）。对于计算机程序来说，精确的条件逻辑是至关重要的，但对于绝大多数普通人甚至程序员来说，并不是天生就能做到这种程度的精确。条件判断必须要是完美的，而有时候需要一些技巧才能达到完美。

另外两个错误都跟状态变量有关，第一个例子中的f0跟f1和第二个例子中的i。这里程序运行的方式又跟程序员设想的不一样。当程序员编写这些需要迭代一定次数的代码的时候，他们很可能集中注意力在处理手头的特定问题上，从而很容易就忽略了可能对程序其他部分产生影响的副作用。更准确地说，状态变量可能引起程序中的副作用，而副作用可能导致bug。

8.1.4 第4步 使用函数式编程风格重写

函数式编程的支持者声称，通过消除条件判断和状态变量，使用函数式风格可以写出比指令式风格更简洁、更可维护、更不容易包含错误的代码。

“函数式编程”中的“函数”并不是指编程语言中的函数（functions），而是指类似于y=f(x)这样的数学函数。函数式编程试图在计算机程序的上下文中模拟出数学函数。函数式编程通常使用递归而不是for循环来进行一定次数的迭代，在递归中一个函数通过多次调用自身来进行计算或处理数据。

这是我们可以怎样使用函数式编程来实现斐波那契数列。

```
var fib = function(n) { return n < 2 ? n : fib(n-1) + fib(n-2); }
```

注意这个版本没有使用状态变量，并且除了在处理0和1的边界条件的时候，没用使用条件语句。它更简洁，并且代码的内容几乎就是原始问题文本的词对词的翻译："斐波那契数列的前两个数字是0和1"对应着n < 2 ? n，"接下来的每一个数字是它前面的两个数字之和"对应着fib(n–1) + fib(n–2)。

函数式编程的代码通常直接表述希望得到的结果，所以可以最小化由于问题翻译成算法过程中导致的误读和错误。

8.1.5 第5步 评估性能

到目前为止，看起来似乎我们应该总是采用函数式编程。函数式编程确实有自己的优势，但它也有一些明显的劣势。上面的斐波那契数列代码就是一个完美的例子。因为函数式编程避免使用循环的概念，我们的例子依赖于递归。

在我们的例子中，fib()函数在每一层调用自己两次直至递归到了0或1。因为每一次中间调用都会导致更多的中间调用，被调用的fib()数量指数型上升。通过执行fib(28)计算第28个斐波那契数导致了超过100万次的 fib()调用。

你应该能想到，这样的性能简直是不能接受的。表8–1列出了函数式和指令式版本的fib()函数各自的运行时间。

表8–1 fib()函数的执行时间

版本	参数	执行时间（毫秒）
指令式	28	0.231
函数式	28	296.9

你可以看到函数式风格版本慢了超过1000倍。换句话来说，这种性能表现难以接受。

8.1.6 第6步 修复性能问题

幸运的是，我们有办法获得函数式编程带来的优点而不被性能问题困扰。解决之道就是使用短小精干的Unserscore.js函数库。就像它的首页上解释的那样：Underscore 是一个为JavaScript提供函数式编程支持的功能函数库[2]。

当然，我们需要在我们的网页中引入这个库。如果你只需要引用单个函数库，Underscore.js在很多内容分发网络上都有，比如CloudFlare。

② 在译者翻译本书的时候，网站首页的介绍已经改为：Underscore 是一个提供了大量有用的函数式编程助手方法而没有扩展任何原生对象原型链的 JavaScript 函数库（Underscore is a JavaScript library that provides a whole mess of useful functional programming helpers without extending any built–in objects.）。

```
<!DOCTYPE html>
<html lang="en">
  <head>
    <meta charset="utf-8">
    <title></title>
  </head>
  <body>
    <!-- Content goes here -->
    <script
      src="//cdnjs.cloudflare.com/ajax/libs/underscore.js/1.4.4/"+
          "underscore-min.js">
    </script>
  </body>
</html>
```

有了Underscore.js之后，我们现在可以来优化我们的斐波那契数列实现中的性能了。

递归版本的实现中的问题是带来了许多不必要的对fib()函数的调用。举例来说，执行fib(28)需要调用超过100 000次fib(3)。而每次fib(3)被调用的时候，返回值都是重新从头开始计算的。如果代码只调用fib(3)一次，之后在每次需要fib(3)返回值的时候，直接重用上次缓存的值而不是重新计算就会好很多。实际上，我们应该在fib()前实现一个缓存，这个缓存可以消除重复计算。

这个方法被称作记忆化（memoizing），Underscore.js函数库有一个简单的方法来自动而透明的记忆化JavaScript函数。理所当然的，这个方法的英文名字就叫记忆化（memoize）。要使用它，首先把我们先要记忆化的函数使用Underscore对象包装一下。就像jQuery使用美元符号（$）来包装一样，Underscore.js使用下划线（_）。

在包装我们的函数之后，简单的调用一下memoize()方法。这里是完整代码。

```
var fib = _( function(n) {
        return n < 2 ? n : fib(n-1) + fib(n-2);
    } ).memoize()
```

你可以看到，我们实际上没有损失函数式编程的任何可读性和简洁。而要在这样的代码中写出bug来也是挺不容易的。真正改变的是性能，它被极大的优化了，如表8-2所示。

表8-2　fib()函数的执行时间

版本	参数	执行时间（毫秒）
指令式fib()	28	0.231
函数式fib()	28	296.9
记忆化fib()	28	0.352

只是引入了Underscore.js函数库并且使用了其中的一个方法，我们的函数式代码实现已经拥有了几乎和指令式版本一样的性能。

在本章的剩余部分，我们会看到许多Underscore.js函数库中提供的功能和优化。凭借着对函数式编程的支持，Underscore.js使得在浏览器中处理数据容易了很多。

8.2　使用数组

如果你的可视化依赖于大量的数据，那么数据多半是存储在数组中的。不幸的是，在处理数组的时候，使用指令式编程的方式会很诱人。数组暗示了我们应该使用循环，但就像我们之前看到的那样，写带有循环的代码是指令式的而且经常容易引起错误。如果我们能够避免使用循环转而依赖于函数式编程，我们可以改进JavaScript的代码质量。JavaScript语言本身自带了一些帮助程序使用函数式编程来处理数组的实用函数和方法，但Underscore.js带来了更多其他的。这一节描述了许多对数据可视化最有用的Underscore.js中的数组实用方法。

8.2.1　按位置提取元素

如果你的可视化只是需要一个数组的一个子集，Underscore.js有许多实用函数可以用来轻易的提取到正确的子集。在如下的例子中，我们考虑一个简单的数组（如图8-1所示）。

```
var arr = [1,2,3,4,5,6,7,8,9];
```

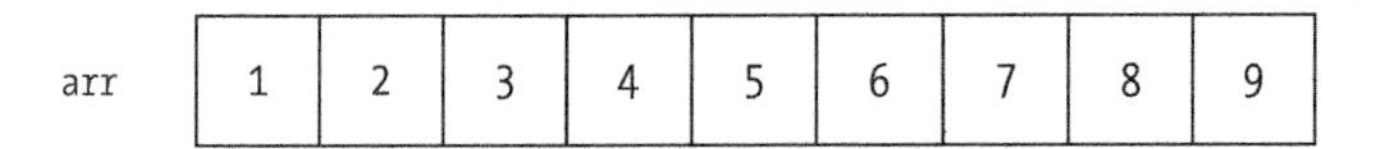

图8-1　Underscore.js有许多方便操作数组的实用函数

Underscore.js的first()方法提供了一个简单的提取数组的第一个元素或前n

个元素的办法（见图8-2）:

```
> _(arr).first()
  1
> _(arr).first(3)
  [1, 2, 3]
```

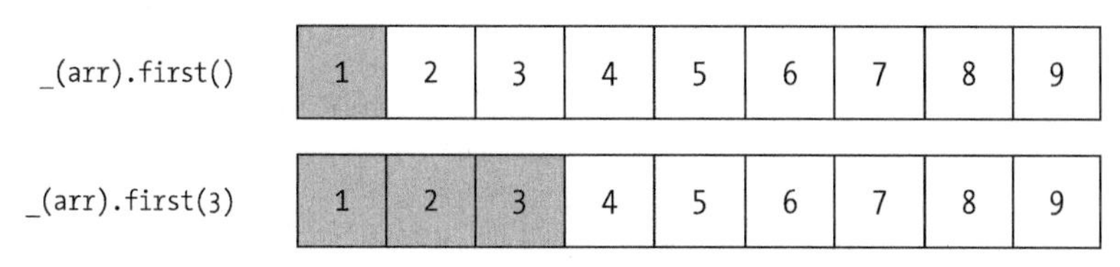

图8-2　first()方法返回数组中的前n个元素

注意first()（不带参数）返回一个简单的元素，而first(n)返回一个元素的数组。这意味着first()和的first(1)返回值是不同的（这个例子中是1和[1]）。

你可能能猜到,Underscore.js也有一个last()方法来从数组的末尾提取元素（见图8-3）。

```
> _(arr).last()
  9
> _(arr).last(3)
  [7, 8, 9]
```

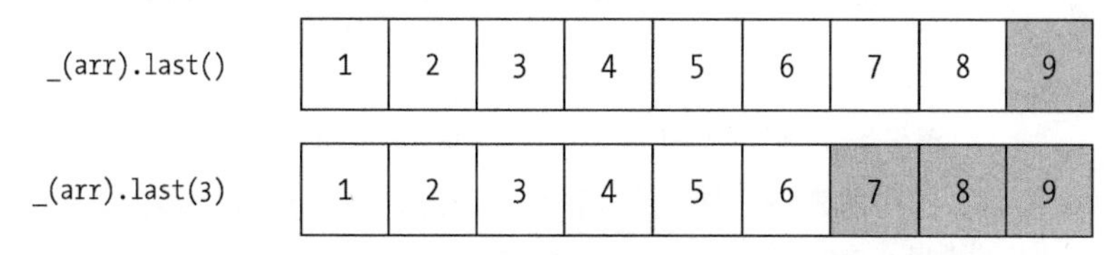

图8-3　last()方法返回数组中的最后n个元素

不带任何参数的时候,last()返回数组中的最后一个元素。带一个参数 n的时候，它返回一个包含原始数组最后n个元素的新数组。

两个方法的更常用的版本（.first(3)和.last(3)）需要一些可能巧妙（但容易出错）的指令式风格的代码来实现。然而在Underscore.js中提供的函数式风格方法帮助下，我们的代码干净而整洁。

如果我们想要提取数组的开始部分，但我们不知道需要提取多少个元素，而只知道需要剩下多少个元素呢？换句话来说，我们需要“除了最后n个元素的所有”元素。initial()方法就是用来实施这个提取用的（见图8-4）。就像其他方法一样，如果你忽略可选参数,Underscore.js默认传入1。

```
> _(arr).initial()
  [1, 2, 3, 4, 5, 6, 7, 8]
> _(arr).initial(3)
  [1, 2, 3, 4, 5, 6]
```

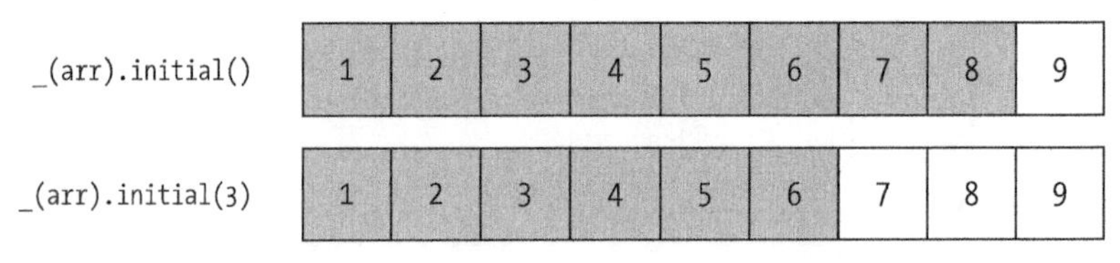

图8-4　initial()方法返回数组中的除去最后n个元素的所有元素

最后，你可能会需要initial()方法的反向方法。rest()方法忽略掉数组开头的n个元素，返回剩余元素（见图8-5）。

```
> _(arr).rest()
  [2, 3, 4, 5, 6, 7, 8, 9]
> _(arr).rest(3)
  [4, 5, 6, 7, 8, 9]
```

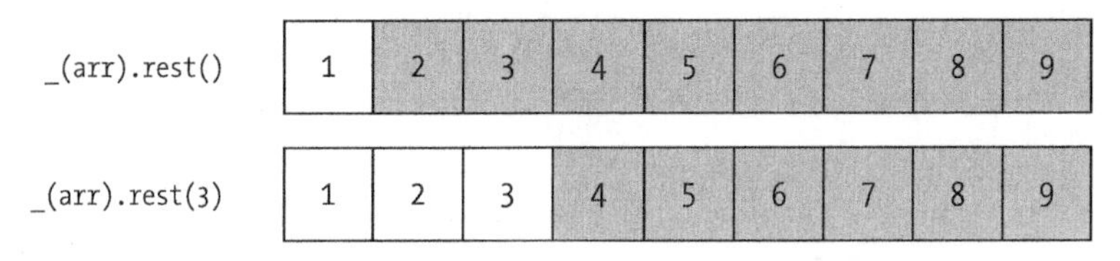

图8-5　rest()方法返回数组中的除去前n个元素的所有元素

再次强调，这些方法使用传统的指令式编程来实现都会是很复杂的，但有了Underscore.js就是小菜一碟了。

8.2.2　合并数组

Underscore.js提供了另一系列的用来合并两个或更多数组的实用函数。这里面既有类似于标准的数学集合的操作，也有更复杂的合并。在下面的几个例子中，我们会使用两个数组，一个包含斐波那契数列的前几个数，另一个包含前五个整形偶数（见图8-6）。

```
var fibs = [0, 1, 1, 2, 3, 5, 8];
var even = [0, 2, 4, 6, 8];
```

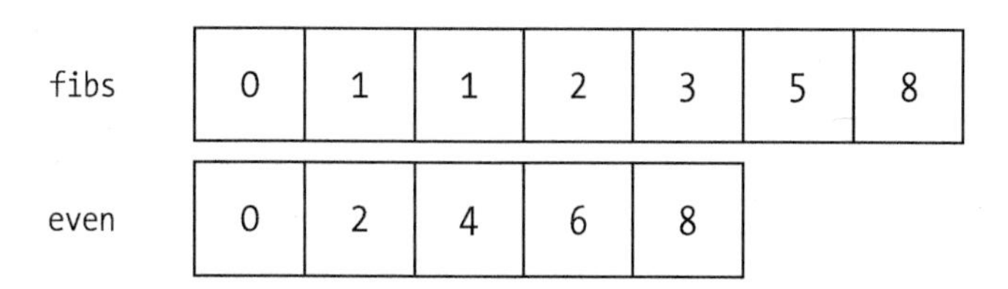

图8-6　Underscore.js也有很多操作多个数组的实用函数

union()方法是一个简单的合并多个数组的方法。它返回一个包含所有输入数组中的元素的新数组，并且会去重（见图8-7）。

```
> _(fibs).union(even)
  [0, 1, 2, 3, 5, 8, 4, 6]
```

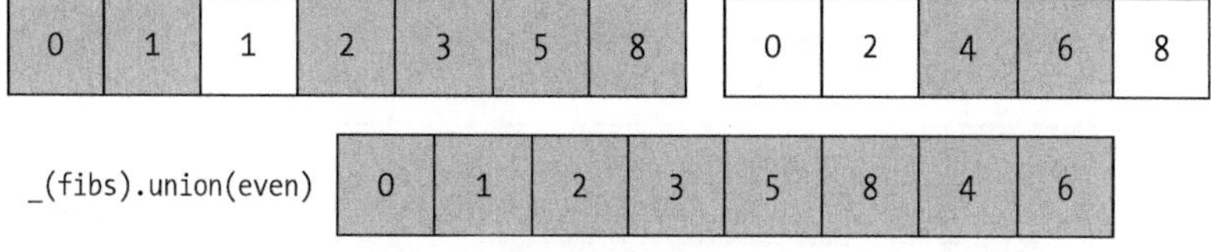

图8-7　rest()方法创造出多个数组的并集，去除所有的重复元素

注意union()方法会去除所有的重复元素，不管它们是在不同的输入数组中（0,2和8）还是在同一个数组中（1）。

＊注意： 虽然这一章只考虑两个数组的合并，但绝大多数Underscore.js方法可以接受无限数量的参数。举例来说，_.union(a,b,c,d,e)返回5个不同数组的并集。你甚至可以使用JavaScript的apply()方法来计算一个数组的数组的并集：_.union.prototype.apply(this, arrOfArrs)。

intersection()方法就像你猜的那样，返回那些只在所有的输入数组中都出现的元素（见图8-8）。

```
> _(fibs).intersection(even)
  [0, 2, 8]
```

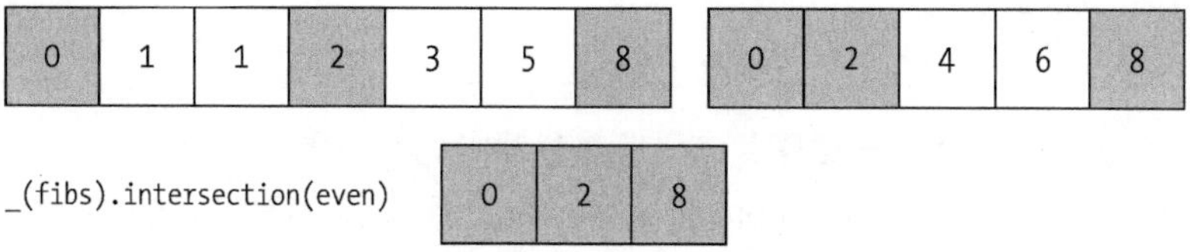

图8-8　rest()方法返回多个数组中都出现的元素

difference()方法和intersection()方法相反。它返回在第一个输入数组中有而在其他输入数组中没有的元素的数组（见图8-9）。

```
> _(fibs).difference(even)
  [1, 1, 3, 5]
```

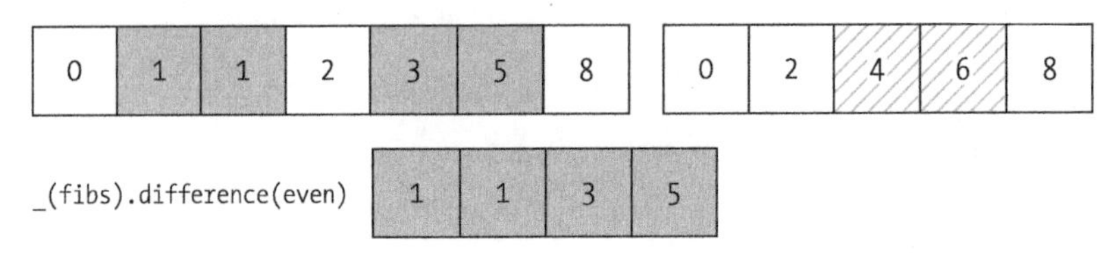

图8-9 difference()方法返回只在第一个数组中出现的元素

如果你想要去重但只有一个数组——这时候union()就不太合适了——那么你可以使用uniq()方法（见图8-10）。

```
> _(fibs).uniq()
  [0, 1, 2, 3, 5, 8]
```

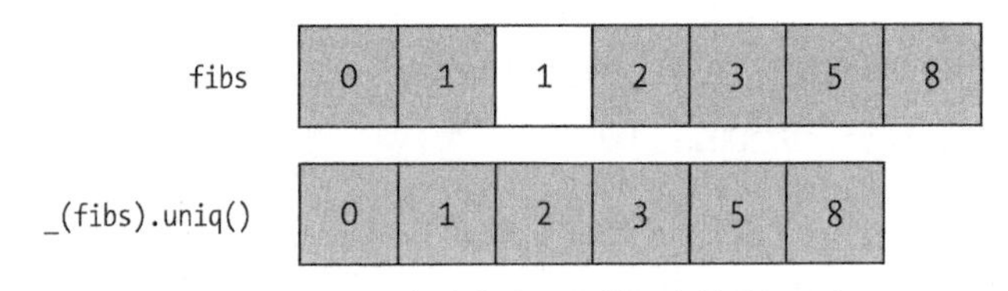

图8-10 uniq()方法去除一个数组中的重复元素

最后，Underscore.js提供了一个zip()方法。它的名字并不是来源于流行的压缩算法而是因为它的行为表现得像拉链（zipper）一样。它接受多个输入数组并一个元素对应一个元素地合并它们到一个输出数组中。输出的数组是一个数组的数组，内层数组包含被合并的元素。

```
> var naturals = [1, 2, 3, 4, 5];
> var primes = [2, 3, 5, 7, 11];
> _.zip(naturals, primes)
  [ [1,2], [2,3], [3,5], [4,7], [5,11] ]
```

这个操作也许通过一张图片来说明是最清晰的，见图8-11。

这个例子演示了Underscore.js的另一种使用风格。我们直接在 _ 对象上调用了zip()方法，而不是像我们之前例子中那样先用 _ 对象包装一个数组。这个可选的风格看起来更适合这个例子中暗含的功能，但如果你更喜欢_(naturals).zip(prime)，你也能得到一模一样的结果。

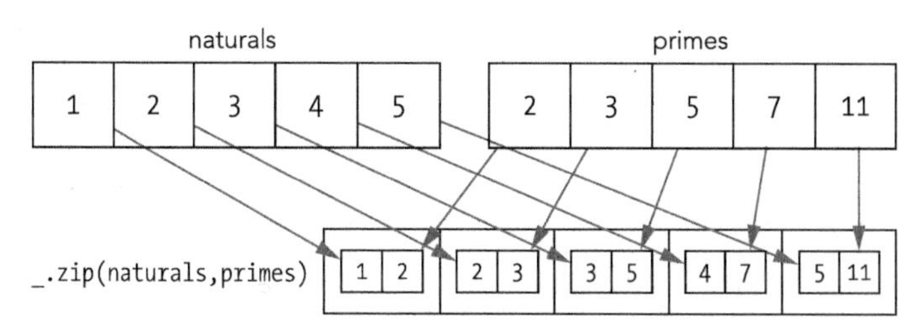

图8-11 zip()方法用多个数组中配对的元素组成一个新数组

8.2.3 去除无效数据

可视化程序中最烦人的事情之一就是无效数据了。虽然我们愿意相信我们的数据源都会保证它们提供的数据都是完全正确的，但不幸地，这种事很少发生。更严重的是，如果JavaScript执行中碰到了无效数据，最常见的结果就是导致一个未处理的异常，导致页面上随后所有的JavaScript都停止执行。

为了避免这种使人不愉快的错误，我们应该在将数据传递给图片或图表函数库之前验证所有的数据集合并且移除无效数据。Underscore.js有一些实用函数可以帮忙。

这些Underscore.js方法中最简单的一个是compact()。这个方法会移除掉输入数组中所有JavaScript认为是false的值。被移除的值包括布尔值false、数字0、空白字符串、还有特殊值NaN（Not a Number，无效数字，例如 1/0）、undefined和null。

```
> var raw = [0, 1, false, 2, "", 3, NaN, 4, , 5, null];
> _(raw).compact()
  [1, 2, 3, 4, 5]
```

需要强调的是compact()会移除值为0的元素。如果你是用compact()来清理一个数据数组，请先确定0并不是数据集合中的有效值。

另外一个常见的问题是原始数据中的多余嵌套的数组。如果你需要消除掉一个数据集合中多重嵌套的数组，那么flatten()方法可以帮到你。

```
> var raw = [1, 2, 3, [[4]], 5];
> _(raw).flatten()
  [1, 2, 3, 4, 5]
```

flatten() 方法默认去除数组中所有的、甚至是多重的嵌套数组。如果你将形参shallow设置为true,那么它只去除一层嵌套。

```
> var raw = [1, 2, 3, [[4]], 5];
> _(raw).flatten(true)
  [1, 2, 3, [4], 5]
```

最后，如果你想从数组中去除特定值，你可以使用without() 方法。它的参数就是输入数组中需要被移除的值。

```
> var raw = [1, 2, 3, 4];
> _(raw).without(2, 3)
  [1, 4]
```

8.2.4 找到数组中的元素

JavaScript早就定义了字符串对象的indexOf() 方法。它返回了一个特定子字符串在一个更大的字符串中出现的位置。最近版本的JavaScript已经把这个方法加入到了数组对象中，所以你可以轻易的找到数组中某个特定值第一次出现的具体位置。不幸的是，旧版本的浏览器（特别是IE8及更老的版本）不支持这个方法。

Underscore.js提供了它自己版本的indexOf()来填这个旧版本浏览器挖的坑。如果Underscore.js发现自己运行在拥有原生的数组indexOf方法支持的环境中，它会优先调用原生方法避免性能下降。

```
> var primes = [2, 3, 5, 7, 11];
> _(primes).indexOf(5)
  2
```

如果需要从数组中间的某处开始搜索，你可以通过indexOf() 的第二个参数来指定开始位置。

```
> var arr = [2, 3, 5, 7, 11, 7, 5, 3, 2];
> _(arr).indexOf(5, 4)
  6
```

你也可以使用lastIndexOf()从数组的最后反向开始搜索。

```
> var arr = [2, 3, 5, 7, 11, 7, 5, 3, 2];
> _(arr).lastIndexOf(5)
  6
```

如果你不想从数组的最后开始搜索，你可以传入开始位置的可选参数。

Underscore.js提供了一些针对有序数组的有用的优化。uniq()和indexOf()都接受一个可选的布尔型参数。如果这个参数是true，那么函数假定数组是有序的。对于大型数据集来说，这个假定带来的性能优化是非常显著的。

这个函数库也提供了特殊的sortedIndex()函数。这个函数也假定输入数组是有序的。它能找到某个特定的值插入到输入数组后还能保持数组有序的插入位置。

```
> var arr = [2, 3, 5, 7, 11];
> _(arr).sortedIndex(6)
  3
```

如果你有自定义的排序函数（sorting function），也可以把它传递给sortedIndex()。

8.2.5 生成数组

我要介绍的最后的数组实用函数是方便生成数组的方法。range()方法告诉Underscore.js创建一个带有特定个元素的数组。你可以指定起始值（默认0）和相邻元素的差值（默认1）。

```
> _.range(10)
  [0, 1, 2, 3, 4, 5, 6, 7, 8, 9]
> _.range(20,10)
  [20, 21, 22, 23, 24, 25, 26, 27, 28, 29]
> _.range(0, 10, 100)
  [0, 100, 200, 300, 400, 500, 600, 700, 800, 900]
```

range()方法在你需要生成匹配一个y轴值的数组的x轴值的时候很有用。

```
> var yvalues = [0.1277, 1.2803, 1.7697, 3.1882]
> _.zip(_.range(yvalues.length),yvalues)
  [ [0, 0.1277], [1, 1.2803], [2, 1.7697], [3, 3.1882] ]
```

这里我们使用了range()方法来生成对应的x轴值，并且使用了zip()方法来跟y轴值配对。

8.3 处理对象

虽然前一节的例子中都是数值型数组，但我们的可视化数据通常是由

JavaScript对象而不是简单的数字构成的。尤其在来源于REST接口的数据中更是如此，因为这种接口几乎总是使用JavaScript Object Notation(JSON) 数据格式。如果我们需要处理或转换对象而不依赖于指令式编程，Underscore.js有另外的一堆实用函数可以帮忙。为了下面的示例，我们先看一个简单的pizza对象（见图8-12）。

```
var pizza = {
    size: 10,
    crust: "thin",
    cheese: true,
    toppings: [ "pepperoni","sausage"]
};
```

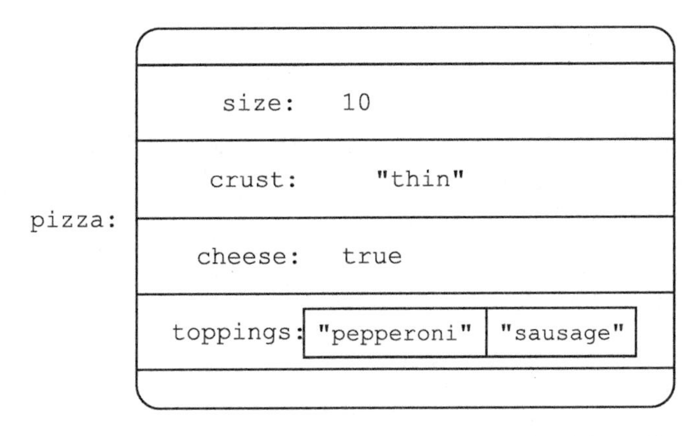

图8-12　Underscore.js有许多处理任意JavaScript对象的实用函数

8.3.1　处理属性名和属性值

Underscore.js包含了一些处理构成数组的属性名和属性值的方法。例如，keys()方法创建一个完全由对象的属性名构成的数组（见图8-13）。

```
> _(pizza).keys()
  [ "size", "crust", "cheese", "toppings"]
```

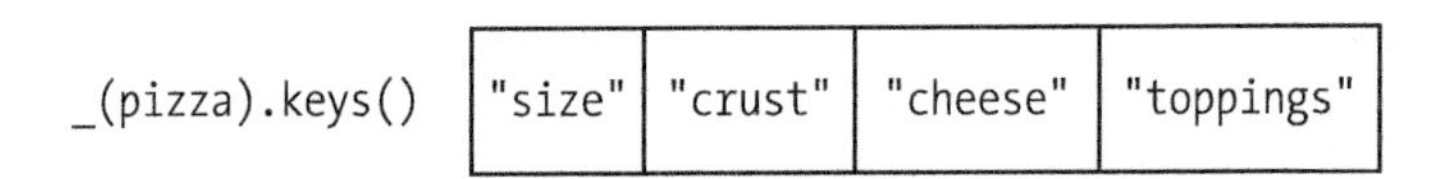

图8-13　keys()方法以数组形式返回一个对象的属性名

类似的,values()方法创建一个完全由对象的属性值构成的数组（见图8-14）。

```
> _(pizza).values()
  [10, "thin", true, [ "pepperoni","sausage"]]
```

_(pizza).values() | 10 | "thin" | true | "pepperoni" | "sausage"

图8-14　values()方法以数组形式返回一个对象的属性值

pairs()方法创建一个二维数组。外层数组的每一个元素都是由对象的一个属性名和对应属性值构成的一个数组（见图8-15）。

```
> _(pizza).pairs()
 [
   [ "size",10],
   [ "crust","thin"],
   [ "cheese",true],
   [ "toppings",[ "pepperoni","sausage"]]
 ]
```

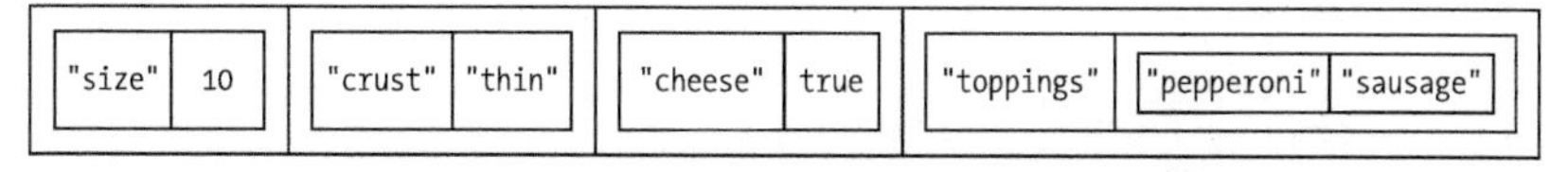

图8-15　pairs()方法将对象转换为一个数组对的数组

要将一个数组反向转换为一个对象，我们可以使用object()方法。

```
> var arr = [ [ "size",10], [ "crust","thin"], [ "cheese",true],
            [ "toppings",[ "pepperoni","sausage"]] ]
> _(arr).object()
 { size: 10, crust: "thin", cheese: true, toppings: [ "pepperoni","sausage"]}
```

最后，我们可以使用invert()方法将属性名和属性值对调（见图8-16）。

```
> _(pizza).invert()
  {10: "size", thin: "crust", true: "cheese", "pepperoni,sausage": "toppings"}
```

如上所示,Underscore.js甚至能够在属性值不是简单类型的时候交换一个对象。这个例子中是一个数组["pepperoni","sausage"]，被转换成了一个通过逗号连接数组单个元素的值，创建了属性名"pepperoni,sausage"。

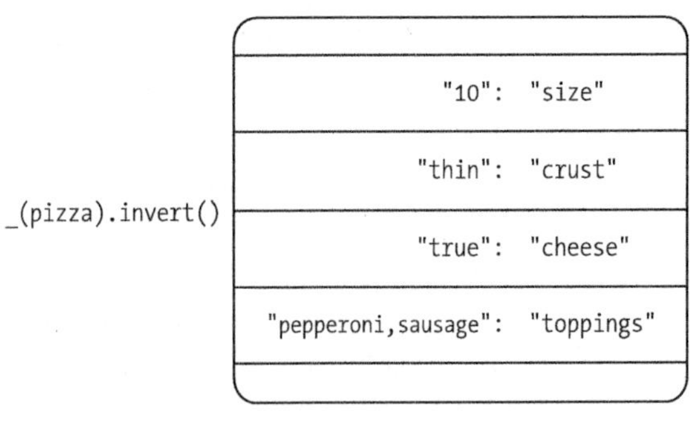

图8-16　invert()方法交换一个对象中的属性名和属性值

注意JavaScript要求一个对象的所有属性名必须是唯一的，但对属性值并没有这个要求。如果你有一个多个属性名都对应同一个属性值的对象，那么invert()方法只会在被反转的对象中保留最后一个属性名。例如_({key1: value, key2: value}).invert()返回{value: key2}。

8.3.2　清理对象子集

当你想要通过去除不需要的属性来清理一个对象的时候，你可以使用Underscore.js的pick()方法。简单的传入你想要保留的属性名列表就行了（见图8-17）。

```
> _(pizza).pick( "size","crust")
  {size: 10, crust: "thin"}
```

_(pizza).pick("size","crust")

size: 10

crust: "thin"

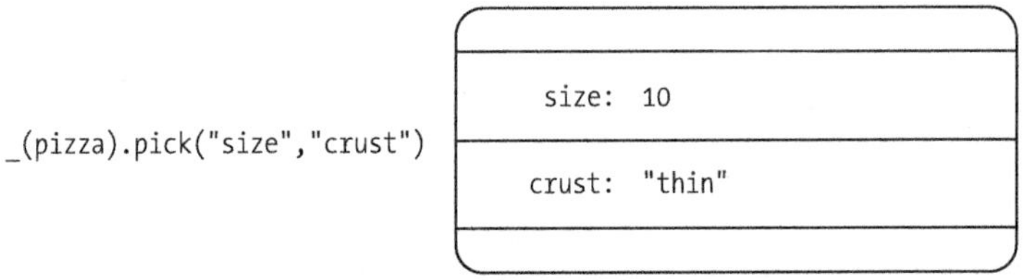

图8-17　pick()方法选择一个对象中的特定属性

我们可以使用omit()方法来做和pick()方法相反的事情，只需要传入想要删除的属性名列表就行了（见图8-18）。Underscore.js保持对象中所有其他属性。

```
> _(pizza).omit( "size","crust")
  {cheese: true, toppings: [ "pepperoni","sausage"]}
```

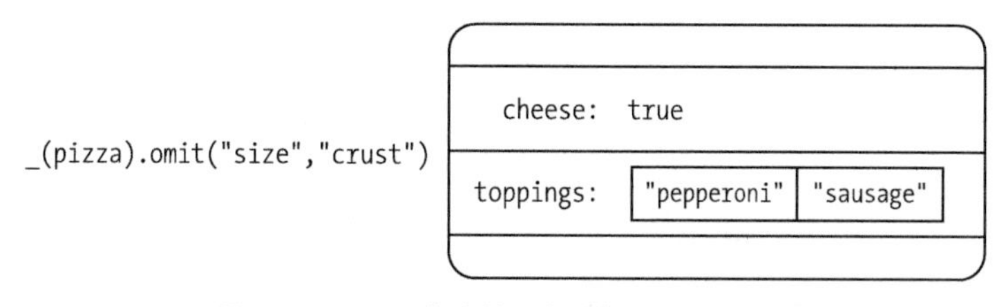

图8-18 omit()方法从一个对象中的移除属性

8.3.3 更新属性

当你更新一个对象的时候，一个通常的要求就是保证一个对象拥有特定属性并且这些属性都有合适的默认值。Underscore.js 有两个方法来处理这个问题。

这两个方法是extend()和defaults()，都通过使用其他参数对象的值来调整第一个参数对象的属性。如果第二个对象包含了第一个对象中没有的属性，这些方法会将属性添加到第一个对象上。这两个方法的区别是怎么处理第一个对象上已经有的属性。extend()方法使用新的值覆盖原有对象上已有的属性（见图8-19）。

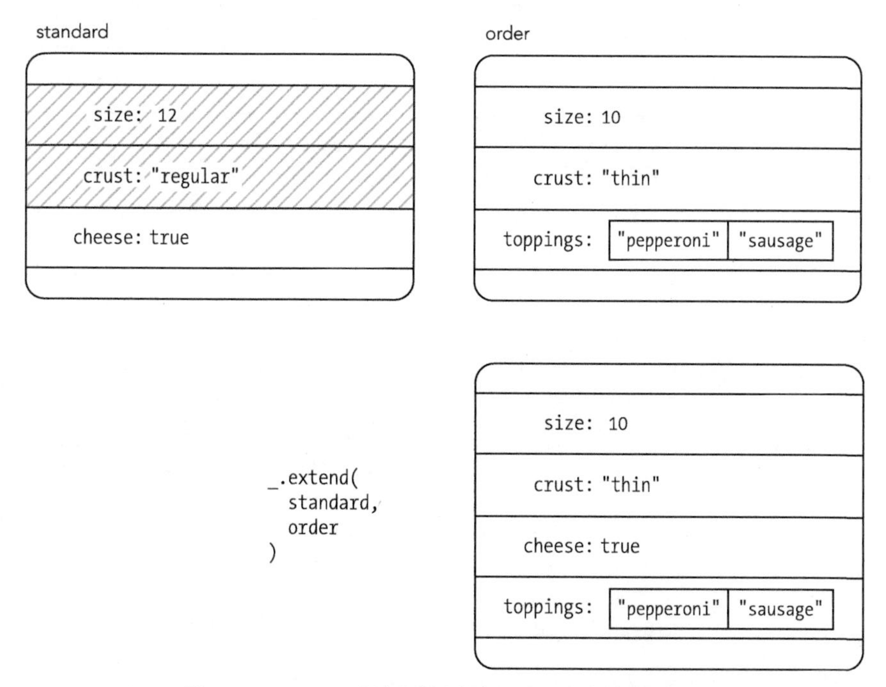

图8-19 extend()方法更新和添加一个对象中缺失的属性

```
> var standard = { size: 12, crust: "regular", cheese: true }
> var order = { size: 10, crust: "thin",
  toppings: [ "pepperoni","sausage"] };
> _.extend(standard, order)
  { size: 10, crust: "thin", cheese: true,
  toppings: [ "pepperoni","sausage"] };
```

同时，defaults()方法保持原有对象上已有的属性不变（见图8-20）。

```
> var order = { size: 10, crust: "thin",
  toppings: [ "pepperoni","sausage"] };
> var standard = { size: 12, crust: "regular", cheese: true }
> _.defaults(order, standard)
  { size: 10, crust: "thin",
  toppings [ "pepperoni","sausage"], cheese: true };
```

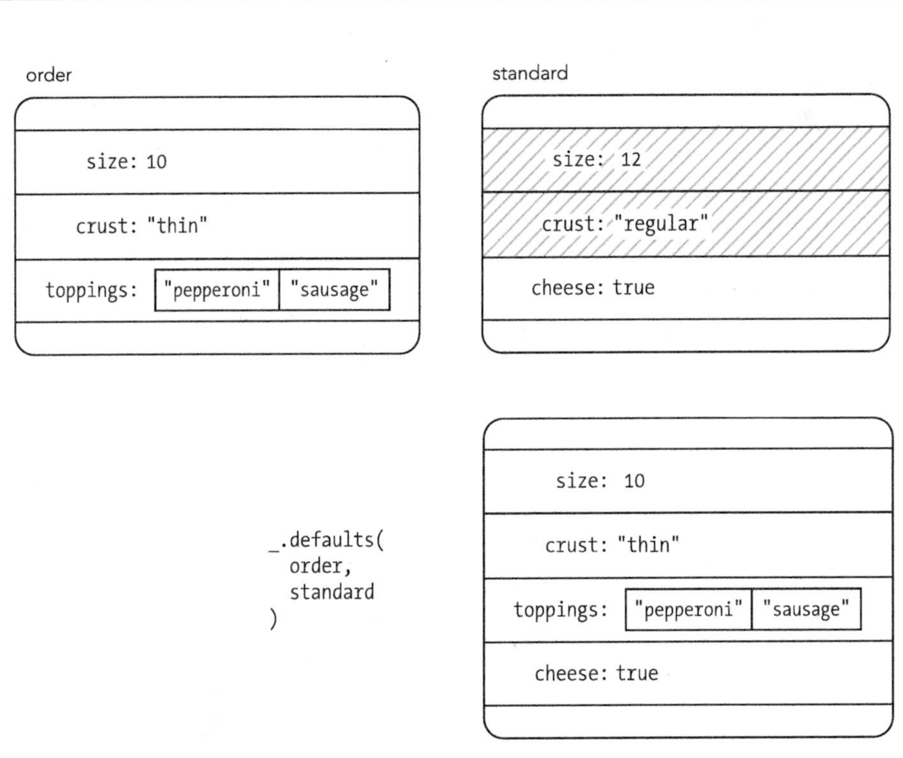

图8-20　defaults()方法添加一个对象中缺失的属性

注意extend()和defaults()方法都直接修改原来的那个对象，它们并不新建一个对象的拷贝然后返回那个拷贝。看下面这个例子。

```
> var order = { size: 10, crust: "thin",
  toppings: [ "pepperoni","sausage"] };
> var standard = { size: 12, crust: "regular", cheese: true }
> var pizza = _.extend(standard, order)
  { size: 10, crust: "thin", cheese: true,
  toppings: [ "pepperoni","sausage"] };
```

这段代码像你期待的那样设置了pizza变量，但它同时也给standard变量设置了同样的值。更准确的说，这段代码使用order中的属性修改了standard对象，然后设置了一个新的变量pizza，并给它赋了等于standard的值。对于standard的修改很可能不是代码编写者的原意。如果你需要以不修改输入参数的方式使用extend()和defaults()，那么应该使用一个空白对象作为第一个参数。

```
> var order = { size: 10, crust: "thin",
  toppings: [ "pepperoni","sausage"] };
> var standard = { size: 12, crust: "regular", cheese: true }
> var pizza = _.extend({}, standard, order)
  { size: 10, crust: "thin", cheese: true,
  toppings: [ "pepperoni","sausage"] };
```

这个版本得到了想要的pizza对象而没有修改standard对象。

8.4 处理集合

目前为止我们已经见过了Underscore.js中的适用于数组或对象的多种工具。接下来，我们将会讲到一些用来处理集合的通用工具。在Underscore.js中数组和对象都是集合（collections），所以这一节介绍的工具可以用在纯数组和纯集合中，或者是包含了这两者的数据结构中。在这一节中，我们会尝试在对象的数组上使用这些工具，因为这是我们在处理可视化中最常见的数据结构了。

这里是一个我们在接下来的例子中会用到的小数据集。它包含了美国职棒大联盟2012赛季的一些统计数据。

```
var national_league = [
    { name: "Arizona Diamondbacks",  wins: 81, losses: 81,
      division: "west" },
    { name: "Atlanta Braves",        wins: 94, losses: 68,
      division: "east" },
    { name: "Chicago Cubs",          wins: 61, losses: 101,
```

```
    division: "central" },
  { name: "Cincinnati Reds",        wins: 97, losses: 65,
    division: "central" },
  { name: "Colorado Rockies",       wins: 64, losses: 98,
    division: "west" },
  { name: "Houston Astros",         wins: 55, losses: 107,
    division: "central" },
  { name: "Los Angeles Dodgers",    wins: 86, losses: 76,
    division: "west" },
  { name: "Miami Marlins",          wins: 69, losses: 93,
    division: "east" },
  { name: "Milwaukee Brewers",      wins: 83, losses: 79,
    division: "central" },
  { name: "New York Mets",          wins: 74, losses: 88,
    division: "east" },
  { name: "Philadelphia Phillies",  wins: 81, losses: 81,
    division: "east" },
  { name: "Pittsburgh Pirates",     wins: 79, losses: 83,
    division: "central" },
  { name: "San Diego Padres",       wins: 76, losses: 86,
    division: "west" },
  { name: "San Francisco Giants",   wins: 94, losses: 68,
    division: "west" },
  { name: "St. Louis Cardinals",    wins: 88, losses: 74,
    division: "central" },
  { name: "Washington Nationals",   wins: 98, losses: 64,
    division: "east" }
];
```

8.4.1 使用迭代工具函数

在第一节中，我们见识了一些传统JavaScript迭代循环的陷阱，也见识到了函数式编程可以提供的改进。我们的斐波那契示例通过使用递归消除了迭代，但许多算法本身却并不能用递归来实现。在这些情况下，我们仍然可以通过使用Underscore.js中的迭代工具函数来完成函数式编程风格版本的实现。

最基础的Underscore工具函数要算each()了。它在一个集合上的每一个元素上执行任意的选定函数，通常被用作传统的循环的for (i=0; i<len; i++)直接的函数式替代品。

```
> _(national_league).each(function(team) { console.log(team.name); })
  Arizona Diamondbacks
  Atlanta Braves
  // Console output continues...
  Washington Nationals
```

如果你熟悉jQuery函数库的话，你可能知道jQuery有一个类似的$.each()工具函数。然而Underscore.js版本和jQuery版本中有两个重要的区别。首先，迭代函数接收到的参数是不同的。Underscore.js对数组传递(element, index, list)，对简单对象传递(value, key, list)。jQuery通通传递(index, value)。其次，至少在本书写作的时候，Underscore.js版本的实现可以比jQuery版本运行速度要快得多，取决于代码运行的具体浏览器（jQuery也有一个类似于Underscore.js版本的$.map()函数）。

Underscore.js的map()方法遍历一个集合，并使用一个任意选定的函数转换集合中的每一个元素。它返回一个新的包含有转换后的元素的新集合。举例来说，下面是得到包含所有队伍的胜率百分比的数组的方法。

```
> _(national_league).map(function(team) {
      return Math.round(100*team.wins/(team.wins + team.losses);
  })
  [50, 58, 38, 60, 40, 34, 53, 43, 51, 46, 50, 49, 47, 58, 54, 60]
```

reduce()方法遍历一个集合然后返回一个单一的值。方法的一个参数初始化这个返回的值，另外的一个参数就是一个任意选定的、会在集合中每一个元素上执行并更新最终返回值的函数。举例来说，我们可以使用reduce()来计算有多少个队伍的胜率百分比大于50%。

```
> _(national_league).reduce(
❶     function(count, team) {
❷         return count + (team.wins > team.losses);
      },
❸     0   // Starting point for reduced value
  )
  7
```

就像在❸处的注释说明的那样，我们开始把count的值设置为0。这个值作为第一个参数传递给❶处的函数，这个函数在❷处返回更新后的值。

＊注意：如果你了解过类似于Hadoop或者Google搜索这样的“大数据”开发的一些实现，你可能知道在这些技术背后的基础算法是MapReduce。虽然上下文不同，但Underscore.js中的map()和reduce()方法有着同样的概念。

8.4.2 在集合中找到元素

Underscore.js中有几个帮助我们在一个集合中找到特定元素或元素集合的方法。举个例子，我们能够使用find()来找到胜场超过90的球队。

```
> _(national_league).find( function(team) { return team.wins > 90; })
  { name: "Atlanta Braves", wins: 94, losses: 68, division: "east" }
```

find()方法返回数组中第一个满足标准的元素。如果需要找到所有满足标准的元素，我们需要使用filter()函数。

```
> _(national_league).filter( function(team) { return team.wins > 90; })
  [ { name: "Atlanta Braves", wins: 94, losses: 68, division: "east" },
    { name: "Cincinnati Reds", wins: 97, losses: 65, division: "central" },
    { name: "San Francisco Giants", wins: 94, losses: 68, division: "west" },
    { name: "Washington Nationals", wins: 98, losses: 64, division: "east" }
  ]
```

跟filter()方法作用相反的方法是reject()。它返回一个所有不满足标准的元素组成的数组。

```
> _(national_league).reject( function(team) { return team.wins > 90; })
  [ { name: "Arizona Diamondbacks", wins: 81, losses: 81, division: "west" },
    { name: "Chicago Cubs", wins: 61, losses: 101, division: "central" },
    // Console output continues...
    { name: "St. Louis Cardinals", wins: 88, losses: 74, division: "central" }
  ]
```

如果你的标准可以用一个属性值来描述，你可以使用filter()的简化版：where()方法。where()的参数不是一个任意选定的函数，而是一个对象，过滤得到元素必须匹配这个对象拥有的属性值。我们可以用它来提取所有东部分区的球队。

```
> _(national_league).where({division: "east"})
   [ { name: "Atlanta Braves", wins: 94, losses: 68, division: "east" },
     { name: "Miami Marlins", wins: 69, losses: 93, division: "east" },
     { name: "New York Mets", wins: 74, losses: 88, division: "east" },
     { name: "Philadelphia Phillies", wins: 81, losses: 81, division: "east" },
     { name: "Washington Nationals", wins: 98, losses: 64, division: "east" }
   ]
```

findWhere()方法既有find()的功能，又有where()的简便。它返回一个集合中第一个拥有符合特定要求的属性的元素。

```
> _(national_league).where({name: "Atlanta Braves"})
  {name: "Atlanta Braves", wins: 94, losses: 68, division: "east"}
```

另一个Underscore.js中特别方便的工具函数是pluck()。这个函数通过从一个集合中提取指定属性创造出一个数组。举个例子，我们可以用它来提取出一个只含有球队名字的数组。

```
> _(national_league).pluck( "team")
  [
    "Arizona Diamondbacks",
    "Atlanta Braves",
   /* Data continues... */,
    "Washington Nationals"
  ]
```

8.4.3 检验集合

有时候我们并不需要改变一个集合，我们只是简单的想要检查其中的某些方面。Underscore.js提供了一些工具函数来进行这些检验。

every()方法能告诉我们是否一个集合中所有的元素都能通过指定的检验。我们可以用它来检查是否我们的数据集中的每个球队都有至少70个胜场。

```
> _(national_league).every(function(team) { return team.wins >= 70; })
  false
```

也许我们想知道是否有任何球队有至少70个胜场。这种情况下，every()方法提供了一个答案。

```
> _(national_league).any(function(team) { return team.wins >= 70; })
  true
```

Underscore.js也让我们可以用指定的函数来找到集合中最大和最小的元素。如果我们的标准是胜场数，我们可以用max()方法来找到“最大”的球队。

```
> _(national_league).max(function(team) { return team.wins; })
  { name: "Washington Nationals", wins: 98, losses: 64, division: "east" }
```

不出意外的，min()方法拥有同样的使用方法。

```
> _(national_league).min(function(team) { return team.wins; })
  { name: "Houston Astros", wins: 55, losses: 107, division: "central" }
```

8.4.4 调整集合顺序

要对集合进行排序，我们可以使用sortBy()方法并提供一个任意函数来提供可供排序的值。这里是怎样靠胜场数升序对集合进行排序。

```
> _(national_league).sortBy(function(team) { return team.wins; })
  [ { name: "Houston Astros", wins: 55, losses: 107, division: "central" }
    { name: "Chicago Cubs", wins: 61, losses: 101, division: "central" },
    // Data continues...
    { name: "Washington Nationals", wins: 98, losses: 64, division: "east" }
```

我们也可以通过某一项属性对元素进行分组来重组集合，Underscore.js中这里可以帮助到我们的方法是groupBy()。一个可能的分组方案是根据分区。

```
> _(national_league).groupBy( "division")
  {
    { west:
      { name: "Arizona Diamondbacks", wins: 81, losses: 81, division: "west" },
      { name: "Colorado Rockies", wins: 64, losses: 98, division: "west" },
      { name: "Los Angeles Dodgers", wins: 86, losses: 76, division: "west" },
      { name: "San Diego Padres", wins: 76, losses: 86, division: "west" },
      { name: "San Francisco Giants", wins: 94, losses: 68, division: "west" },
    },
    { east:
      { name: "Atlanta Braves", wins: 94, losses: 68, division: "east" },
      { name: "Miami Marlins", wins: 69, losses: 93, division: "east" },
      { name: "New York Mets", wins: 74, losses: 88, division: "east" },
      { name: "Philadelphia Phillies", wins: 81, losses: 81,
        division: "east" },
      { name: "Washington Nationals", wins: 98, losses: 64, division: "east" }
    },
    { central:
      { name: "Chicago Cubs", wins: 61, losses: 101, division: "central" },
      { name: "Cincinnati Reds", wins: 97, losses: 65, division: "central" },
      { name: "Houston Astros", wins: 55, losses: 107, division: "central" },
      { name: "Milwaukee Brewers", wins: 83, losses: 79, division: "central" },
```

```
    { name: "Pittsburgh Pirates", wins: 79, losses: 83,
      division: "central" },
    { name: "St. Louis Cardinals", wins: 88, losses: 74,
      division: "central" },
  }
}
```

我们也可以通过groupBy()方法来简单的计算每一组中元素的数量。

```
> _(national_league).countBy( "division")
  {west: 5, east: 5, central: 6}
```

*** 注意**：虽然我们在groupBy()和countBy()的示例中都使用了属性（"division"）值作为参数，但是如果检验的标准不是一个简单的属性，两个方法都可以接受一个任意选定的函数作为参数。

最后值得一提的是，Underscore.js让我们可以使用shuffle()函数随机重排一个组合。

```
_(national_league).shuffle()
```

8.5 小结

虽然这一章跟本书的其他部分不太一样，它最终的目的仍然聚焦在数据可视化上。就像我们在前面章节看到的那样（你也肯定会在你自己的项目中碰到的），供我们可视化使用的原始数据并不总是完美的传递给我们的。有时候我们需要清理无效值来清洗数据，有时候我们需要先重排、转换这些数据才能把它们拿给我们的可视化函数库使用。

Underscore.js函数库提供了大量帮助我们完成这些任务的工具和实用函数。它让我们轻易的管理数组、修改对象、转换集合。更进一步的说，Underscore.js提供了基于函数式编程的深层哲学，所以使用Underscore.js让我们的代码在维持高可读性的同时提高了对缺陷和瑕疵的防御。

第9章
创建数据驱动的网络应用：第1部分

到目前为止，我们已经见识到了多种用来创建单个JavaScript可视化图的工具和函数库，但我们一直是在传统网页的上下文中来考虑的。当然了，如今的网络早已经超越了传统的网页。特别是在桌面电脑上，网站实际上已经是功能全面的软件应用程序了（就算在移动设备上，许多app应用实际上也是被简单容器包装起来的网站）。当一个网站程序是通过数据构建起来的时候，它很可能可以从数据可视化中受益良多。这正是我们要在这最终的项目中需要考虑的：怎样在真实网站应用程序中整合数据可视化。

接下来的几节中我们会从头讲解一个被数据驱动的示例应用的开发过程。数据源将是耐克的Nike+(http://nikeplus.com/）的跑步者服务。耐克销售了许多产品和程序让跑步者可以追踪自己的运动并且保存结果以供分析和回顾。在本章和下一章中，我们会建立一个网站应用，从耐克取得数据并呈现给用户。当然耐克有自己的查看Nike+数据的网站应用，而且那个应用比这里的简单示例要高级多了。我们当然不是想跟耐克竞争；只是利用一下Nike+的服务来构造我们的示例。

＊ 注意：这个示例项目基于成书时候的数据接口版本。这些接口之后可能会发生改变。

跟许多其他章节不同，这一章并不包含多个独立的示例。相反，它会从头依次讲解数据驱动程序的开发和测试的主要流程。我们会看到怎样构建网站程序的基础架构和具体功能。包含了以下方面。

➢ 如何使用一个框架或者函数库构建一个网站应用。

➢ 如何将一个程序分解为模型和视图。

➢ 如何在视图中整合可视化。

在后面的第10章中，我们会着眼在一些怎样处理Nike+ 接口小技巧的细节上，并且对完成这个单页应用做出最后的完善。

＊ 注意：如果要在实际产品中使用Nike+ 数据，必须要先在Nike注册你的应用并拿到必要的证书和安全密钥。这个过程也会让你拿到访问服务的不向公共开放的所有文档的权限。因为在示例中并不是在创建一个真正的应用，我们并不讲述这一步。然而我们的应用会基于Nike的开发者网站（https://developer.nike.com/index.html）上的公开文档介绍的Nike+ 接口。因为示例中并不包括证书和安全密钥，它并不能访问真正的Nike+ 服务。不过本书的源代码确实包含了可以用来模拟Nike+ 服务进行调试和开发的真正Nike+ 数据。

9.1 框架与函数库

如果我们正在使用JavaScript来为传统的网页添加数据可视化效果，我们并不需要对怎样管理和构架我们的JavaScript代码担心得太多。毕竟那只是相对来说比较少的一丁点儿代码，尤其是跟同样是页面一部分的HTML标记和CSS样式比较起来。但对于网络应用程序来说，代码可以增长得越来越多越来越复杂。为了保持我们的代码有序并且可维护，我们需要借助于JavaScript应用函数库，有时候也叫框架。

9.1.1 第1步 选择一个应用函数库

决定要使用一个应用函数库应该要比选择用哪一个容易多了。过去几年中，这些函数库的数量呈现爆炸性增长；现在一共有超过30个高质量的函数库可供选择。一个可以看到所有这些可选项的好地方是TodoMVC（http://todomvc.com/），它展示了如何用每个函数库来实现一个简单的待办事项列表应用。

有一个需要回答的重要问题可以帮助你缩小选择范围：这个应用函数库是一个纯函数库还是一个应用框架？这些术语经常被交替使用，但有一个明显的区别。一个纯函数库会像jQuery或者本书中我们用到的其他函数库那样被使用，只要我们喜欢，这样的工具我们想多用就多调几个，想少用就少调点。另一方面，应用程序框架严格的规定了程序应该怎样工作。我们写出的代码必须符合框架的约束和惯例。本质上来说，区别是在控制权上。使用纯函数库的时候，我们自己的代码控制全局，函数库只是等待被我们调用。使用框架的时候，框架代码控制全局，我们只是向其中加入一些让我们的应用与众不同的代码。

使用纯函数库的优势是灵活性。我们的代码控制着应用，我们有充分的自由度按照我们的独特需求来修改应用的结构。虽然这也不见得都是好事。框架中的限制可以保护我们不犯设计上的低级错误。流行框架的开发者基本都属于世界上最好的JavaScript开发者，他们对于怎样构建一个优秀的应用也都经过了深思熟虑。使用框架还有另一个好处：因为框架默认对应用负责更多，通常这意味着我们需要写的代码更少。

纯函数库和框架的这点区别是值得被留意的，但几乎任何网络应用都可以依赖于其中之一有效的构建出来。两种形式都提供了高质量应用必需的对代码的管理和构建。我们的示例中会使用Backbone.js（http://backbonejs.org/）函数库，它是目前为止最流行的非框架（纯）函数库，数十个超大型网站都使用它构建。我们采取的方式（包括Yeoman这样的工具）跟几乎所有流行的应用函数库都兼容。

9.1.2 第2步 安装开发工具

当你开始构建你的第一个真实网络应用的时候，决定怎样开始可能会让人有点心烦。在这时候很有帮助的一个工具是Yeoman（http://yeoman.io/），它将自己描述为“为现代网络应用而生的网络脚手架工具”。这是个挺准确的描述。Yeoman可以为包括Backbone.js在内的大量不同的网络应用框架定义并初始化项目结构。我们将会见到，它在项目开发过程中也安装并配置了我们需要的绝大多数其他工具。

在我们能够使用Yeoman之前，我们必须首先安装Node.js（http://nodejs.org/）。Node.js本身就是一个强大的应用开发平台，但我们这里并不需要展开讲。它在这里只是因为被许多像Yeoman这样的现代网络开发工具所依赖。要安装Node.js，请遵循官网的指示（http://nodejs.org/）。

安装Node.js之后，我们就可以使用一行命令来安装Yeoman主程序和其他一切创建Backbone.js应用（https://github.com/yeoman/generator-backbone/）所依赖的包了。

```
$ npm install -g generator-backbone
```

你可以在终端app（Mac OS X）或Windows命令行工具中执行这一命令。

9.1.3 第3步 建立新项目

我们刚刚安装的开发工具会让我们轻松的创建一个新的网络应用项目。首先，利用如下的命令，为我们的应用创建一个新文件夹（名字是running），然后cd(change directory）到那个文件夹下面。

```
$ mkdir running
$ cd running
```

在新文件夹中，执行命令yo backbone将会初始化项目结构。

```
$ yo backbone
```

作为初始化的一部分，Yeoman将会询问我们是否许可向Yeoman开发者发送诊断信息（主要是我们app使用的框架和特性相关的）。然后它会让我们选择是否向app中加入更多的工具。对我们的例子来说，我们会忽略掉所有推荐的选项。

```
Out of the box I include HTML5 Boilerplate, jQuery, Backbone.js and Modernizr.
[?] What more would you like? (Press <space> to select)
>□Bootstrap for Sass
 □Use CoffeeScript
 □Use RequireJs
```

然后Yeoman就会施展它的魔法，建立一系列的子文件夹，安装额外的工具和应用，设置好适当的默认配置。当你在看着一屏又一屏的安装信息在你的窗口中滚动的时候，你可以感到欣慰，因为所有这些工作都是Yeoman在替你完成。当Yeoman完成的时候，你会得到一个类似于图9-1的项目结构。有可能并不会跟图中看起来完全一模一样，因为相关网络应用程序可能在本书完成之后已经升级了，但可以放心的是它们仍然会遵循最佳的实践和规则。

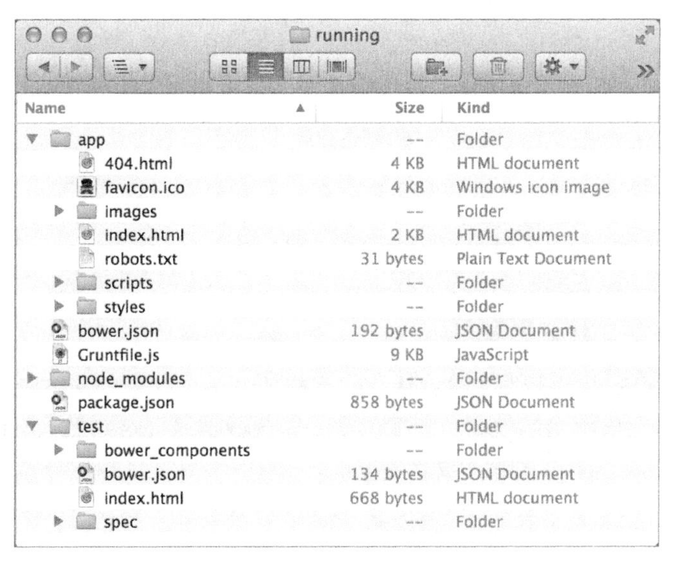

图9-1　Yeoman为网络应用创建的默认项目结构

我们会在接下来的小节中讲述这些文件和文件夹中的大多数，这里是一个关于Yeoman为我们设置好的东西的快速预览。

- app/：将会包含所有我们应用代码的目录。
- bower.json：记录所有我们的应用使用的第三方函数库的文件。
- Gruntfile.js：控制怎样测试和编译我们应用的文件。
- node_modules/：包含用来测试和编译我们应用的工具的目录。
- package.json：标识使用哪些工具来测试和编译我们应用的文件。
- test/：包含我们将要为应用写的测试用例的目录。

现在Yeoman已经建立起来一个完整的网络应用（虽然应用什么都不干）。你可以在命令行中执行命令grunt serve来从浏览器中看到应用。

```
$ grunt serve
Running "serve" task

Running "clean:server" (clean) task

Running "createDefaultTemplate" task

Running "jst:compile" (jst) task
>> Destination not written because compiled files were empty.

Running "connect:livereload" (connect) task
```

```
Started connect web server on http://localhost:9000

Running "open:server" (open) task

Running "watch:livereload" (watch) task
Waiting...
```

这个grunt命令运行了Yeoman包中的一个工具。当传入serve参数的时候，它清理应用文件夹，启动一个网络服务器来运行应用，启动网络浏览器，并打开这个只有架子的应用页面。你会在你的浏览器中见到如图9-2所示的页面。

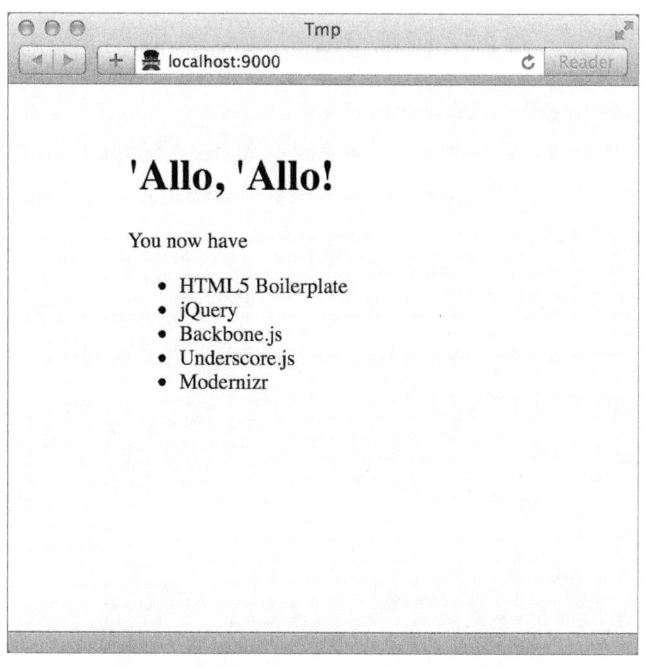

图9-2　浏览器中的Yeoman默认网络应用页面

9.1.4　第4步　加入我们的特殊依赖

Yeoman为新应用安装了合理的默认配置和工具，但我们的应用需要一些像处理地图的Leaflet和处理图表的Flot这样并不在默认中的JavaScript函数库。处理日期和时间的Moment.js(http://momentjs.com/)函数库和处理字符串的Underscore.string(http://epeli.github.io/underscore.string/)函数库。我们可以使用一些简单的命令将这些函数库添加到我们的项目中。传入--save选项会让bower工具（Yeoman包中的一部分）记录下来我们的项目依赖的这些函数库。

```
$ bower install leaflet --save
$ bower install flot --save
$ bower install momentjs --save
$ bower install underscore.string --save
```

也许你已经开始欣赏Yeoman这样的工具怎样让开发变得更容易了。这里显示的这些简单的命令让我们不用自己去网上找到这些函数库，下载合适的文件，拷贝到项目的正确目录中等。

更重要的是,Yeoman(严格的说,bower工具)自动管理这些函数库依赖的任何额外的函数库。举例来说,Flot函数库依赖jQuery。当Yeoman安装Flot的时候，它也会检查并保证jQuery被安装到项目中。在我们的项目中，jQuery因为被Backbone.js依赖已经被安装，但如果jQuery没有被安装,Yeoman也会自动找到并安装好。

对绝大多数函数库来说,bower可以完整的安装好所有必需的组件和文件。然而在安装Leaflet的时候，我们需要一些额外的步骤。进入到app/bower_components目录中的leaflet目录中。在这里运行两个命令安装Leaflet依赖的独特工具。

```
$ npm install
$ npm install jake -g
```

执行jake命令会运行所有Leaflet的测试用例，如果通过的话，会为我们的app创建一个Leaflet.js函数库。

```
$ jake
Checking for JS errors...
    Check passed.

Checking for specs JS errors...
    Check passed.

Running tests...

............................................................................
............................................................................
............................................................................
......................................

PhantomJS 1.9.7 (Mac OS X): Executed 280 of 280 SUCCESS (0.881 secs / 0.496 secs)
    Tests ran successfully.

Concatenating and compressing 75 files...
```

```
Uncompressed: 217.22 KB (unchanged)
Compressed: 122.27 KB (unchanged)
Gzipped: 32.71 KB
```

剩下要做的就是将其他函数库加入到我们的HTML文件中。这很简单。我们应用的主要页面是在app目录中的index.html文件。这里已经有一块代码引用了jQuery、Underscore.js和Backbone.js。

```
<!-- build:js scripts/vendor.js -->
<script src="bower_components/jquery/dist/jquery.js"></script>
<script src="bower_components/underscore/underscore.js"></script>
<script src="bower_components/backbone/backbone.js"></script>
<!-- endbuild -->
```

我们可以在Backbone.js之后加入新的函数库。

```
<!-- build:js scripts/vendor.js -->
<script src="bower_components/jquery/dist/jquery.js"></script>
<script src="bower_components/underscore/underscore.js"></script>
<script src="bower_components/backbone/backbone.js"></script>
<script src="bower_components/flot/jquery.flot.js"></script>
<script src="bower_components/leaflet/dist/leaflet-src.js"></script>
<script src="bower_components/momentjs/moment.js"></script>
<script
   src="bower_components/underscore.string/lib/underscore.string.js">
</script>
<!-- endbuild -->
```

就像我们在第6章中看到的那样,Leaflet也需要自己的样式文件。我们把它加入到index.html的头部的main.css之前。

```
<!-- build:css(.tmp) styles/main.css -->
<link rel="stylesheet" href="bower_components/leaflet/dist/leaflet.css">
<link rel="stylesheet" href="styles/main.css">
<!-- endbuild -->
```

现在我们已经设置好了我们应用的目录结构，安装了必要的函数库，是时候开始开发了。

9.2 模型与视图

有许多可供网络应用使用的应用函数库，它们都各有各的长处，但几乎所有的函数库都遵从一些指导应用架构的基本原则。也许这些原则中最基础的就是从视图中分离出模型了。关注应用的核心数据的代码（模型）应该与将数据呈现给用户的代码（视图）分离开来。实施这种分离让升级和修改更加容易。如果你想用表格而不是图表来呈现你的数据，你可以完全不用动模型来做出这些修改。如果你想要将数据源从本地文件切换为REST接口，你也可以完全不用动视图来作出这些修改。我们在本书中已经非正式的应用着这个原则。在所有的例子中，我们都将获取、格式化数据的步骤与可视化这些数据的步骤隔离开了。使用Backbone.js这样的应用函数库让我们有了更明确的管理模型和视图的工具。

9.2.1 第1步 定义应用的模型

我们运行的应用是设计来与提供关于训练跑、间歇训练、山径越野跑、比赛等等跑步的细节的Nike+工作的。我们期望的数据集完全由跑步数据构成，所以我们应用的核心模型自然应该是run(跑步)。

Yeoman工具使得我们的应用定义一个模型非常容易，一个简单的命令就可以定义一个新的模型、创建相关JavaScript文件并为模型搭好代码的模板。

```
$ yo backbone:model run
  create app/scripts/models/run.js
  invoke   backbone-mocha:model
  create      test/models/run.spec.js
```

这个命令创建了两个新文件：app/scripts/models/目录中的run.js文件和test/目录中的run.spec.js文件。让我们看看Yeoman为我们的模型创建的文件。它挺短的。

```
❶ /*Global Running, Backbone*/

❷ Running.Models = Running.Models || {};

(function () {
    "use strict";
    Running.Models.Run = Backbone.Model.extend({
        url: "",
        initialize: function() {
        },
        defaults: {
        },
        validate: function(attrs, options) {
        },
        parse: function(response, options) {
```

```
            return response;
        }
    });
})();
```

在代码❶处的注释列出了我们的模型需要的全局变量。在这里只有两个：Running(这是我们的应用) 和Backbone。下一步，在代码❷处，如果Running对象没有.Models属性，就为它创建一个。

当浏览器执行到这一行的时候，它会检查Running.Models是否存在。如果存在，那么Running.Models就不会是false，浏览器就不会去考虑或（||）逻辑运算符的右边。这个语句简单的将Running.Models赋值给自己，所以它并没有实际的作用。然而如果Running.Models不存在，那么它等价于false，浏览器会继续执行右边的语句，将一个空对象（{}）赋值给Running.Models。总的来说，这行语句保证了Running.Models对象存在。

文件中的其他代码被一个立即执行函数表达式（immediately invokedfunction expression）包装。如果你以前没见过这种代码格式，它可能看起来有点奇怪。

```
(function () {
    /* Code goes here */
})();
```

如果我们将这个代码块用单行的形式重写出来，它可能会更容易理解。

```
( function () { /* Code goes here */ } ) ();
```

这个语句使用了一个函数表达式定义了一个JavaScript函数，function () { /* ... */ }，然后使用结尾的括号“()”调用了这个刚创建出来的函数。其实我们做的就是把我们的代码放到一个函数中，然后调用这个函数。你会在专业的JavaScript代码中经常见到这个格式，因为它阻止了局部代码与应用中的其他代码互相干扰。

当你在JavaScript中定义一个变量的时候，它是一个全局变量，在代码的所有地方都可用。这样的后果就是如果代码的两个部分都定义了同名全局变量，那些定义就会互相冲突。这样的冲突可能导致一些非常难以发现的bug，因为一个部分的代码非故意的与另一个完全无关的部分代码互相干扰。为了防止发生这种问题，我们可以避免定义全局变量，而最简单的在JavaScript中的实现方式就是将我们的变量定义在一个函数里面了。这就是使用立即执行函数的目的。它是我们的代码定义局部而非全局变量，防止了不同代码块的互相冲突。

9.2.2 第2步 实现模型

我们的应用只需要这一个模型，它也已经完成了！这是对的：Yeoman已经为我们搭好了一个完整可用的模型的代码模板。实际上，如果不是要针对Nike的REST接口做一些适配，我们完全不用动生成的模型代码。我们会到第10章的时候再详细讲述需要做的适配调整。

在我们开始下一步之前，让我们看看可以用新创建的模型来干些什么。我们先往模型里面加入一点临时的调试代码。在最终应用里面我们不会使用接下来的代码，它只是用来展示一下我们的模型能够做些什么用的。

首先，加入一个链接（URL）地址来接收关于跑步行程（Nike+使用更通用的术语“活动（activity）”）的详细数据。从Nike+的文档中可以找到，我们需要的链接地址是https://api.nike.com/v1/me/sport/activities/<activityId>。

```
Running.Models.Run = Backbone.Model.extend({
❶    url: "https://api.nike.com/v1/me/sport/activities/",
     initialize: function() {
     },
     defaults: {
     },
     validate: function(attrs, options) {
     },
     parse: function(response, options) {
         return response;
     }
});
```

链接地址的最后部分依赖于具体的活动，所以我们这里只把通用部分的链接添加到模型❶处。

现在想象我们需要从Nike+服务中取得某一个具体跑步行程相关细节数据。这个跑步行程拥有一个唯一标识符2126456911。如果Nike+接口遵循典型的约定，我们可以使用如下两条假设的语句来创建一个变量代表这次行程，并取得所有相关数据（我们会在10.1.7小节中讲述连接真正的Nike+服务需要的技巧）。

```
var run = new Running.Models.Run({id: 2126456911});
run.fetch();
```

因为许多接口都遵循典型的约定，我们值得花点时间来了解一下这些代码是怎么工作的。第一行语句创建了Run模型的一个新实例并指定了它的标识符。第二行语句命令Backbone从服务器取回这个模型的数据。Backbone会完成与Nike+的通信，包括错误处理、超时、解析返回值等等。一旦数据获取完成，关于该次跑步行程相关的详细信息将可以从模型中被获取。如果我们提供一个回调函数，我们可以打印出一些细节。这里是一个例子。

```
var run = new Running.Models.Run({id: 2126456911});
run.fetch({success: function() {
    console.log("Run started at ", run.get("startTime"));
    console.log("    Duration: ", run.get("metricSummary").duration);
    console.log("    Distance: ", run.get("metricSummary").distance);
    console.log("    Calories: ", run.get("metricSummary").calories);
}});
```

浏览器的控制台上将打印出如下输出。

```
Run started at 2013-04-09T10:54:33Z
    Duration: 0:22:39.000
    Distance: 3.7524
    Calories: 240
```

这几行简单代码就能做到这些很不错嘛！不过，这一步里面加入的代码只是为了示范用的。我们的应用并不像这样使用单个模型。相反，我们会用一个甚至更强大的Backbone特性：集合（collections）。

9.2.3 第3步 定义应用的集合

我们创建的模型是设计来获取单次跑步行程相关的数据的。然而我们的用户并不是仅仅一次行程感兴趣。他们愿意看到所有他们的跑步行程——几十次、几百次、甚至可能是几千次。我们可以使用一个集合（collection）或者说一组模型来处理所有的这些行程。集合是Backbone.js的核心概念之一，它将对我们的应用帮助巨大。让我们定义一个关于用户所有的跑步行程的集合。

Yeoman让定义和创建集合的代码的模板非常简单。我们只需要从命令行执行一个命令：yo backbone:collection runs（是的，我们起名就是这么原生态，集合名字就叫runs）。

```
$ yo backbone:collection runs
  create app/scripts/collections/runs.js
  invoke   backbone-mocha:collection
  create     test/collections/runs.spec.js
```

Yeoman为集合做了和它为模型做的同样的事情：它创建了一个实现文件（app/scripts/collections/目录中的runs.js文件）和一个测试文件。现在我们看看runs.js。

```
/*Global Running, Backbone*/

Running.Collections = Running.Collections || {};

(function () {
    "use strict";
    Running.Collections.Runs = Backbone.Collection.extend({
        model: Running.Models.Runs
    });
})();
```

这个文件甚至比我们的模型更简单：默认的集合只有唯一一个属性指明了它是哪种模型的集合。遗憾的是，Yeoman还没有聪明到可以处理英文的复数形式，所以它假定模型的名称跟集合的名字是一样的。对于我们的应用来说不是这个情况，因为我们的模型是Run（英文单数形式）而集合是Runs（英文复数形式）。当我们删掉多余的s的时候，我们也可以增加一个集合的REST接口地址属性。那是一个Nike+服务的URL链接。

```
Running.Collections.Runs = Backbone.Collection.extend({
    url: "https://api.nike.com/v1/me/sport/activities/",
    model: Running.Models.Run
});
```

做了这两个小小的改动之后，我们已经准备好使用我们的新集合了（除了需要处理Nike+接口需要的细节。我们先忽略这部分，稍后会介绍）。我们现在需要做的就是创建Runs集合的一个新实例并获取数据。

```
var runs = new Running.Collections.Runs();
runs.fetch();
```

这就是创建一个包含用户跑步行程的集合需要做的全部事情。Backbone.js为每一次行程创建了一个模型并从服务器取回了模型的相关数据。更棒的是，这些行程模型都是存储在一个真正的Underscore.js集合中的，这让我们能够调用大量强大的方法来处理和搜索集合。例如，假设我们需要找到一个用户总的跑步里程。Underscore.js 中有一个量身定做的 reduce() 函数。

```
var totalDistance = runs.reduce( function(sum, run) {
    return sum + run.get("metricSummary").distance;
}, 0);
```

这段代码可以告诉我们，举例来说，这个登录用户已经在 Nike+ 的服务中记录了 3 358 千米的行程。

***注意**：你可能已经注意到，我们在 Backbone.js 应用中使用了很多来自 Underscore.js 的实用函数。这并不是一个巧合，两个项目的主要开发者都是 Jeremy Ashkenas。

9.2.4 第 4 步 定义应用的主视图

现在我们有了一个用户的所有跑步行程数据，是时候呈现这些数据了。我们将使用 Backbone.js 的视图（views）来完成。为了简单起见，我们只考虑两种展示数据的方式。首先我们会显示一个表格列出每一次跑步行程相关的总结信息。其次，如果用户单击表格的某一行，我们将显示关于这次行程相关的详细信息，包括任何的可视化。我们应用的主视图将是一个总览表格，我们先重点关注。

一个 Backbone.js 的视图负责对用户呈现数据，对应数据可能被保存在一个集合或一个模型中。在我们应用的首页上，我们希望展示一个用户所有跑步行程的总览信息。所以这个视图是一整个集合的视图。我们管这个视图叫 Summary。

这个 Summary 视图的表格的大部分都将由一系列的表格行构成，其中每一行都代表了一次单独的跑步行程的总结数据。这意味着我们可以简单的为一个 Run 模型创建一个使用一个表格行呈现的视图，并将我们的主视图 Summary 设计为（主要）由很多个 SummaryRow 视图构成。我们可以再次使用 Yeoman 来生成这两个视图的代码模板。

```
$ yo backbone:view summary
   create app/scripts/templates/summary.ejs
   create app/scripts/views/summary.js
   invoke   backbone-mocha:view
   create     test/views/summary.spec.js
$ yo backbone:view summaryRow
   create app/scripts/templates/summaryRow.ejs
   create app/scripts/views/summaryRow.js
   invoke   backbone-mocha:view
   create     test/views/summaryRow.spec.js
```

Yeoman生成的每个视图模板除了名字基本都是一样的。这是Summary视图的样子。

```
/*Global Running, Backbone, JST*/

Running.Views = Running.Views || {};

(function () {
    "use strict";
    Running.Views.Summary = Backbone.View.extend({
        template: JST["app/scripts/templates/summary.ejs"],
        tagName: "div",
        id: "",
        className: "",
        events: {},
        initialize: function () {
            this.listenTo(this.model, "change", this.render);
        },
        render: function () {
            this.$el.html(this.template(this.model.toJSON()));
        }
    });
})();
```

这个文件的总体结构跟我们的模型和集合是一样的，但视图本身会有多一些的东西。让我们一个一个来介绍视图的属性。第一个属性是template。这是我们定义视图的具体HTML标签的地方，我们会在接下来看到更多的细节。

tagName属性定义了我们的视图会用做自己的父元素的HTML标签。Yeoman默认生成一个通用的<div>，当我们知道在我们的例子里面需要使用<table>，我们一会改过来。

id和className属性定义了加到我们的主容器HTML标签（我们的例子是<table>）的id和class属性值。举例来说，我们可以以这些属性值来定义一些CSS样式。对我们的示例来说，我们并不考虑样式问题，所以我们将两个属性都留空或者干脆删掉。

下一个属性是events。这个属性指明了跟视图相关的用户自定义事件（例如鼠标单击）。在Summary视图中并不需要事件，所以我们可以设置属性值为空对象或者简单的删掉这个属性。

最后两个属性，initialize()和render()，是两个方法。在考虑它们之前，先看看我们完成了我们刚刚提到的调整后的Summary视图。现在我们已经忽略掉了不使用的属性，只剩下了template和tagName属性，加上initialize()和render()这两个方法。

```
Running.Views.Summary = Backbone.View.extend({
    template: JST["app/scripts/templates/summary.ejs"],
    tagName: "table",
    initialize: function () {
            this.listenTo(this.model, "change", this.render);
    },
    render: function () {
            this.$el.html(this.template(this.model.toJSON()));
    }
});
```

现在我们来看看最后两个方法，先从initialize()开始。这个方法内有一条语句（除了我们即将加入的return语句）。通过调用listenTo()，它告诉了Backbone.js视图希望监听事件。第一个参数——this.collection，指出了事件的目标，所以这行语句的意思是试图希望监听影响集合的事件。第二个参数指明了事件类型。在这个例子中，视图希望在集合改变的时候得到通知。最后一个参数是当事件发生的时候Backbone.js应该调用的函数。每一次Runs集合改变的时候，我们希望Backbone.js调用视图的render()方法。这是有道理的，因为当Runs集合发生改变的时候，我们显示在页面上的东西都已经过期了。为了显示正确，我们的视图应该刷新它的内容。

视图做的大多数实际工作是在它的render()方法中发生的。毕竟这是真正创建网页的HTML标记内容的代码。Yeoman已经给我们了一个默认的模板，但在用在集合视图上是不够的。默认模板只生成那些包含整个集合的容器的HTML代码，但并不处理作为集合的一部分的那些模型。对于单次的跑步行程，我们可以调用Underscore.js中的each()函数遍历集合来渲染每一次跑步行程。

你可以从接下来的代码中看到，我们也为两个方法都加入了一行return this;语句。简单来说我们会利用这个添加来在一个单行、简练的语句中链式调用多个方法。

```
Running.Views.Summary = Backbone.View.extend({
    template: JST["app/scripts/templates/summary.ejs"],
    tagName: "table",
    initialize: function() {
        this.listenTo(this.collection, "change", this.render);
        return this;
    },
    render: function () {
```

```
        this.$el.html(this.template());
        this.collection.each(this.renderRun, this);
        return this;
    }
});
```

现在我们需要添加处理每一次独立的跑步行程的renderRun()方法。这是我们希望这个函数需要做的事情。

1. 为跑步行程创建一个新的SummaryRow视图。
2. 渲染创建的SummaryRow视图。
3. 将生成的HTML代码添加到Summary视图的<tbody>中。

实现这些步骤的代码简单明了，但一步一步分解开来看更好理解。

1. 创建一个新的SummaryRow视图：new SummaryRow({model: run})。
2. 渲染这个SummaryRow视图：.render()。
3. 添加结果：this.$("tbody").append();

把这些步骤放到一起，我们就得到了renderRun()方法。

```
    renderRun: function (run) {
        this.$("tbody").append(new Running.Views.SummaryRow({
        model: run
        }).render().el);
    }
```

我们对Summary视图做的绝大多数修改也对SummaryRow视图适用，不过我们不需要在render()方法中再添加什么了。下面是我们第一版SummaryRow视图的实现。注意我们将tagName属性设置为了"tr" 因为我们希望每一个跑步行程模型使用一个表格行来呈现。

```
Running.Views.SummaryRow = Backbone.View.extend({
    template: JST["app/scripts/templates/summaryRow.ejs"],
    tagName: "tr",
    events: {},
    initialize: function () {
        this.listenTo(this.model, "change", this.render);
        return this;
    },
    render: function () {
        this.$el.html(this.template(this.model.toJSON()));
        return this;
    }
});
```

现在我们已经有了我们的应用展示总览视图所需的JavaScript代码了。

9.2.5 第5步 定义主视图模板

到目前为止我们已经开发了处理Summary和SummaryRow视图的JavaScript代码。然而，这些代码并不生成实际的HTML标签。要完成这个任务我们依赖模板。模板是带有不同的变量占位符的HTML标签骨架。将HTML标签限制在模板中帮助我们保持JavaScript代码整洁、结构清晰、易于维护。

就像有很多流行的JavaScript函数库一样，也有各种各样的模板语言。然而我们的应用并不需要任何牛逼闪闪的模板特性，所以我们就用Yeoman给我们配置好的默认模板流程了。这个流程依赖一个JST工具（https://github.com/gruntjs/grunt-contrib-jst/）来处理模板，这个工具使用Underscore.js的模板语言（http://underscorejs.org/#template）。通过例子很容易就能看明白这是怎么工作的，让我们开始。

我们首先看看SummaryRow视图的模板。在我们的视图中，我们已经明确了SummaryRow视图是一个<tr>元素，所以模板只需要提供<tr>中的内容就行了。我们将从Run模型中获取相关的数据，也就是模型从Nike+服务中获取的那些。这是一个Nike+可能返回的活动数据示例。

```
{
    "activityId": "2126456911",
    "activityType": "RUN",
    "startTime": "2013-04-09T10:54:33Z",
    "activityTimeZone": "GMT-04:00",
    "status": "COMPLETE",
    "deviceType": "IPOD",
    "metricSummary": {
        "calories": 240,
        "fuel": 790,
        "distance": 3.7524,
        "steps": 0,
        "duration": "0:22:39.000"
    },
    "tags": [/* Data continues... */],
    "metrics": [/* Data continues... */],
    "gps": {/* Data continues... */}
}
```

在最初的版本中，我们显示跑步的开始时间、持续时间、距离和热量消耗。

所以我们的表格每行有4个单元格，每格包含对应的其中一个值。我们可以在app/scripts/templates文件夹中找到summaryRow.ejs模板。Yeoman默认将其设置为一个简单的段落。

```
<p>Your content here.</p>
```

让我们将之替换为4个表格单元格。

```
<td></td>
<td></td>
<td></td>
<td></td>
```

单元格的内容我们可以使用特殊的<%=和%>分隔符封闭的模型属性名来占位。完整的SummaryRow模板如下所示。

```
<td><%= startTime %></td>
<td><%= metricSummary.duration %></td>
<td><%= metricSummary.distance %></td>
<td><%= metricSummary.calories %></td>
```

我们需要提供的另外一个模板是Summary视图的模板。因为我们已经将视图的主标签设置为了<table>，模板应该确定<table>中的内容就好了：一个表头和一个空白的元素（其中的每一行内容都将来自Run模型）。

```
<thead>
    <tr>
        <th>Time</th>
        <th>Duration</th>
        <th>Distance</th>
        <th>Calories</th>
    </tr>
</thead>
<tbody></tbody>
```

现在我们终于准备好构造我们跑步行程的主视图了。这些步骤非常简单明了。

1. 创建一个新的跑步集合。
2. 从服务器取回集合数据。
3. 创建集合对应的新Summary视图。
4. 渲染视图。

这是实现这4个步骤的JavaScript代码。

```
var runs = new Running.Collection.Runs();
runs.fetch();
var summaryView = new Running.Views.Summary({collection: runs});
summaryView.render();
```

我们可以通过视图的el属性来访问创建出来的<table>元素。它看起来跟下面差不多。

```
<table>
  <thead>
    <tr>
        <th>Time</th>
        <th>Duration</th>
        <th>Distance</th>
        <th>Calories</th>
    </tr>
  </thead>
<tbody>
    <tr>
        <td>2013-04-09T10:54:33Z</td>
        <td>0:22:39.000</td>
        <td>3.7524</td>
        <td>240</td>
    </tr>
    <tr>
        <td>2013-04-07T12:34:40Z</td>
        <td>0:44:59.000</td>
        <td>8.1724</td>
        <td>569</td>
    </tr>
    <tr>
        <td>2013-04-06T13:28:36Z</td>
        <td>1:28:59.000</td>
        <td>16.068001</td>
        <td>1200</td>
    </tr>
  </tbody>
</table>
```

当我们将如上标签插入网页中，我们的用户能看到一个简单的总览表格列出他们的跑步行程，如图9-3所示。

Time	Duration	Distance	Calories
2013-04-09T10:54:33Z	0:22:39.000	3.7524	240
2013-04-07T12:34:40Z	0:44:59.000	8.1724	569
2013-04-06T13:28:36Z	1:28:59.000	16.068001	1,200
2013-04-04T11:57:16Z	0:58:44.000	9.623	736
2013-04-02T11:42:47Z	0:22:37.000	3.6368	293
2013-03-31T12:44:00Z	0:34:04.000	6.3987	445
2013-03-30T13:15:35Z	1:29:31.000	16.0548	1,203
2013-03-28T11:42:17Z	1:04:09.000	11.1741	852
2013-03-26T12:21:52Z	0:39:33.000	7.3032	514
2013-03-24T20:15:31Z	0:33:49.000	6.2886	455

图9-3　含有跑步总览信息的简单表格

9.2.6　第6步　改善主视图

现在我们开始有点成就了，虽然表格内容还可以进一步优化。毕竟，像16.068001千米这种数据后面的小数数位真的有意义吗？因为Nike+决定Run模型中的属性，看起来似乎我们无法控制传递给模板的数据值。幸运的是，这不是真的。如果看一下SummaryView的render()方法，我们可以看到模板是怎样取得自己的数据的。

```
render: function () {
    this.$el.html(this.template(this.model.toJSON()));
    return this;
}
```

模板的数据值来自于我们直接从模型中创建出来的一个JavaScript对象。Backbone.js提供的toJSON()方法返回了一个包含对应模型属性值的JavaScript对象。实际上我们可以传递给模板任意的JavaScript对象，甚至我们自己在render()方法中创建一个也可以。让我们重写这个方法来给用户提供一个体验更好的Summary视图。我们一个一个地处理模型的属性。

首先是行程的起始日期。“2013-04-09T10:54:33Z”这样的日期对一般用户来说可读性不强，甚至很有可能根本就跟用户的时区不同。处理日期和时间是很麻烦的，但出色的Moment.js函数库（http://momentjs.com/）可以搞定所有的这些麻烦。因为之前的章节里面我们已经将这个函数库加入到了应用中，现在我们直接用就行了。

```
render: function () {
    var run = {};
    run.date = moment(this.model.get("startTime")).calendar();
```

＊注意：为了简洁起见，我们上面的代码有一些不足，因为它将UTC时间戳转换为了用户浏览器对应的本地时区。可能使用Nike+数据中提供的跑步行程本身对应的时区是更正确的。

下一步是行程的持续时间。我们是否需要显示Nike+数据中包含的毫秒部分值得考虑，所以我们简单的从属性中去除掉（如果能四舍五入就更精确了，但估计我们的用户并不是训练中的奥运选手，一秒的差别也就无所谓了。另外，反正Nike+的数据中的毫秒部分似乎总是以“.000”结尾的）。

```
run.duration = this.model.get("metricSummary").duration.split(".")[0];
```

distance属性也可以调整一下。除了四舍五入到一个合理的小数位以外，可以为我们的美国用户将单位从千米转换为英里。一个简单的语句可以同时处理这两件事。

```
run.distance = Math.round(62. *
    this.model.get("metricSummary").distance)/100 +
    " Miles";
```

calories属性没什么问题，我们直接复制到临时对象里面就好了。

```
run.calories = this.model.get("metricSummary").calories;
```

最后，如果你是跑步高端粉，你可能注意到了Nike+属性中缺少一个重要的数据：以分钟/英里为单位的行程平均单位里程耗时（pace）。我们手头的数据可以把它算出来，所以我们也把它加上。

```
var secs = _(run.duration.split(":")).reduce(function(sum, num) {
    return sum*60+parseInt(num,10); }, 0);
var pace = moment.duration(1000*secs/parseFloat(run.distance));
run.pace = pace.minutes() + ":" + _(pace.seconds()).pad(2, "0");
```

现在我们有了可以传递给模板的新对象。

```
this.$el.html(this.template(run));
```

我们也需要修改一下两个模板来匹配新的标签。这是升级版的SummaryRows模板。

```
<td><%= date %></td>
<td><%= duration %></td>
<td><%= distance %></td>
<td><%= calories %></td>
<td><%= pace %></td>
```

这是添加了单位里程耗时列的Summary模板。

```
<thead>
  <tr>
    <th>Date</th>
    <th>Duration</th>
    <th>Distance</th>
    <th>Calories</th>
    <th>Pace</th>
  </tr>
</thead>
<tbody></tbody>
```

现在我们有一个对用户更加友好的总览表格了，如图9-4所示。

Date	Duration	Distance	Calories	Pace
04/09/2013	0:22:39	2.33 Miles	240	9:43
04/07/2013	0:44:59	5.08 Miles	569	8:51
04/06/2013	1:28:59	9.98 Miles	1,200	8:54
04/04/2013	0:58:44	5.98 Miles	736	9:49
04/02/2013	0:22:37	2.26 Miles	293	10:00
03/31/2013	0:34:04	3.98 Miles	445	8:33
03/30/2013	1:29:31	9.98 Miles	1,203	8:58
03/28/2013	1:04:09	6.94 Miles	852	9:14
03/26/2013	0:39:33	4.54 Miles	514	8:42
03/24/2013	0:33:49	3.91 Miles	455	8:38

图9-4　改进后含有用户更友好数据的总览格

9.3 可视化视图

现在我们已经见到了怎样使用Backbone.js视图来分离数据和呈现，我们可以考虑怎样使用同样的方式来处理数据可视化。当使用简单HTML标签呈现数据的时候——就像在前面一节的表格中——使用模板来展示模型是很简单的。但模板并不足够强大到可以处理数据可视化，所以我们需要改变我们的处理方式。

来自Nike+服务的数据提供了很多可视化的机会。举例来说每一次跑步行程可能包含了每10秒记录一次的用户的心率、即时单位里程耗时、累计距离。跑步行程也可能包含了每秒记录的用户的GPS定位坐标。这类数据适合使用图表和地图呈现，在本节中，我们会都加入到我们的应用中。

9.3.1 第1步 定义额外视图

就像我们在前一节里面做的那样，我们依赖Yeoman来创建新视图的模板。其中一个视图叫Details，会作为一次单独的跑步行程的细节总视图。在这个视图下，我们会创建另外3个视图，每一个展示关于行程的一个不同方面。我们可以用以下层次关系来考虑这些视图。

- Details：一次单独跑步行程的详情视图。
- Properties：跟行程有关的完整属性集。
- Chart：展示行程中表现的图表。
- Map：行程路线地图。

要开始开发这些视图，我们返回到命令行中执行4条Yeoman命令。

```
$ yo backbone:view details
$ yo backbone:view properties
$ yo backbone:view charts
$ yo backbone:view map
```

9.3.2 第2步 实现Details视图

Details视图其实就是做为3个子节点的容器存在，所以它的实现是相当容易的。为每一个子节点创建各自新的视图，渲染这些视图，并且把得到的HTML标签加入到Details视图中就搞定了。下面是实现这个视图的代码。

```
Running.Views.Details = Backbone.View.extend({
    render: function () {
        this.$el.empty();
        this.$el.append(
            new Running.Views.Properties({model: this.model}).render().el
        );
        this.$el.append(
            new Running.Views.Charts({model: this.model}).render().el
        );
        this.$el.append(
            new Running.Views.Map({model: this.model}).render().el
        );
    return this;
  }
});
```

和前面我们创建过的视图不同的是，这个视图并没有一个initialize()方法。这是因为Details视图并不需要监听模型的改变，所以在初始化期间没有什么需要做。换句话来说，Details视图自己并不真正的依赖于Run模型中的任何属性（另一方面，它的子视图极大的依赖于这些属性）。

render()方法自己首先清理了任何容器元素中存在的内容。这一行代码使得render()方法可以安全的被多次调用。接下来的三个语句每个创建了一个子视图。注意所有的子视图都拥有同一个模型，也就是Details视图使用的模型。这就是模型/视图分离架构带来的可行性：一个数据对象——在我们的例子里，一次跑步行程数据——可以以多种方式被呈现。当render()方法创建这三个子视图的时候，它也会调用它们各自的render()方法，然后将得到的结果（它们的el属性）添加到它自己的el容器中。

9.3.3 第3步 实现Properties视图

在Properties视图中，我们想展示所有Nike+中与这次跑步行程相关的属性。这些属性是通过Nike+服务返回的数据决定的；这里是一个例子。

```
{
    "activityId": "2126456911",
    "activityType": "RUN",
    "startTime": "2013-04-09T10:54:33Z",
    "activityTimeZone": "GMT-04:00",
    "status": "COMPLETE",
```

```
    "deviceType": "IPOD",
    "metricSummary": {
        "calories": 240,
        "fuel": 790,
        "distance": 3.7524,
        "steps": 0,
        "duration": "0:22:39.000"
    },
    "tags": [
        { "tagType": "WEATHER", "tagValue": "SUNNY" },
        { "tagType": "NOTE" },
        { "tagType": "TERRAIN", "tagValue": "TRAIL" },
        { "tagType": "SHOES", "tagValue": "Neo Trail" },
        { "tagType": "EMOTION", "tagValue": "GREAT" }
    ],
    "metrics": [
        { "intervalMetric": 10, "intervalUnit": "SEC",
          "metricType": "SPEED", "values": [/* Data continues... */] },
        { "intervalMetric": 10, "intervalUnit": "SEC",
          "metricType": "HEARTRATE", "values": [/* Data continues... */]
},
        { "intervalMetric": 10, "intervalUnit": "SEC",
          "metricType": "DISTANCE", "values": [/* Data continues... */] },
    ],
    "gps": {
        "elevationLoss": 114.400024,
        "elevationGain": 109.00003,
        "elevationMax": 296.2,
        "elevationMin": 257,
        "intervalMetric": 10,
        "intervalUnit": "SEC",
        "waypoints": [/* Data continues... */]
    }
}
```

如果对数据做一些清洗，可以让它们对用户更友好。我们将使用之前添加到项目中的Underscore. string函数库来进行清洗。我们可以通过将这个函数库“混合”入Underscore.js函数库来确保它是可用的。我们将在Properties视图文件的开头地方完成这个合并。

```
/*Global Running, Backbone, JST, _*/

_.mixin(_.str.exports());

Running.Views = Running.Views || {};

// Code continues...
```

注意我们也已经将Underscore.js的全局变量名（_）加入到了文件的起始注释处。

最直接的用HTML呈现这些信息的方式就是用一个dl标签（定义列表，description list，<dl>）。每一项属性都是列表中的一组单独条目，每个条目带有一个包含属性名的dt标签（定义标题，description term，<dt>）和一个包含属性值的dd标签（定义数据，description data，<dd>）。为了使用定义列表，我们需要将视图的tagName属性设置为"dl"，再创建一个通用的列表项模版。这是Properties视图的代码。

```
Running.Views.Properties = Backbone.View.extend({
    template: JST["app/scripts/templates/properties.ejs"],
    tagName: "dl",
    initialize: function () {
        this.listenTo(this.model, "change", this.render);
        return this;
    },
    render: function () {
        // More code goes here
        return this;
    }
});
```

这是视图使用的简单模版的代码。

```
<dt><%= key %></dt>
<dd><%= value %></dd>
```

简单看看Nike+数据就会发现里面包含嵌套的对象。主对象的metricSummary属性自己就是一个对象。我们需要一个能够遍历输入数据对象中所有属性并同时创建HTML标签的函数。一个递归函数在这里可以是特别有效率的，因为它可以在碰到一个新的嵌套数据对象的时候再次调用自身。接下来，我们在视图中加入适用于当前任务的obj2Html()方法。

```
obj2Html: function(obj) {
    return (
        _(obj).reduce(function(html, value, key) {

            // Create the markup for the current
            // key/value pair and add it to the html variable

            return html;

        }, "", this)
    );
}
```

在我们处理每一项属性的时候，首先可以改进的就是属性名。例如，我们希望将startTime替换为Start Time。这就是Underscore.string发挥作用的时候了。它的humanize()函数将骆驼命名法（camelCase）这样的组合词分解为单个的词，它的titleize()函数保证每个单词以大写字母开头。我们使用链式语法来在一条语句中完成这两个操作。

```
key = _.chain(key).humanize().titleize().value();
```

现在我们可以考虑属性值了。如果值是一个数组，我们将它替换为一个代表数组长度的字符串。

```
if (_(value).isArray()) {
    value = "[" + value.length + " items]";
}
```

接下来我们检查值是否是一个对象。如果是，我们就以这个对象为参数递归调用obj2Html()方法。

```
if (_(value).isObject()) {
    html += this.obj2Html(value);
```

对于其他类型的数据，我们转换为字符串，使用Underscore.string进行格式化，再套用到我们的模版上。

```
} else {
   value = _(value.toString().toLowerCase()).titleize();
   html += this.template({ key: key, value: value });
}
```

还有一些别的可以对当前展示做出的小改动，你可以在本书的源代码中找到。视图最后需要实现的是render()方法。在这个方法中，我们使用toJSON()来获得Run模型对应的数据对象，然后我们在这个对象上开始obj2Html()函数的迭代。

```
render: function () {
    this.$el.html(this.obj2Html(this.model.toJSON()));
    return this;
}
```

运行结果是跑步行程相关属性的整体视图，如图9-5所示。

Activity	2126456911
Activity Type	Run
Start Time	2013-04-09t10:54:33z
Activity Time Z...	GMT-04:00
Status	Complete
Device Type	iPod
Calories	240
Fuel	790
Distance	3.7524
Steps	0
Duration	0:22:39.000
Weather	Sunny
Terrain	Trail
Shoes	Neo Trail
Emotion	Great
Speed Data	[136 items]
Heartrate Data	[136 items]
Distance Data	[136 items]
Elevation Loss	114.400024
Elevation Max	296.2
Elevation Min	257
Waypoints	[266 items]

图9-5 显示所有与一次跑步行程相关的数据的完整属性视图

9.3.4 第4步 实现Map视图

为了给用户展示他们行程相关的地图，我们使用第6章介绍的Leaflet函数库。我们需要对普通的Backbone.js视图做一些小改动来使用这个函数库，我们一会将看到，这些改动对于其他视图同样也是有用的。Leaflet在页面上的一个容器元素（通常是一个<div>）中创建地图，这个容器元素必须要有一个id属性来让Leaflet定位。我们只需要在视图中加入一个id属性，Backbone.js就会自动在元素上完成添加，挺简单的。

```
Running.Views.Map = Backbone.View.extend({
    id: "map",
```

在页面上有<div id="map"></div>标签之后，我们可以使用如下语句创建一个Leaflet地图。

```
var map = L.map(this.id);
```

我们可能会想要直接在视图的render()方法中完成地图创建，但这会带来一个问题。在网页中添加（或删除）元素需要浏览器进行大量的计算。如果JavaScript代码频繁进行这样的操作，网页的性能将大受影响。为了减少对性能的冲击，Backbone.js试图最小化它添加（或删除）元素的次数，其中一个解决方案就是一次添加大量元素而不是一个一个的添加或删除。它通过引入视图的render()方法来实现这个方案。在向页面添加任何元素之前，它让视图首先完成整个HTML标签的构建，然后再整个添加到网页中。

这里的问题就是当render()方法第一次被调用的时候，页面上不会有<div id="map"></div>元素。如果我们调用Leaflet，它不能从页面上找到地图的容器元素，将产生一个代码错误。我们需要做的就是推迟render()方法中绘制地图部分代码的执行到Backbone.js将地图容器添加到页面中之后。

幸运的是，Underscore.js有一个叫defer()的实用函数可以做到这点。我们将创建一个单独的方法来绘制地图，而不是在render()方法中直接绘制。接下来，在render()方法中推迟新方法的执行。这是完成后的代码：

```
render: function () {
    _.defer(_(function(){ this.drawMap(); }).bind(this));
},
drawMap: function () {
    var map = L.map(this.id);
    // Code continues...
}
```

你可以看到，我们实际上在render()方法中使用了两个Underscore.js的函数。除了defer()函数之外，我们也使用了bind()函数。后者保证了当drawMap()被调用的时候，环境中的this值为视图view的实例。

我们还能做一个改动来进一步改进这个版本的代码。虽然当render()方法第一次被调用的时候页面上不会有<div id="map"></div>元素，但在后续调用中，页面上是有这个元素的。在那些情况下，我们不需要推迟drawMap()的执行。这引出了如下的实现render()方法的代码。

```
render: function () {
    if (document.getElementById(this.id)) {
        this.drawMap();
    } else {
        _.defer(_(function(){ this.drawMap(); }).bind(this));
    }
    return this;
},
```

既然要进行优化，我们也顺手把initialize()方法小改一下。Yeoman创建的默认代码如下。

```
initialize: function () {
    this.listenTo(this.model, "change", this.render);
},
```

然而对于Map视图而言，并不真的关心Run模型中任何的属性变化。这个视图唯一需要的属性就是gps，所以我们告诉Backbone.js只在这个属性发生变化的时候通知我们。

```
initialize: function () {
    this.listenTo(this.model, "change:gps", this.render);
    return this;
},
```

你可能会好奇，“为什么Run模型的gps属性会有任何改变？”在第10章讲到Nike+ REST接口的相关技巧的时候会具体讲述。

有了这些初步的准备之后，我们可以实现drawMap()函数了，其实也是个很简单的实现。具体步骤如下。

1. 确保模型有一个gps属性，并且有与之相关的导航路点。
2. 如果旧地图存在，将之移除。
3. 从GPS坐标中提取出导航路点数组。
4. 创建一个使用这些坐标数组的路径。
5. 创建一个包含这个路径的地图，并在地图上画出路径。
6. 添加地图层。

将以上步骤直接翻译成代码后就得到了结果。

```
drawMap: function () {
    if (this.model.get("gps") && this.model.get("gps").waypoints) {
        if (this.map) {
            this.map.remove();
        }
        var points = _(this.model.get("gps").waypoints).map(function(pt)
{
            return [pt.latitude, pt.longitude];
        });
        var path = new L.Polyline(points, {color: "#1788cc"});
        this.map = L.map(this.id).fitBounds(path.getBounds())
```

```
            .addLayer(path);
        var tiles = L.tileLayer(
            "http://server.arcgisonline.com/ArcGIS/rest/services/Canvas/"+
            "World_Light_Gray_Base/MapServer/tile/{z}/{y}/{x}",
            {
                attribution: "Tiles &copy; Esri &mdash; "+
                             "Esri, DeLorme, NAVTEQ",
                maxZoom: 16
            }
        );
        this.map.addLayer(tiles);
    }
}
```

你可以从代码中看到，我们将Leaflet地图对象的一个引用存储为视图的一个属性。从视图中，我们可以使用this.map来访问这个对象。

结果就是一张显示跑步路线的漂亮地图，如图9-6所示。

图9-6　一张显示跑步路线的地图

9.3.5　第5步　实现Charts视图

最后剩下我们需要实现的就是用来显示跑步行程中单位里程耗时、心率、海拔的Charts视图。这个视图是最复杂的，但几乎所有的代码都和本书2.3节中的示例相同，所以这里没有必要再重复一遍了。

你可以在图9-7中看到可交互的结果。

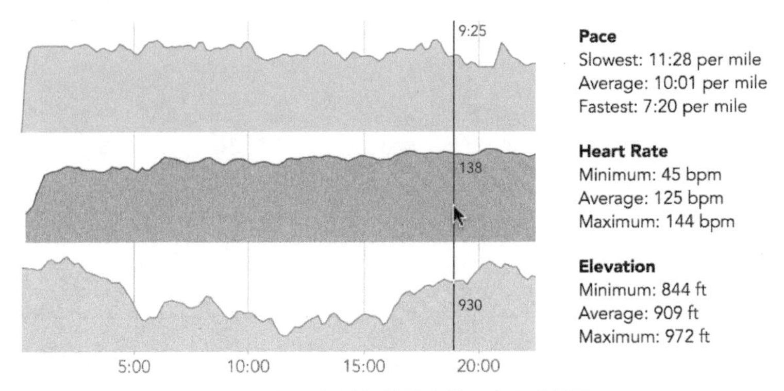

图9-7　显示行程相关图表的一个可选视图

本书的源代码中包含了完整的实现。如果你想查看实现的具体细节，这里有一些值得注意的地方。

- 就像Leaflet需要地图的容器元素一样，Flot也需要网页中有自己的图表的容器元素。我们可以使用同样的defer技巧来防止Flot报错。
- Nike+在返回至少4种图表的度量数据：距离、心率、速度和GPS信号强度。我们真正关心的是前两项。初看起来似乎最容易从速度计算得到单位里程耗时，但速度数据并不在所有种类的活动中都有。然而只要有距离，我们就可以从距离和时间中推断出单位里程耗时。
- 如果GPS导航路点数据可用，我们也可以对海拔高度作图，但这个数据是在模型的另外一个单独的属性中（不在metrics属性中）。
- 在本书写作时，Nike返回的GPS数据有一些bug。它声称测量的时间间隔和其他度量数据相同（每10秒一次），但实际上GPS测量数据是以不同的时间间隔上报的。为了解决这个bug，我们忽略数据声称的时间间隔自己计算真正的时间间隔。我们也希望修改海拔图表的时间间隔与其他图表保持一致。这些修改能给我们带来平均GPS海拔高度数据，平均数据会更有用因为GPS海拔测量并不总是非常准确。

9.4　小结

在本章中，我们开始基于数据和数据可视化构建一整个网络应用程序。我们使用Backbone.js函数库来组织和协调我们的应用，我们依赖Yeoman工具来创建程序的空白的框架、代码、视图的模版。Backbone.js让我们分离程序的模型和视图，所以负责管理数据部分的代码不用担心数据是如何呈现的（反之亦然）。

在下一章中，我们将让我们的程序能够与Nike+接口通信，并且我们会加入一些画龙点睛的优化来改进用户与网页交互的体验。

第10章 创建数据驱动的网络应用：第2部分

在第9章中，我们建立起了网络应用程序的框架，逐一讲解并完成了会被展示在每个视图中的可视化程序。但在网络应用最终完成之前我们还有一些需要关注的细节。首先，我们需要让应用跟Nike+服务建立通信并解决跟这个服务相关的一些小问题。其次我们要改进应用让它更易于浏览。在本章中我们将具体讲述如下内容。

- 怎样将应用模型与第三方REST接口连接。
- 怎样在单页应用中支持网络浏览器的使用习惯。

10.1 连接Nike+服务

虽然我们的应用依赖Nike+服务来获取数据，我们还没有仔细研究这个服务接口中的细节。我之前提到过，Nike+接口并不完全符合Backbone.js这样的应用函数库期待的通用REST接口惯例。但在这方面Nike+并不是个异类，因为其实并没有一个真正的REST接口标准，而且其他很多服务的实现也类似于Nike+。幸运的是Backbone.js预料到了这样的不兼容。我们会在接下来的小节中看到，通过扩展Backbone.js来支持变种REST接口并不是很难。

10.1.1 第1步 验证用户权限

你应该能想到，Nike+并不会允许因特网上的普通人访问它的用户跑步行程详细数据。用户本身也会期望在一定程度上保持这些信息的隐私。因此在我们的应用在获取行程数据之前需要用户的授权。这里我们并不详细的展开这个过程，但我们需要知道授权的结果是一个授权令牌（authorization_token）。这个令牌是我们的应用在每一次向Nike+服务请求数据的时候都需要包含的一个特定字符串。如果令牌缺失或无效，Nike+将不会允许我们的应用访问数据。

到现在为止我们让Backbone.js处理所有对REST API接口的访问。接下来我们需要修改Backbone.js创建AJAX请求的方式。幸运的是，这并不像听起来那么麻烦。我们唯一要做的就是在Runs集合中添加一个sync()方法。当集合的定义中有sync()方法的时候，Backbone.js会自动在发起AJAX请求的时候调用它。（如果集合定义中没有这个方法，Backbone会调用上层方法Backbone.sync()）。我们接下来在集合中直接定义这个新方法。

```
Running.Collections.Runs = Backbone.Collection.extend({

    sync: function(method, collection, options) {
        // Handle the AJAX request
    }
```

你可以看到，sync()接受的三个参数分别是HTTP请求的方法 (GET, POST等)，集合的实例和一个包含请求的选项的对象。为了发送Nike+需要的授权令牌，我们可以把它添加为options对象中的一个参数。

```
sync: function(method, collection, options) {
    options = options || {};
    _(options).extend({
        data: { authorization_token: this.settings.authorization_token }
    });
    Backbone.sync(method, collection, options);
}
```

方法中的第一行确保 options 参数存在。如果调用者没有传入，我们将之设置为一个空对象（{}）。下一条语句使用Underscore.js中的 extend() 函数将 data 属性加入到 option 对象中。data属性本身也是一个对象，我们在里面存储授权令牌。我们接下来再讨论怎么做到这一点，首先我们先完成sync()方法。一旦我们添加了令牌，我们的请求就是一个标准的AJAX请求，我们可以从这里通过调用Backbone.sync()让Backbone.js接手了。

现在我们可以将注意力转到sync()方法中授权令牌数据的来源setting对象上了。我们使用这个对象来存储集合这个整体相关的属性。这等价于模型的特性（attributes）。Backbone.js并不会自动创建这个对象，但我们自己可以轻易的完成。我们将在集合的initialize() 方法中实现它。这个方法接受两个参数：一个集合模型的数组和一个集合的配置选项。

```
Running.Collections.Runs = Backbone.Collection.extend({

    initialize: function(models, options) {
        this.settings = { authorization_token: "" };
        options = options || {};
        _(this.settings).extend(_(options)
            .pick(_(this.settings).keys()));
    },
```

initialize() 方法中的第一行语句为集合定义了一个 setting 对象，并且为它赋予了默认值。因为现在并没有一个合适的授权令牌默认值，我们就使用一个空白字符串。

下一行语句保证 options 对象存在。如果实参没有传入，我们至少有一个空白对象。

最后一行语句从settings中提取出所有的属性名，找到options对象中的同名属性值，并用这些值覆盖回settings对象。我们再一次的使用了Underscore.js里面的函数：extend() 和 pick()。

当我们第一次创建Runs集合的时候，我们可以将授权令牌作为一个参数传入。因为并没有任何的集合中模型的数据，我们将空数组作为第一个参数传入，这些数据将在随后从Nike+的服务中返回。在随后的代码片段中，我们使用一个虚假的值来代替授权令牌。真实的程序应该使用Nike提供的代码来获取真实值。

```
var runs = new Running.Collections.Runs([], {
    authorization_token: "authorize me"
});
```

加入了这一点额外的代码后，我们已经将授权令牌加入到了对Nike+ 的

AJAX请求中。

10.1.2 第2步 接收Nike+返回数据

当我们的集合向Nike+请求用户行程列表的时候，Backbone.js已经准备好了接收一种特殊的数据格式。更确切的说，Backbone.js期待返回值是一个简单的模型的数组。

```
[
  { "activityId": "2126456911", /* Data continues... */ },
  { "activityId": "2125290225", /* Data continues... */ },
  { "activityId": "2124784253", /* Data continues... */ },
  // Data set continues...
]
```

然而，Nike+实际上返回的是一个对象。行程数据的数组是对象中的一个属性。

```
{
  "data": [
  { "activityId": "2126456911", /* Data continues... */ },
  { "activityId": "2125290225", /* Data continues... */ },
  { "activityId": "2124784253", /* Data continues... */ },
  // Data set continues...
  ],
  // Response continues...
}
```

为了帮助Backbone.js处理这个返回格式，我们在集合中添加一个parse()方法。这个方法的作用就是接收服务器返回的数据格式并返回Backbone.js期待的数据格式。

```
Running.Collections.Runs = Backbone.Collection.extend({

    parse: function(response) {
        return response.data;
    },
```

在本例中，我们直接返回服务器返回对象中的data属性值就可以了。

10.1.3 第3步 处理翻页

下一个需要处理的Nike+接口的问题就是翻页。当我们请求一个用户的行程数据的时候，服务通常不会返回所有值。用户可能在Nike+中存储了数千次行程，一次返回全部数据可能超出应用的处理能力。而且因为应用需要等待所有数据返回后才能开始处理，这会带来明显的延迟。为了避免这个问题，Nike+对用户数据进行了分页，并且对每次请求只返回一页的数据。我们不得不针对这个特征调整应用，但我们将会获得响应更加迅速的用户体验。

第一个需要调整的是我们发出的请求。我们可以在请求中加入参数指明我们准备在返回中接受多少项行程数据。这两个参数分别是offset和count。offset参数告诉Nike+哪一个行程是返回中的第一项，count参数指明Nike+应该一共返回多少条数据。例如如果我们想要头20条数据，我们可以将offset设为1，count设为20。然后，为了取到接下来的20条行程，我们需要将offset设置为21(同时保持count为20)。

我们使用跟添加授权令牌一样的方式将这些参数添加到我们的请求中——在sync()方法中。

```
sync: function(method, collection, options) {
    options = options || {};
    _(options).extend({
        data: {
            authorization_token: this.settings.authorization_token,
            count: this.settings.count,
            offset: this.settings.offset
        }
    });
    Backbone.sync(method, collection, options);
}
```

我们同时也需要在初始化的时候为这些设置提供默认值。

```
initialize: function(models, options) {
    this.settings = {
        authorization_token: "",
        count: 25,
        offset: 1
    };
```

利用这些参数我们可以获得前25条行程数据，但那只是个开头。用户很可能想要查看他们所有的行程，而不只是前25条。为了获取额外的数据，我们必须对服务器发起更多的请求。一旦我们完成了对前25条数据的请求，我们可以请求下25条。并且这个过程可以在请求的数据返回后再继续，直到我们达到了某些特定的限制或者从服务器端取回了所有的数据。

首先我们定义一个特定的限制作为另外一个设置值。在接下来的代码中，我们使用10 000作为限制。

```
initialize: function(models, options) {
    this.settings = {
        authorization_token: "",
        count: 25,
        offset: 1,
        max: 10000
    };
```

因为Backbone.js的fetch()方法不能处理翻页，接下来我们需要修改集合的fetch()方法。我们通过以下三步实现这个方法。

1. 为Backbone.js请求中的options参数保存一份拷贝。
2. 在options参数中添加一个请求成功时的回调函数。
3. 调用Backbone.js中集合默认的fetch()方法。

其中的每一步都是以下实现代码的一行。最后一行可能看起来有些复杂，但一点点的拆开来看就能发现其中的含义。表达式Backbone.Collection.prototype.fetch指向Backbone.js中集合默认的fetch()方法。我们使用.call()来执行这个方法，并将当前集合的实例作为call()方法的第一个参数传入，以便于将fetch()方法的执行上下文指定为当前集合。call()方法的第二个参数是我们刚刚在第二步中扩展过的fetch()方法的配置参数options。

```
Running.Collections.Runs = Backbone.Collection.extend({

    fetch: function(options) {
        this.fetchoptions = options = options || {};
        _(this.fetchoptions).extend({ success: this.fetchMore });
        return Backbone.Collection.prototype.fetch.call(
            this, this.fetchoptions
        );
    },
```

通过对AJAX请求添加成功回调，我们主动要求在请求完成的时候被通知。实际上刚刚我们已经说过了我们希望this.fetchMore()方法被调用。现在是时候来实现这个同样是集合的一个方法的函数了。这个函数检查是否还有更多的剩余行程数据，如果有，它会像之前代码中那样再一次调用Backbone.js集合的fetch()方法。

```
fetchMore: function() {
    if (this.settings.offset < this.settings.max) {
        Backbone.Collection.prototype.fetch.call(this, this.fetchoptions);
    }
}
```

因为fetchMore()中会使用设置项settings中的数据来决定是否停止加载，我们需要更新这些值。因为我们已经有一个parse()方法并且Backbone.js在每次请求返回后都会调用这个方法，这是个适合更新的地方。让我们在return语句之前加入几行代码。如果服务器返回的数据数量少于我们请求的数目，说明我们已经请求完了所有的数据，这时应该将offset设置为max，这样fetchMore()将不会再发出请求。如果服务器返回的数量与请求的一致，那么我们在offset中加入这些数量。

```
parse: function(response) {
    if (response.data.length < this.settings.count) {
        this.settings.offset = this.settings.max;
    } else {
        this.settings.offset += this.settings.count;
    } return response.data;
}
```

到目前为止我们的代码已经基本完成，但还有一个问题。当Backbone.js从服务器取回一个集合的时候，它假定取回的是整个集合，所以每一次请求返回后都会默认用返回的数据替换掉集合中所有的模型。这个行为在第一次调用fetch()的时候是没问题的，但很显然在fetchMore()中这是不合适的，因为我们的原意是将请求回的数据添加而不是替换到集合中。幸运的是，我们可以简单的通过设置remove选项来改变这个行为。

在fetch()方法中，将这个选项的值设置为true，这样Backbone.js会在数据返回后建立新的集合。

```
fetch: function(options) {
   this.fetchoptions = options = options || {};
   _(this.fetchoptions).extend({
       success: this.fetchMore,
       remove: true
   });
  return Backbone.Collection.prototype.fetch.call(this,
      this.fetchoptions
   );
}
```

现在，在fetchMore()方法中，我们将这个选项的值设置为false，Backbone.js将在随后将请求回的数据添加而不是替换到集合中。

```
fetchMore: function() {
    this.fetchoptions.remove = false;
    if (this.settings.offset < this.settings.max) {
        Backbone.Collection.prototype.fetch.call(this, this.fetchoptions);
    }
}
```

fetchMore()方法还有一点小问题。方法中的代码指向了集合中的属性（this.fetchoptions和this.settings），但这个方法将在AJAX请求返回后被异步调用。当这发生的时候，集合的实例并不是执行上下文，所以this关键字并不指向集合实例。为了修复这个问题，我们可以在初始化的时候将fetchMore()绑定到集合上。这里Undersore.js中的实用函数又一次立功了。

```
initialize: function(models, options) {
    _.bindAll(this, "fetchMore");
```

在这一步的最后的部分，我们将集合修改得对调用方更友好一点。为了持续加载更多的页面，我们修改了fetch()方法的加载成功回调。如果调用方本身就有一个成功回调会怎样？不幸的是，我们抹去了默认的回调。如果可以在加载过程中将默认回调存起来，并在整个集合加载完成后再恢复它就会好很多。我们首先需要修改fetch()方法，以下是完整的代码。

```
fetch: function(options) {
    this.fetchoptions = options = options || {};
    this.fetchsuccess = options.success;
    _(this.fetchoptions).extend({
        success: this.fetchMore,
        remove: true
        });
    return Backbone.Collection.prototype.fetch.call(this,
        this.fetchoptions
    );
}
```

这是修改后的fetchMore()的代码。

```
fetchMore: function() {
    this.fetchoptions.remove = false;
    if (this.settings.offset < this.settings.max) {
        Backbone.Collection.prototype.fetch.call(this, this.fetchoptions);
    } else if (this.fetchsuccess) {
        this.fetchsuccess();
    }
}
```

现在我们在取回整个列表后会在fetchMore()中执行相应回调了。

10.1.4 第4步 动态更新视图

通过加载页面中的行程集合的数据，我们已经使应用更加的响应式了。我们可以在等待从服务器加载更多的用户行程数据的时候就在页面上展示头25条数据了。然而为了有效的做到这一点，我们需要对Summary视图做出一些小改动。视图现在会监听集合的任何改变，并在改变发生的时候，重新渲染整个视图。

```
initialize: function () {
    this.listenTo(this.collection, "change", this.render);
    return this;
}
```

每次我们从服务器取回一页数据后，都会触发集合改变并且重渲染整个视图。这必然会对用户造成困扰，因为每取回一页都会让浏览器页面暂时空白后再重新填充。相反，我们应该只是每次渲染新加入的模型，不去改动已存在的模型视图。为了完成这一点，我们可以监听add事件而不是change事件。当事件被触发的时候，我们可以只渲染相应的模型。之前我们已经实现了为单独一次行程模型创建并渲染视图的代码：renderRun()方法。所以Summary视图可以做如下修改。

```
initialize: function () {
    this.listenTo(this.collection, "add", this.renderRun);
    return this;
}
```

现在集合每次从服务器端取回新的Run模型都会被加入集合，触发一次add事件，视图监听到这个事件发生后会在页面上渲染相应的行程。

10.1.5 第5步 过滤集合

虽然我们的应用仅仅针对跑步，但Nike+服务其实支持多种运动数据。当我们的集合从服务中取回数据的时候，其中也会包含其他种类的运动数据。为了避免在应用中显示，我们可以从结果中过滤掉它们。

我们可以人工的过滤返回结果，检查每一项数据并移除与跑步无关的那些。这很麻烦，幸好Backbone.js给了我们一个更容易的选择。我们首先为Run模型添加一个validate()方法。这个方法接受的第一个参数是包含有新模型将拥有的属性的对象，第二个参数是模型被新建或修改时候的配置选项。在本例中，我们只关心属性，检查并确保activityType的值为"RUN"。

```
Running.Models.Run = Backbone.Model.extend({
    validate: function(attributes, options) {
        if (attributes.activityType.toUpperCase() !== "RUN") {
            return "Not a run";
        }
    },
```

你能从代码中看到validate()函数的行为方式。如果模型中有错误，validate()返回一个值。具体值是什么并不重要，只要是一个JavaScript中类型转换后为真的值。如果没有错误，validate()不需要返回任何值。

模型现在已经有了validate()方法，我们需要确保Backbone.js调用它。Backbone.js在代码主动创建或修改模型的时候会自动调用validate()，但并不会在服务器返回值上调用。但现在我们需要验证服务器返回值，这需要我们修改fetch()方法的options参数中的validate属性，以下是包含了这个改动的完整fetch()代码。

```
Running.Collections.Runs = Backbone.Collection.extend({
    fetch: function(options) {
        this.fetchoptions = options = options || {};
        this.fetchsuccess = options.success;
        _(this.fetchoptions).extend({
            success: this.fetchMore,
            remove: true,
            validate: true
          });
        return Backbone.Collection.prototype.fetch.call(this,
          this.fetchoptions
        );
    },
```

现在当Backbone.js接收到服务器返回值的时候，它会把所有返回的模型数据传入模型的validate()方法进行检查。任何检查失败的模型都将从集合中移除，应用也不用再担心非跑步数据的问题。

10.1.6 第6步 解析返回值

在我们向Run模型添加代码的过程中，还可以添加另外一个适配Backbone.js的改动。Backbone.js需要模型拥有一个属性可以让每个对象唯一，它可以用这个标识符来从一堆模型中区分出某个特定的模型。作为一个惯例，Backbone.js默认使用id这个属性。然而Nike+中的行程数据并没有id属性，它使用的属性是activityId。我们可以通过模型中的一个额外的属性告诉Backbone.js这一点。

```
Running.Models.Run = Backbone.Model.extend({
    idAttribute: "activityId",
```

这个属性让Backbone.js知道我们的跑步行程数据中activityId是唯一标识符。

10.1.7 第7步 获取详细数据

现在我们依赖集合的fetch()方法来取得跑步行程数据，这个方法从服务器取回行程的列表。然而当Nike+返回活动列表的时候，它并不包含每个活动相关的完整详细数据。它返回了概览信息，但忽略了详细的距离数组和所有的GPS数据。获取这些详细数据需要额外的请求，所以我们需要对Backbone.js应用再做出一些改变。

我们首先请求作为Charts视图基础的详细距离数据。当Runs集合从服务器取回跑步行程列表的时候，每一个Run模型初始都有一个空白的metrics数组。为了取得这个数组的详细内容，我们必须向服务器发起另外一次带有这次活动标识符的请求。例如，如果取得行程列表的URL是https://api.nike.com/v1/me/sport/activities/，那么获取包括距离数据在内的该次行程详细数据的URL就是https://api.nike.com/v1/me/sport/activities/2126456911/。URL结尾处的数字2126456911就是本次行程的activityId。

多亏本节中早些时候已经完成了很多步骤，在Backbone.js中获取这些数据是很容易的。我们需要做的就是调用模型的fetch()方法。

```
run.fetch();
```

Backbone.js知道URL的基础部分，因为我们在Runs集合中设置了（而且Run模型是Runs集合的成员）。Backbone.js也知道每次行程的唯一标识符是activityID，因为我们在之前的步骤中设置过了。而且，幸运的是Backbone.js聪明到了可以自行利用这些信息发起相应的请求。

然后我们还是需要在一个方面帮一下Backbone.js。Nike+应用需要在所有的请求中都带上授权令牌，但目前为止我们只在集合的请求中加上了令牌。我们需要把同样的代码添加到模型中，这部分代码基本和本节的第一步相同：

```
Running.Models.Run = Backbone.Model.extend({
    sync: function(method, model, options) {
        options = options || {};
        _(options).extend({
            data: {
                authorization_token:
❶                   this.collection.settings.authorization_token
            }
        });
        Backbone.sync(method, model, options);
    },
```

我们首先确保options对象存在，然后通过添加授权令牌扩展它。最后，我们调用普通的Backbone.js的sync()方法。在❶处，这里直接从集合中取了令牌值。因为Backbone.js为模型设置了指向所属集合的collection属性所以这里可以直接使用this.collection。

现在我们必须决定在哪里什么时候调用模型的fetch()方法。我们并不在应用的首页的Summary视图中需要距离数据，我们应该在创建Details视图的时候加载这些数据。我们可以方便的在视图的initialize()方法中完成。

```
Running.Views.Details = Backbone.View.extend({
    initialize: function () {
        if (!this.model.get("metrics") ||
            this.model.get("metrics").length === 0) {
            this.model.fetch();
        }
    },
```

你可能能想到请求异步的本质可能对我们的视图造成问题。毕竟我们是在渲染新建视图的时候就视图绘制图表了。难道不会在服务器返回数据之前就开始绘制了吗（也就是说，还没有任何的图表数据）？实际上，几乎可以肯定视图会在数据可用之前开始尝试绘制图表。虽然如此，因为我们我们构造视图的方式，这并不会带来问题。

起作用的是Charts视图initialize()方法中的一行语句。

```
Running.Views.Charts = Backbone.View.extend({
    initialize: function () {
        this.listenTo(this.model,
            "change:metrics change:gps", this.render);
        // Code continues...
```

这行语句告诉Backbone.js我们的视图希望在关联模型的metrics(或gps)属性发生改变的时候被通知。当服务器返回fetch()方法的请求并更新相关属性的时候，Backbone.js调用视图的render()方法并（再次）视图绘制图表。

这个过程里面有相当多的步骤，一次性的都列出来可以让我们看得更清楚。

1. 应用调用Runs集合的fetch()方法。

2. Backbone.js向服务器请求活动列表。

3. Backbone.js使用服务器的返回包含每一项活动的概览信息创建初始化的Run模型。

4. 应用为某一个特定的Run模型创建Detail视图。

5. 视图的initialize()方法调用对应模型的fetch()方法。

6. Backbone.js向服务器请求该项行程的详细数据。

7. 同时，应用渲染刚刚创建的Detail视图。

8. Detail视图创建Charts视图并渲染。

9. 因为并无任何的图表数据，Charts视图并不向页面中添加任何的东西，但保持监听相关模型中的数据变化。

10. 服务器最终返回了第6步中的活动详细数据。

11. Backbone.js使用新的详细数据更新模型，注意这导致了metrics属性发生改变。

12. Backbone.js触发Charts视图监听的改变事件。

13. Charts视图监听到事件发生，重新渲染自身。

14. 因为图表数据已经可用，render()方法能够创建图表并将之加入页面。

哇！真好能有Backbone.js来处理这背后复杂的步骤。

现在我们已经取回了跑步行程的详细距离数据，但我们还没有添加任何的GPS数据。Nike+需要一次额外的请求来获取这些数据，所以我们需要一个类似的步骤。但这次我们不能完全依赖Backbone.js来完成因为GPS数据的URL格式是Nike+独有的。这个URL的格式是该次行程的详细数据的URL之后加上 /gps ——例如https://api.nike.com/v1/me/sport/activities/2126456911/gps/。

为了发起额外请求，我们可以在正常的fetch()方法中添加一些额外的代码。我们会在Backbone.js请求距离数据的同时请求GPS数据。这个如随后的代码所示的法子很简单。首先检查行程是否包含任何GPS数据，我们可以通过检查服务器端返回的行程概览数据中的isGpsActivity属性来完成这点。如果确实有，我们就发起请求。如果没有，我们仍然希望继续正常的模型的fetch()流程。我们拿到标准的模型的fetch()方法的引用（Backbone.Model.prototype.fetch）并调用它，并且传入外层传入的options参数。

```
Running.Models.Run = Backbone.Model.extend({
   fetch: function(options) {
       if (this.get("isGpsActivity")) {
           // Request GPS details from the server
       }
       return Backbone.Model.prototype.fetch.call(this, options);
   },
```

接下来，我们可以使用jQuery的AJAX函数向Nike+发起请求。因为我们请求JSON数据,$.getJSON()函数是最合适的。首先我们通过将this赋值给局部变量model保存一个模型实例的引用。我们需要这个变量因为在jQuery执行回调的时候this并不指向模型实例。然后我们使用3个参数调用$.getJSON()。第一个参数是请求的URL，我们通过调用模型的url()方法从Backbone.js中取得URL并附加上结尾的/gps得到它。第二个参数是包含到请求中的数据值，跟其他请求一样，我们需要包含一个可以从集合中拿到的授权令牌。最后一个参数是一个jQuery会在收到服务器返回后执行的回调函数。在本例中，这个函数简单的将模型的gps属性设置为返回数据。

```
if (this.get("isGpsActivity")) {
    var model = this;
    $.getJSON(
        this.url() + "/gps",
        { authorization_token:
          this.collection.settings.authorization_token },
        function(data) { model.set("gps", data); }
    );
}
```

毫不意外的，获取处理GPS数据的过程跟详细距离数据的过程一致。起初Map视图并没有创建行程地图所需的数据。因为它监听了模型的gps属性的变化，一旦数据可用就会接到通知。在这时它可以完成渲染，用户将能够看到一幅漂亮的行程地图。

10.2 组装完整应用

在这个时候，我们已经有了这个简单的数据驱动的网络应用的所有零件。现在我们需要把所有的零件组装起来。在本节的最后，我们将拥有一个完整的应用程序。用户通过访问一个网页来打开应用，我们的JavaScript代码从这里开始接手。结果将是一个单页应用，也叫做SPA(single-page application)。因为JavaScript代码可以在浏览器中立即与用户交互，比起传统网站通过与遥远的因特网另一边的服务器来交互要快得多,SPA已经非常流行。用户通常都很喜欢迅速的、响应式的结果。

虽然我们的应用在一个单独的网页中执行，用户仍然会期待一些特定的浏览器行为。他们希望能够给页面添加书签，分享给朋友，或使用浏览器的前进、后退按钮来跳转。传统网站可以依赖浏览器来支持这些行为，但单页应用不行。我们可以在随后的步骤中看到，我们需要添加一些额外的代码来带给用户他们期望的行为。

10.2.1 第1步 创建Backbone.js 路由控制器（router）

目前为止我们已经学习了3个在所有JavaScript应用中都可能有用的Backbone.js组件——模型、集合和视图。我们将要学习的第4个组件——路由控制器（router）。这个组件在单页应用中特别有用。我们能直接使用Yeoman创建路由控制器的模版。

```
$ yo backbone:router app
   create app/scripts/routes/app.js
   invoke   backbone-mocha:router
   create     test/routers/app.spec.js
```

注意我们将路由控制器命名为app。你可能能从这个名字推断到我们将把这个路由控制器作为应用的主控制器来使用。这是有所争议的。一些开发者认为路由控制器应该严格的只做页面路由相关的事，另一些则认为路由控制器是一个合理的控制协调整个应用的地方。对这个简单的应用来说，在路由中添加一点控制整个应用的代码也没什么坏处。然而在更加复杂的应用中，可能还是将页面路由与应用控制区分开来更好。Backbone.js很棒的一点是它同时支持这两种使用方式。

模版搭好之后，我们可以开始把路由相关代码添加到app.js文件中了。我们将定义的第一个属性是routes。这个属性是一个对象，它的属性名是URL片段，属性值是具体的路由方法。以下是我们的初步代码。

```
Running.Routers.App = Backbone.Router.extend({
    routes: {
        "":         "summary",
        "runs/:id": "details"
    },
});
```

第一条路由的URL片段为空（""）。当用户访问我们的页面根路径的时候，路由将调用summary()方法。举例来说，如果我们将应用部署在greatrunningapp.com域名下，那么用户在浏览器中访问http://greatrunningapp.com/将会触发这个路由。在我们查看下个路由之前，先看看summary()方法中具体做了什么。

代码跟我们之前看到的一样，summary()方法首先创建一个Runs集合实例，从服务器取回集合数据，创建集合的Summary视图，并将之渲染到页面上。访问我们应用首页的用户将看到他们跑步行程的一个总结视图。

```
summary: function() {
    this.runs = new Running.Collections.Runs([],
        {authorizationToken: "authorize me"});
    this.runs.fetch();
    this.summaryView = new Running.Views.Summary({collection: this.runs});
    $("body").html(this.summaryView.render().el);
},
```

现在来看看第二条路由规则。它的URL片段是"runs/:id"。其中"runs/"部分是一个标准的URL路径，":id"部分是Backbone.js用来标明的一个特定变量的方式。我们使用这条规则告诉Backbone.js匹配以http://greatrunningapp.com/runs/开头的URL，并将其后的值以名为id的参数传入。我们将在路由对应的details()方法中使用这个参数。以下是这个方法的初步版本代码。

```
details: function(id) {
    this.run = new Running.Models.Run();
    this.run.id = id;
    this.run.fetch();
    this.detailsView = new Running.Views.Details({model: this.run});
    $("body").html(this.detailsView.render().el);
    },
```

你可以看到，这部分的代码与summary()方法几乎一致，只是这里只显示一条而不是所有行程数据。我们创建一个Run模型，将id设置为URL中的值，从服务器取回数据，创建Details视图，并渲染在页面上。

这条路由规则让用户通过访问相应的URL来直接访问某一次单独的跑步行程。举例来说，访问http://greatrunningapp.com/runs/2126456911 将显示activityID等于2126456911的跑步行程的详细数据。注意路由并不需要知道模型自身定义的唯一标识符是哪个属性，它只简单的使用通用的id属性。只有模型自身需要知道它对应到服务器端返回的数据中的哪个属性上。

有了路由控制器之后，我们的单页应用可以支持多URL了。一个显示所有跑步行程的总览视图，另外一个显示某条具体行程的详细信息。因为URL是不同的，所以用户可以将它们作为不同的网页来看待。他们可以将页面链接加入书签、使用电子邮件发送，或者在社交网络中分享。当他们自己或朋友再次打开某个URL的时候，他们仍然会看到和以前一样的内容。这就是用户期待网页应有的行为。

然而还有一个我们不支持的但用户期待的行为。用户期待使用浏览器的前进和后退按钮来在浏览历史中切换。幸运的是，Backbone.js有一个模块可以解决这部分的需求。这就是history模块，我们可以在应用路由控制器的初始化函数中启动它。

```
Running.Routers.App = Backbone.Router.extend({
    initialize: function() {
        Backbone.history.start({pushState: true});
    },
```

对于我们的简单应用来说，这就是我们需要写的关于浏览历史的代码了。其他由Backbone.js负责搞定。

＊ 注意：处理多个URL很可能需要相应的网络服务器配置。更确切地说，你需要设置服务器将所有的URL映射到同一个index.html文件。具体配置的细节

取决于对应的网络服务器。如果使用开源的Apache服务器的话，可以在.htaccess文件中定义映射。

10.2.2 第2步 支持不属于任何集合的Run模型

遗憾的是，如果我们试图使用上述已有的Run模型代码，我们将碰到一些问题。首先是Run模型依赖于它的父集合。例如，它需要通过this.collection.settings.authorization_token来得到授权令牌。然而当浏览器直接访问具体某次跑步行程对应的URL的时候，集合并不会存在。在以下的代码中，我们将针对这点做一些改动。

```
Running.Routers.App = Backbone.Router.extend({
    routes: {
        "":          "summary",
        "runs/:id": "details"
    },
    initialize: function(options) {
        this.options = options;
        Backbone.history.start({pushState: true});
    },
    summary: function() {
        this.runs = new Running.Collections.Runs([],
❶           {authorizationToken: this.options.token});
        this.runs.fetch();
        this.summaryView = new Running.Views.Summary({
            collection: this.runs});
        $("body").html(this.summaryView.render().el);
    },
    details: function(id) {
        this.run = new Running.Models.Run({},
❷           {authorizationToken: this.options.token});
        this.run.id = id;
        this.run.fetch();
        this.detailsView = new Running.Views.Details({
            model: this.run});
        $("body").html(this.detailsView.render().el);
});
```

现在在❷处我们在创建Run模型的时候将令牌提供给它。同时在❶处我们在创建集合的时候也将令牌作为一个配置值传入。

接下来我们需要修改Run模型来使用新的参数。就跟在Runs集合中处理令牌的方式一样。

```
Running.Models.Run = Backbone.Model.extend({
    initialize: function(attrs, options) {
        this.settings = { authorization_token: "" };
        options = options || {};
        if (this.collection) {
            _(this.settings).extend(_(this.collection.settings)
                .pick(_(this.settings).keys()));
        }
        _(this.settings).extend(_(options)
            .pick(_(this.settings).keys()));
    },
```

首先我们定义所有设置的默认值。跟集合不同，模型唯一需要的设置项就是authorization_token。接下来我们确保options对象存在。如果没有，我们创建一个空对象。接下来，我们通过检查this.collection确定模型是否是集合的一部分。如果对应属性存在，我们从集合中复制对应设置过来覆盖默认值。最后一步使用构造函数参数中的配置项覆盖之前所有的配置。当如之前的路由控制器代码中一样向模型中传入authorization_token的时候，这就是模型最后会使用的值。当模型是某个集合的一部分的时候，就不会有某个特定的令牌值传入，在这种情况下，我们使用集合的令牌。

现在有授权令牌了，我们可以将之加入到模型的AJAX请求中。这部分代码依然跟之前Runs集合中的代码很类似。我们需要一个对应这个REST服务的URL地址的属性，同时我们需要重载默认的sync()方法来向请求中加入令牌。

```
urlRoot: "https://api.nike.com/v1/me/sport/activities",

sync: function(method, model, options) {
     options = options || {};
     _(options).extend({
       data: { authorization_token: this.settings.authorization_token }
     });
     Backbone.sync(method, model, options);
},
```

这部分额外的代码处理了授权的问题，但还有关于模型一个问题。在前一个小节中，Run模型只作为Runs集合的一部分存在，并从集合中取得例如isGpsActivity这样的总览每个模型都有的属性。模型可以在我们试图加载模型详细数据的时候安全的检查这个属性是否存在，并以此为据在合适的时候同时发起对GPS数据的请求。然而现在我们创建的Run模型独立于集合而存在。当我们取回模型数据的时候，我们唯一知道的属性就是唯一标识符。在服务器返回数据之前我们并不能决定是否需要请求GPS数据。

我们可以把对GPS数据的请求移到一个独立的方法中来与通用的数据请求分离。这部分代码与之前一样（当然，除了我们需要从本地设置中取得授权令牌）。

```
fetchGps: function() {
    if (this.get("isGpsActivity") && !this.get("gps")) {
        var model = this;
        $.getJSON(
            this.url() + "/gps",
            { authorization_token: this.settings.authorization_token },
            function(data) { model.set("gps", data); }
        );
    }
}
```

为了触发这个方法，我们需要告诉Backbone.js当模型发生改变的是，它应该调用fetchGps()方法。

```
initialize: function(attrs, options) {
    this.on("change", this.fetchGps, this);
```

Backbone.js会在fetch()的结果返回落地的时候探测到模型的改变，这时候我们的代码可以安全的检查isGpsActivity()，并发出额外的请求。

10.2.3 第3步 让用户改变视图

现在我们的应用可以正确展示两种不同的视图了，是时候让用户看点有趣的东西了。在这一步中，我们将给他们一个轻松的在视图之间切换的方式。首先看看Summary视图。如果用户单击表格中的任意一次行程后，就可以立即查看该次行程的详细视图那可就太好了。

我们的第一个决定是在哪里放置监听单击事件的代码。首先，直觉告诉我们SummaryRow视图是一个合适的放置这些代码的地方。这个视图负责渲染每一行的数据，所以看起来由它来处理跟每一行相关的事件是合理的。如果我们想这样做，因为有Backbone.js，这将非常容易；我们需要做的就是在试图中加入一项额外的属性和一个额外的方法。就像如下所示的代码。

```
Running.Views.SummaryRow = Backbone.View.extend({
    events: {
        "click": "clicked"
    },
    clicked: function() {
        // Do something to show the Details view for this.model
    },
```

events属性是一个列出视图中的事件的对象。在本例中只有一个：单击事件。属性值（本例中为clicked）指明了在事件发生的时候Backbone.js应该调用的方法。我们先省略方法实现的细节。

这个实现方式严格说来并没有错，如果我们继续这样实现，它也很可能工作得还好。然而，这个实现方式是很没有效率的。假设有一个用户在Nike+上存储了数百次跑步行程，那么总览表格将会有几百行，其中每一行都会有自己的对单击事件的监听函数。这些事件处理函数将会使用大量的浏览器中的内存等资源并拖慢我们的应用。幸运的是，有一个占用少得多的浏览器资源的实现方式。

与其使用数百个每个监听一个单独的行上的事件的处理函数，不如使用一个事件函数来监听所有表格行上的单击事件。因为Summary视图负责所有的行，这是合理的监听事件的地方。虽然我们仍然可以通过简单的添加一个events对象到视图中来使用Backbone.js简单的实现这一点，但这里我们可以做得更好一点。我们并不关心表头上的单击事件，只有表体中的行被单击才有意义。通过在事件名之后添加一个jQuery格式的选择器，我们可以将事件处理函数限制在匹配选择器元素上。

```
Running.Views.Summary = Backbone.View.extend({
    events: {
        "click tbody": "clicked"
    },
```

这段代码要求Backbone监听视图中<tbody>元素上的单击事件。但事件发生的时候,Backbone.js会调用视图的clicked()方法。

在我们往clicked()方法的实现中添加任何代码之前，我们需要找到一个方法来搞清楚用户选择的是哪一个行程模型。事件处理函数能够拿到用户单击的是哪一行，但怎么才能知道这一行代表的是哪个模型呢？为了在函数中容易处理，我们将必需的信息直接添加到这一行的HTML标签上。这需要我们小小的修改一下之前创建的renderRun()方法。

修改过的方法仍然会为每个模型创建一个SummaryRow视图，渲染视图，并添加到表格的表体上。然而现在在将这一行添加到页面上之前我们需要额外的一步：为这一行添加一个特殊的属性"data-id"，并将值设置为对应模型的唯一标识符。我们使用"data-id"这个名称是因为HTML5 标准允许任何以"data-"开头的属性存在，这个格式的自定义属性将不会违反规范和引起浏览器报错。

```
renderRun: function (run) {
    var row = new Running.Views.SummaryRow({ model: run });
    row.render();
    row.$el.attr("data-id", run.id);
    this.$("tbody").append(row.$el);
},
```

标识符为2126456911的行程的模型渲染出来的HTML标签如下所示。

```
<tr data-id="2126456911">
    <td>04/09/2013</td>
    <td>0:22:39</td>
    <td>2.33 Miles</td>
    <td>240</td>
    <td>9:43</td>
</tr>
```

一旦我们确定页面上的HTML标签有一个对应到跑步行程模型的引用，我们可以在clicked事件处理函数中利用这一点。当Backbone.js调用处理函数的时候，会在参数中传入一个事件对象。我们可以从对象中找到事件的目标元素。在单击事件中，目标就是用户单击的HTML元素。

```
clicked: function (ev) {
    var $target = $(ev.target)
```

从前面的HTML标签中，可以清楚的看到表格行大部分是由表格单元（<td>元素）组成的，所以表格单元很可能是单击事件的目标。我们可以使用jQuery的parents() 函数来找到是单击目标的父级元素的表格行。

```
clicked: function (ev) {
    var $target = $(ev.target)
    var id = $target.attr("data-id") ||
             $target.parents("[data-id]").attr("data-id");
```

一旦找到对应的父级表格行之后，我们可以提取到data-id属性值。为了以防万一，我们同时处理了用户有时候直接单击到了表格行而不是其中的表格单元时的情况。

在拿到属性值之后，视图知道了用户选择的行程是哪一项；现在它需要利用这个信息做一些事情。直接让Summary视图渲染行程的Detail视图会是比较直接的想法，但这并不合适。一个Backbone.js的视图应该只对自己和它包含的子视图负责。这样的实现方式让视图可以在任意的上下文中安全的使用。举例来说我们的Summary视图可能会在没有Detail视图的情况下被使用，在这种情况下，直接试图切换到Detail视图会引起一个语法错误。

因为Summary视图自己不能响应用户对表格行的单击，它应该遵循应用的层级关系并有效的将这个信息向上传递。Backbone.js提供了一个简单的机制来进行这类的通信：自定义事件。Summary视图并不直接响应用户的单击，而是触发一个自定义事件。其他第三方可以监听这个事件并合适的回应。如果没有其他代码监听这个事件，什么也不会发生，但至少Summary视图可以说自己完成了需要做的事情。

这是我们的视图如何触发一个自定义事件的代码：

```
clicked: function (ev) {
    var $target = $(ev.target)
    var id = $target.attr("data-id") ||
             $target.parents("[data-id]").attr("data-id");
    this.trigger("select", id);
}
```

我们可以触发select事件来通知用户已经选择了一个特定的跑步行程，同时将对应行程的标识符作为事件关联的参数传入。在这里，Summary视图需要做的就做完了。

需要响应这个自定义事件的组件就是开始创建Summary视图的这个组件：我们的应用路由控制器。首先需要监听这个事件。我们可以在summary()方法中创建完视图之后就监听。

```
Running.Routers.App = Backbone.Router.extend({
    summary: function() {
        this.runs = new Running.Collections.Runs([],
            {authorizationToken: this.options.token});
        this.runs.fetch();
        this.summaryView = new Running.Views.Summary({
            collection: this.runs});
        $("body").html(this.summaryView.render().el);
        this.summaryView.on("select", this.selected, this);
    },
```

当用户选择Summary视图中某一次特定行程的时候，Backbone.js会调用路由控制器中的selected()方法，这个方法将接收到事件数据作为参数。在本例中，事件数据是唯一标识符，这就是方法的参数。

```
Running.Routers.App = Backbone.Router.extend({
    selected: function(id) {
        this.navigate("runs/" + id, { trigger: true });
    }
```

你可以看到，事件处理函数非常简单。它包含一个对应Details视图的URL（"runs/" + id），并且把这个URL传给了路由控制器自带的navigate()方法。这个方法更新浏览器的浏览历史。第二个参数（{ trigger: true }）告诉Backbone.js同时需要表现得像用户真的访问去了这个URL地址一样。因为我们已经设置了处理"runs/:id"格式的URL的details()方法，Backbone.js会调用details()，然后路由控制器会显示用户选择的行程的详细信息。

当用户在查看详细视图的时候，我们也需要提供一个按钮让他们可以轻易的浏览回Summary视图。跟在Summary视图中一样，我可以为按钮添加一个事件处理函数，并在用户单击的时候触发一个自定义事件。

```
Running.Views.Details = Backbone.View.extend({
    events: {
        "click button": "clicked"
    },
    clicked: function () {
        this.trigger("summarize");
    }
```

当然，我们还需要在路由控制器中监听这个自定义事件。

```
Running.Routers.App = Backbone.Router.extend({
    details: function(id) {
        // Set up the Details view
        // Code continues...
        this.detailsView.on("summarize", this.summarize, this);
    },
    summarize: function() {
        this.navigate("", { trigger: true });
    },
```

再一次的，我们通过构造一个合适的URL并让浏览器浏览这个地址来响应这个事件。

你可能想知道为什么我们需要显式的触发一个浏览变化事件。这不应该是默认的行为吗？虽然这可能看起来有道理，但在很多情况下这并不合适。我们的应用足够简单，触发路由工作得还正常。然而对于更复杂的应用来说，取决于用户是在应用中实施了一个操作或者直接访问某一个特定URL，很可能需要采取不同的响应。最好有不同的代码来处理这些不同的情况。在第一种情况下应用仍然需要更新浏览器的浏览历史，但并不想触发一个完整的浏览事件。

10.2.4 第4步 应用调优

现在我们的应用已经完全可用了。用户可以查看他们的总览信息，为特定的行程添加书签并分享，使用浏览器的前进后退按钮在应用中浏览。但在我们可以称之为完成之前，还有最后一点整理工作需要完成。应用的性能并不是最优的，或者更严重的说，它会泄露内存，使用了浏览器的一部分内存，却并不释放。

最明显的问题是路由控制器的summary()方法，在这里再展示一次代码：

```
Running.Routers.App = Backbone.Router.extend({
    summary: function() {
        this.runs = new Running.Collections.Runs([],
            {authorizationToken: this.options.token});
        this.runs.fetch();
        this.summaryView = new Running.Views.Summary({
            collection: this.runs});
        $("body").html(this.summaryView.render().el);
        this.summaryView.on("select", this.selected, this);
    },
```

每次这个方法执行的时候，它会创建一个新的集合，取回数据，渲染集合对应的Summary视图。很明显在第一次被调用的时候我们需要执行其中的每一步，但在随后的调用中并不需要再重复。在用户选择了某一次特定行程然后返回到总览界面时，集合和对应的视图都没有发生改变。让我们在方法中增加一个检查，以便于只在视图并存在的时候执行上述步骤。

```
summary: function() {
    if (!this.summaryView) {
        this.runs = new Running.Collections.Runs([],
            {authorizationToken: this.options.token});
        this.runs.fetch();
```

```
        this.summaryView = new Running.Views.Summary({
            collection: this.runs});
        this.summaryView.render();
        this.summaryView.on("select", this.selected, this);
    }
    $("body").html(this.summaryView.el);
},
```

我们也可以在details() 方法中添加一个检查。当方法执行并且Summary视图存在的时候，我们可以通过jQuery的detach()方法将Summary视图暂时“放到一旁”。这样会保持对应的HTML标签和事件处理函数，并且可以在用户返回到总览页面的时候快速的重新插入到页面中。

```
details: function(id) {
    if (this.summaryView) {
        this.summaryView.$el.detach();
    }
    this.run = new Running.Models.Run({},
        {authorizationToken: this.options.token});
    this.run.id = id;
    this.run.fetch();
    $("body").html(this.detailsView.render().el);
    this.detailsView.on("summarize", this.summarize, this);
},
```

这些改变让从Summary视图中切入和切出更有效率。我们也可以对Details视图做类似的改动。在details()方法中，如果集合中已经有该次行程的数据，我们不需要再从服务器加载。我们可以添加一次检查，如果行程数据可用，我们则不再发起请求。

```
details: function(id) {
    if (!this.runs || !(this.run = this.runs.get(id))) {
        this.run = new Running.Models.Run({},
            {authorizationToken: this.options.token});
        this.run.id = id;
        this.run.fetch();
    }
    if (this.summaryView) {
        this.summaryView.$el.detach();
    }
    this.detailsView = new Running.Views.Details({model: this.run});
    $("body").html(this.detailsView.render().el);
    this.detailsView.on("summarize", this.summarize, this);
},
```

在summary()方法中，我们并不想像我们对Summary视图做的那样简单的将Details视图隐藏起来。这是因为如果用户开始查看他们所有可用的行程，可能会有几百个Details视图被创建。所以，我们想要干净的删除Details视图。这让浏览器知道它可以释放视图消耗的内存。

你可以从如下的代码中看到，我们通过以下3步完成：

1. 移除我们添加到Details视图中用来捕获summarize事件的处理函数；
2. 调用视图的remove()方法，以便释放它内部占用的任何内存；
3. 将this.detailsView设置为null，以指示这个视图不再存在；

```
summary: function() {
    if (this.detailsView) {
        this.detailsView.off("summarize");
        this.detailsView.remove();
        this.detailsView = null;
    }
    if (!this.summaryView) {
        this.runs = new Running.Collections.Runs([],
            {authorizationToken: this.options.token});
        this.runs.fetch();
        this.summaryView = new Running.Views.Summary({
            collection: this.runs});
        this.summaryView.render();
        this.summaryView.on("select", this.selected, this);
    }
    $("body").html(this.summaryView.el);
},
```

伴随着这个改动，我们的应用程序完成了！你可以从本书的源代码中查看最终完成的结果（http://jsDataV.is/source/）。

10.3 小结

在本章中，我们完成了一个数据驱动的网络应用程序。首先，我们看到了Backbone.js带给了我们与不是很符合普通规范的REST接口交互的灵活性。其次我们利用Backbone.js的路由控制器让我们的单页应用拥有一个普通网站那样的行为，这样用户可以用他们期待的方式来与应用交互。

欢迎来到异步社区！

异步社区的来历

异步社区（www.epubit.com.cn）是人民邮电出版社旗下 IT 专业图书旗舰社区，于 2015 年 8 月上线运营。

异步社区依托于人民邮电出版社 20 余年的 IT 专业优质出版资源和编辑策划团队，打造传统出版与电子出版和自出版结合、纸质书与电子书结合、传统印刷与 POD 按需印刷结合的出版平台，提供最新技术资讯，为作者和读者打造交流互动的平台。

社区里都有什么？

购买图书

我们出版的图书涵盖主流 IT 技术，在编程语言、Web 技术、数据科学等领域有众多经典畅销图书。社区现已上线图书 1000 余种，电子书 400 多种，部分新书实现纸书、电子书同步出版。我们还会定期发布新书书讯。

下载资源

社区内提供随书附赠的资源，如书中的案例或程序源代码。

另外，社区还提供了大量的免费电子书，只要注册成为社区用户就可以免费下载。

与作译者互动

很多图书的作译者已经入驻社区，您可以关注他们，咨询技术问题；可以阅读不断更新的技术文章，听作译者和编辑畅聊好书背后有趣的故事；还可以参与社区的作者访谈栏目，向您关注的作者提出采访题目。

灵活优惠的购书

您可以方便地下单购买纸质图书或电子图书，纸质图书直接从人民邮电出版社书库发货，电子书提供多种阅读格式。

对于重磅新书，社区提供预售和新书首发服务，用户可以第一时间买到心仪的新书。

用户帐户中的积分可以用于购书优惠。100 积分 =1 元，购买图书时，在 0 使用积分 里填入可使用的积分数值，即可扣减相应金额。

特别优惠

购买本书的读者专享异步社区购书优惠券。

使用方法：注册成为社区用户，在下单购书时输入 S4XC5 使用优惠码，然后点击“使用优惠码”，即可在原折扣基础上享受全单9折优惠。（订单满39元即可使用，本优惠券只可使用一次）

纸电图书组合购买

社区独家提供纸质图书和电子书组合购买方式，价格优惠，一次购买，多种阅读选择。

社区里还可以做什么？

提交勘误

您可以在图书页面下方提交勘误，每条勘误被确认后可以获得100积分。热心勘误的读者还有机会参与书稿的审校和翻译工作。

写作

社区提供基于 Markdown 的写作环境，喜欢写作的您可以在此一试身手，在社区里分享您的技术心得和读书体会，更可以体验自出版的乐趣，轻松实现出版的梦想。

如果成为社区认证作译者，还可以享受异步社区提供的作者专享特色服务。

会议活动早知道

您可以掌握 IT 圈的技术会议资讯，更有机会免费获赠大会门票。

加入异步

扫描任意二维码都能找到我们：

异步社区

微信服务号

微信订阅号

官方微博

QQ 群：368449889

社区网址：www.epubit.com.cn

投稿 & 咨询：contact@epubit.com.cn